# 河南林木良种

## （二）

主编　裴海潮　菅根柱　李建祥　高福玲

黄河水利出版社

郑州

**图书在版编目(CIP)数据**

河南林木良种.2/裴海潮等主编.—郑州:黄河水利出版社,2013.12

ISBN 978 - 7 - 5509 - 0588 - 7

Ⅰ.①河…　Ⅱ.①裴…　Ⅲ.①优良树种 – 河南省　Ⅳ.①S722

中国版本图书馆 CIP 数据核字(2013)第 256711 号

组稿编辑:韩美琴　电话:0371 - 66023343　E-mail:hanmq93@163.com

出　版　社:黄河水利出版社

　　　　地址:河南省郑州市顺河路黄委会综合楼 14 层　　邮政编码:450003

发行单位:黄河水利出版社

　　　　发行部电话:0371 - 66026940、66020550、66028024、66022620(传真)

　　　　E-mail:hhslcbs@126.com

承印单位:河南省瑞光印务股份有限公司

开本:787 mm×1 092 mm　1/16

印张:15.75　　　　　　　　　　　　　　　插页:20

字数:280 千字　　　　　　　　　　　　　印数:1—3 000

版次:2013 年 12 月第 1 版　　　　　　　印次:2013 年 12 月第 1 次印刷

定价:68.00 元

'洛阳1号'日本落叶松

'豫新'柳

'中豫'黑核桃Ⅱ号

'箭杆'刺槐

'宛楸8401'楸树

'宛楸8402'楸树

'洛楸1号'楸树（3年生）

'洛楸2号'楸树（3年生）

'洛楸3号'楸树

'洛楸4号'楸树

‘艺楸1号’楸树

‘艺楸2号’楸树

‘洛楸5号’楸树

‘洛楸6号’楸树

'邳县 2 号'银杏

'郯城13号'银杏

'郯城16号'银杏

'强特勒'核桃

'哈特利'核桃

'中核短枝'核桃

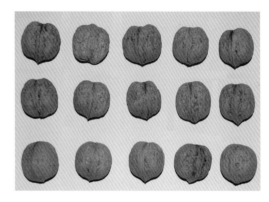

'艾米哥'核桃

'香玲'核桃

'极早丰'核桃

'薄丰'核桃

'绿波'核桃

'辽宁7号'核桃

'清香'核桃

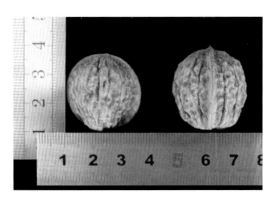

'中宁强'核桃

'宁林1号'核桃

'中嵩1号'核桃

'彼得罗'核桃

'中豫长山核桃Ⅱ号'美国山核桃

'桐柏红'油栗

'丹泽'日本栗

'国见'日本栗

'金华'日本栗

'银寄'日本栗

'筑波'日本栗

'华仲1号'杜仲良种采穗圃　　　　17年生'华仲1号'杜仲良种树干　　　8年生'华仲1号'杜仲良种生长情况

'华仲1号'杜仲

8年生'华仲2号'杜仲良种生长情况　　17年生'华仲2号'杜仲良种　　　'华仲2号'杜仲良种果实

'华仲2号'杜仲

'华仲3号'杜仲良种采穗圃　　　　'华仲3号'杜仲良种苗木　　　8年生'华仲3号'杜仲良种生长情况

'华仲3号'杜仲

12

10年生'华仲4号'杜仲良种

'华仲4号'杜仲良种采穗圃

'华仲4号'杜仲良种嫁接苗

8年生'华仲4号'杜仲良种生长情况

'华仲4号'杜仲

'华仲5号'杜仲良种新梢

'华仲5号'杜仲良种采穗圃

12年生'华仲5号'杜仲良种

'华仲5号'杜仲良种嫁接苗

'华仲5号'杜仲

'金珠'沙梨

'大果1号'杜仲

'华仲10号'杜仲

'华玉'果实

'华硕'苹果

'锦秀红'苹果

'富嘎'苹果

'香妃'树莓

'红宝'树莓

'莎妮'树莓

'凯欧'树莓

'春蜜'桃

'春美'桃

'玉西红蜜'桃

'双红艳'桃

'寿红'桃

'秋蜜红'桃

'河洛红蜜'桃

'秋硕'桃

'兴农红'桃

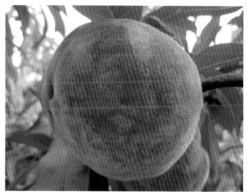

'秋甜'桃

'中桃21号'桃

'中农金辉'油桃

'中油桃8号'油桃

'中农金硕'油桃

中油桃12号

中油桃9号

中油桃14号

'早红蜜'杏

'中仁1号'杏

'内选1号'杏

濮杏1号

'味厚'杏李

'早金艳'杏

'吉塞拉8号'樱桃砧木嫁接树

'春晓'樱桃

'红宝'樱桃

'万寿红'樱桃

‘红樱’樱桃

‘红锦’樱桃

‘春绣’樱桃

‘春艳’樱桃

‘赛维’樱桃

'密刺'皂荚     '硕刺'皂荚

'林州红'花椒     '中豫1号'文冠果

'抗砧3号'葡萄  '抗砧5号'葡萄  '夏至红'葡萄

'蜜宝2号'美味猕猴桃

'灰枣新1号'枣

'新郑早红'枣

'蜂蜜罐'枣

'中牟脆丰'枣

'尖脆'枣

'豫油茶1号'油茶

'豫油茶2号'油茶

'豫油茶3号'油茶

'豫油茶4号'油茶

'豫油茶5号'油茶

'豫油茶7号'油茶

'豫油茶6号'油茶

'豫油茶8号'油茶

'豫油茶9号'油茶

'豫油茶10号'油茶

‘豫油茶11号’油茶　　　　　　　　　　　　‘豫油茶12号’油茶

‘豫油茶13号’油茶

‘豫油茶14号’油茶　　　　　　　　　　　　‘豫油茶15号’油茶

'冬艳'石榴

'笑然1号'山茱萸

'伏牛红宝'山茱萸

'博爱八月黄'柿

'黄金方'柿

'七月燥'柿

'面'柿

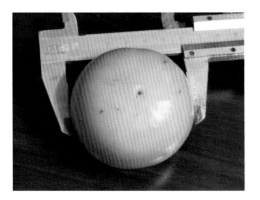

'胡栾头'柿

'皮匠篓'柿

28

'无核1号'豆柿

'无核2号'豆柿

'胭脂红'柿

'鬼脸青'柿

'羊奶'柿

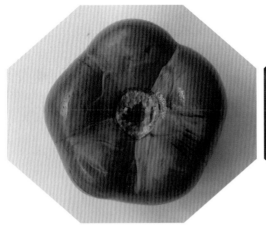

'四瓣'柿

'线坠'柿

'丽丝'泡泡树

'豫丽'泡泡树

'金杷'泡泡树

'玛丽'泡泡树

华山松

'辉县'油松种子园种子

'郏县'侧柏种子园

'卢氏'油松种子园种子

红豆杉

'济源'侧柏种子

'舞钢'枫杨

'寺山'麻栎

'济源'臭椿

'宁陵'白蜡

'安阳'黄连木果实

七叶树

'八千代椿'牡丹

'岛锦'牡丹

'海黄'牡丹

'日暮'牡丹

'太阳'牡丹

'锦的艳'牡丹

'密叶'杜仲

'红叶'杜仲

'少球2号'
悬铃木

'少球1号'悬铃木

'全红'杨

'粉扇'月季

'东方之子'月季

'红菊花'桃

'报春'桃

'元春'桃

'红伞寿星'桃

'嫣红菊花'桃

'洒红龙柱'桃

'樱桐'巨紫荆

'无刺'皂荚

'桃粉'杜鹃

'国红'杜鹃

'金脉'连翘

'潢川金'桂

'金叶'连翘

'红云'紫薇

'花叶'接骨木

'金叶'接骨木

'金羽'接骨木

'郑农火凤凰'蝴蝶兰

# 编写人员名单

主　　编：裴海潮　菅根柱　李建祥　高福玲
副 主 编：刘增喜　郑晓敏　钱建平　秦采风
编写人员：(按姓氏笔画排序)

|  |  |  |  |  |
|---|---|---|---|---|
| 丁朝阳 | 于　宏 | 卫发兴 | 介清宪 | 王天清 |
| 王秋霞 | 王少明 | 王　丽 | 付　晓 | 司长征 |
| 许小芬 | 刘长书 | 刘金凤 | 刘　玉 | 刘玉福 |
| 刘改秀 | 刘浩洪 | 孙曾丽 | 孙丽峥 | 曲现婷 |
| 任媛媛 | 朱爱丽 | 朱景乐 | 闫凤国 | 宋言生 |
| 张少达 | 张开颜 | 张保贵 | 张莉香 | 张瑞英 |
| 何玉芳 | 李　冰 | 李红卫 | 李　洋 | 李娟芳 |
| 杨　玲 | 邵明丽 | 周红勇 | 周红菊 | 周　青 |
| 房　黎 | 林志华 | 罗襄生 | 郑建军 | 范秀琴 |
| 段艳芳 | 赵平亮 | 赵庆涛 | 赵　兵 | 郭利勇 |
| 郭明仁 | 高培红 | 高　梅 | 班龙海 | 黄　丽 |
| 崔向清 | 彭志强 | 翟文继 | 裴　洁 | 裴新苗 |
| 谭　彬 | 樊　睿 | 穆　笋 | 薛新权 | 魏远新 |

审　　稿：苏金乐

# 序

　　《河南林木良种（二）》是继 2008 年《河南林木良种》出版后推出的又一部反映河南省林木良种繁育成果的科技读物。该书图文并茂，通俗易懂，全面系统汇总了 2008~2012 年河南省林木良种审定委员会通过审定和认定的优良品种与优良乡土树种。全书共收集经济林优良品种 124 个，用材林优良品种 17 个，园林绿化优良品种 32 个，种子园、母树林和优良种源 12 个。

　　《河南林木良种（二）》对每个品种的特性、适宜种植范围及栽培管理技术等进行了详细描述，是河南省林业生产和科研部门众多林木育种工作者多年努力和辛勤劳动的成果。该书的推出对于提高河南省的林木良种化水平，提升河南省的林地生产能力，提高河南省的经济林产品产量和品质，丰富河南省的园林观赏植物新品种等有积极作用，进而能够产生良好的生态效益、经济效益和社会效益。

　　随着林业生态省提升工程规划的全面实施，市场对林木良种的需求量越来越大，质量要求越来越高，我们要加大林木良种推广力度，争取到 2020 年河南省主要造林树种良种使用率提高到 75% 以上，林业工程造林良种使用率提高到 95% 以上，为实现绿色增长，促进现代林业可持续发展，推进河南省生态文明建设作出积极贡献。

丁荣辉

2013 年 9 月

# 前　言

2008 年出版的《河南林木良种》一书,介绍了 2000~2007 年河南省林木良种审定委员会审定(认定)的林木良种,共计 107 个品种(树种)。每个品种(树种)都详细介绍了其品种特性、适宜种植范围和栽培管理技术。该书的出版对河南林木良种化起到了重要作用。随着河南省林业生态省建设提升工程的启动和实施,对林业林木良种提出了更新、更高的要求。为适应这一要求,我们编撰出版了《河南林木良种(二)》。

《河南林木良种(二)》收编了 2008~2012 年河南省林木良种审定委员会审定(认定)的林木良种共计 185 个,其中用材林良种 17 个,经济林良种 124 个,种子园、母树林和优良种源 12 个,园林绿化良种 32 个。每个品种(树种)都详细介绍了其品种特性和适宜种植范围。栽培管理技术部分,如果该树种(品种)在 2008 年出版的《河南林木良种》中没有出现过,本书进行详细的介绍;如果该树种(品种)已在 2008 年出版的《河南林木良种》中进行了介绍,本书仅介绍栽培技术要点,并注明:栽培管理技术参考《河南林木良种》2008 年 10 月版。

《河南林木良种(二)》是全省林业部门和国家在郑科研部门众多林木育种工作者经过多年的努力和辛勤劳动的成果。

该书可作为林业、园艺、园林等科研、生产和管理部门的参考资料,也是苗木培育工作者重要的参考书籍。

由于水平有限,书中难免存在不足之处,敬请惠予指正。

**编　者**
2013 年 8 月于郑州

# 目　录

# 第一篇　用材林良种

## 一、'洛阳1号'日本落叶松

**树　　种：**日本落叶松

**学　　名：**_Larix leptolepis_ 'Luo Yang 1'

**类　　别：**优良品种

**通过类别：**审定

**编　　号：**豫 S – SV – LL – 025 – 2011

**证书编号：**豫林审证字 242 号

**培 育 者：**洛阳农林科学院

### （一）品种特性

树干通直圆满，顶端优势明显，接干能力强。木材有光泽，木材白色，年轮明晰，材质优。生长速度快，具有较强的抗病、抗虫、抗寒、抗旱能力。

### （二）适宜种植范围

河南省伏牛山区海拔 800 m 以上的山地栽植。

### （三）栽培管理技术

1. 苗木培育

1) 播种育苗

（1）种子处理。一般采用室外挖坑湿沙埋藏。在播种前进行第二次低温处理，当种子有少量裂嘴时，装入塑料袋中，放入冷藏柜中 3 ~ 5 天。经过两次低温处理的种子，播种后苗出得早而齐，生长发育健壮，成苗率高。

赤霉素处理。在冬季种子贮藏之前，用 50 ~ 100 mg/L 赤霉素溶液浸泡两天两夜，捞出冲洗二次后控干，再进行雪藏或者沙藏。

通过处理的种子，开始裂嘴时，用 50 mg/L ABT 生根粉 1 号液浸泡 30 min，然后捞出阴干播种。

（2）做苗床。以高床为主，床面高出步道 10 ~ 20 cm，床面宽 120 cm。采用春播，以条播为主，行距 10 cm，播幅宽 5 ~ 10 cm，播种行的方向以南北向最好。

(3) 施肥。以有机肥作基肥为主，以化肥作追肥为辅。追肥的常规方法为：当幼苗地上部分已生出二轮真叶、地下部分生出 4~5 条侧根、苗茎开始木质化时，要及时追肥，根据苗情追 3~6 次，每次间隔期为 7~10 天，至 8 月下旬停止追肥，以利于促进苗木木质化。

追施的一定数量的化肥溶于水中，肥与水的比例一般为 1:10 左右，用细眼喷壶进行浇灌，然后用清水冲洗苗木。追肥应避免在高温和强日照下进行，要随追肥随冲洗，避免化肥灼伤幼苗。根外追施尿素，其浓度应控制在 3‰~5‰。

2) 扦插育苗

(1) 采穗圃建立。选用 1~2 年生优良家系播种苗，或苗高大于 2 个标准差的种子园 1~2 年生超级苗，或优良无性系作为采穗圃母树。母株定干高度 140 cm，将全部侧枝短截至长度 4~5 cm，培养成骨干枝。栽植密度 1 m×1 m。在秋季落叶后或春季展叶前开沟施入基肥，2~3 年生每株施 0.5~2 kg 有机肥和 6~8 g 氮肥，并随着母株的年龄增长，逐渐加大施肥量。8 月底后停止施肥。如春季干旱，母株展叶后每 10~15 天灌水一次，夏季采条前后适当增加灌水次数。雨季注意排涝。

(2) 插穗采集。全年可集中采条两次。春季 4 月中、下旬至 5 月上旬，采前一年木质化萌生枝作为插穗材料，各母株每个骨干枝选留 4~6 个生长健壮的枝条，从距骨干枝约 1.5 cm 处剪下，其余枝条全部从基部剪除。夏季于 6 月中、下旬至 7 月上旬进行采条，采取当年生半木质化枝作为插穗材料，应先采母株上、中部枝条，10~15 天后再剪下部枝条。每个骨干枝保留 4~6 个枝条，其余枝条全部自基部剪去。保留枝既是抚养枝，又是培养下一年木质化穗条的预备枝。采下的穗条分家系（单株）按 50~100 根捆成一捆，标明家系号和株号。

(3) 扦插设施。采用全光照自动喷雾扦插技术，8 年生以下母株硬枝、软枝扦插均可。扦插床应设在苗圃靠近水源的地方，用砖砌一直径与臂杆长度相等、高 50 cm 的圆形墙，基部每 1.5~2 m 留一排水孔。先在圆形墙内铺一层 20~30 cm 厚的鹅卵石（或碎砖块）组成滤水层，滤水层上覆一层 20 cm 厚的纯净河沙作为插壤。

(4) 插床灭菌。先用清水充分淋洗床面，再用 0.2%~0.3% 高锰酸钾溶液喷淋，用量 2 500~3 000 ml/m²，也可用多菌灵 500 倍液喷淋。每次移苗换沙后都要重新灭菌。

（5）扦插。扦插前用清水淋洗，以免插穗受残药危害。

春插于4月中、下旬至5月上旬进行。取直径大于2 mm处于萌芽状态的一年生木质化枝，剪成9~10 cm长的插穗。夏插于6月下旬至7月初进行。剪取当年生长度大于13 cm的半木质化枝，剪成长10 cm、带有顶芽的插穗。插穗剪好后，分家系（无性系）放入盛水容器中（基部1/3浸入水中）备用。

二年生以上的母株插穗扦插前需经生长素处理。将插穗甩干水分，基部2~3 cm浸入浓度为50~100 ml/L的生根粉溶液中浸泡30~60 min，于当天上午10时前或下午4时后扦插，株行距2.5 cm×4.0 cm（1 000株/m²），扦插深度3 cm。插后轻按，随插随淋水，使插穗与插壤密切接触。

（6）插床管理。全部扦插后，立即全面喷洒500倍多菌灵药液进行插穗灭菌。用量为1 000 ml/m²。以后每隔10天喷药防病一次，雨后还要加喷一次。喷药在傍晚停止喷雾后进行。

扦插后20天，晴天上午10时至下午5时，每隔2~3 min喷雾一次；上午10时前和下午5时后，每隔5~7 min喷雾一次。每次喷雾量以臂杆旋转2周为宜。20~40天时，喷雾次数减少，为每隔4~5 min和10~15 min喷雾一次。40~60天和60天以后，喷雾次数再次分别相应减少，为每隔6~7 min、20~30 min和10~15 min、40~60 min喷雾一次。阴天应减少喷雾次数，夜间不喷。

插后20天起至8月下旬，每7~10天喷施一次0.2%尿素+0.3%的磷酸二氢钾混合营养液。根外追肥在傍晚停止喷雾后进行。

（7）春插苗换床。7月上旬及时将春插苗起出，于当日上午10时前或下午4时后，移入大田苗圃定植，先在床面按15 cm行距，6~7 cm株距开3 cm深的栽植沟，将苗木根系展平放入沟内，覆土后轻压。也可采用常规垄栽法移栽，随栽随浇水，栽植一定数量后开始喷雾。晴天10~17时，每隔15 min喷雾一次，其他时间每隔20~25 min喷雾一次，每次喷雾约1 min。20天后停止喷雾，转入正常苗圃管理。移植苗平均成活率达93.0%，当年新梢平均生长量10.8 cm。

（8）夏插苗越冬贮藏。于10月底或11月初落叶后起出夏插苗，除去根系发育不良苗木，分家系（或无性系）按50~100株一捆捆好后进行沟藏。在地势高燥、背风向阳的地方挖宽80~100 cm、深1 m的贮藏沟，长度视苗木数量而定。沟底先铺一层10 cm厚的净河沙，然后将苗根向沟壁，一层苗（厚5~7 cm）一层沙（厚3~4 cm）放苗，沟口留10 cm高填沙封口，沟中央每50 cm置草把一束通气，并在沟顶上部高出地面30~50 cm处搭一斜式草棚，确保苗木安全越冬。

2. 栽培管理

（1）造林地的选择。在河南省豫西山区，造林地应选择土层大于50 cm、肥沃、排水良好、湿润疏松的沙壤土、壤土和轻黏土。在海拔750~1 400 m的山地，应选择阴坡或半阴坡造林。

（2）整地方式。一般采用穴状、鱼鳞坑和水平阶反坡（或水平沟）整地。在新采伐迹地、弃耕地杂草较少、灌木较稀的立地条件下，可以采用穴状整地，穴的大小为40 cm×40 cm×30 cm。

（3）造林季节与密度。日本落叶松多采用春季植苗造林。在雨水较多、土壤墒情良好的情况下，3月下旬苗木冬芽变绿膨大时造林，成活率可达到85%以上。秋末冬初（10月上旬）造林，其成活率均保持在80%以上。

造林密度，在海拔较高、交通不便、劳动力缺乏的深山区，每公顷造林密度以2 500~3 300株为宜，株行距2 m×2 m或1.5 m×2 m；在交通方便、经营较集约的地区，每公顷可增加到4 440株，株行距1.5 m×1.5 m。

（4）选用优质壮苗。一年生和二年生苗均可作为造林用苗，要求苗木粗壮、根系完整、无病虫危害和机械损伤的Ⅰ、Ⅱ级苗。

（5）生根粉、保湿剂和菌根剂蘸根造林。用ABT生根粉浸根后，可选用交联聚丙烯钠SDL-600（俗称吸水剂）200~400倍液蘸根，也可将1 L一号菌根剂加5 kg水稀释再加适量的黄心土搅拌均匀，浸根5 min。

ABT生根粉处理：造林前，将ABT生根粉2号配成浓度为12.5 mg/L的水溶液，将苗木根部在水溶液中浸泡1~2 h，一年生苗浸泡时间短一些，二年生苗浸泡时间应长一些。

（6）幼林抚育。造林后的当年，要及时进行割灌，除草。造林当年要分别在5、6、7月上旬割灌除草，第二次抚育时应结合穴内培土，防止苗木露根，影响成活；第二年分别在5月中旬和7月中旬割灌除草，第三年在6月上旬抚育一次即可。

（7）成林抚育。主要采取抚育间伐的方法调整林木生长期相互之间的关系。抚育间伐种类有透光伐、疏伐、生长伐和卫生伐。

日本落叶松是早期生长较快的树种，林木开始出现分化时作为开始抚育年龄。通常是采用下层抚育伐。造林密度每公顷3 300~4 400株的林分，一般在13~17年生时，开始有明显的树木分化现象。所以第一次间伐的林龄，可以定在13~17年生的林分。间伐的强度以株数计算，一般为20%~

30%。间伐的林分郁闭度不得小于0.7，以免间伐强度过大，引起风倒木现象的出现和影响林木的正常生长。

第二次间伐在第一次间伐后5～7年进行。抚育后林分郁闭度不得小于0.6，伐后每公顷保留的株数以1 500株左右为宜。第三次抚育间伐后，每公顷株数一般不得少于1 200株。

3. 主要病害防治

（1）立枯病。立枯病的症状随幼苗生长而有变化，其表现主要有烂芽型、猝倒型、根腐型，导致落叶松立枯病的病原菌有丝核菌、镰刀菌和腐霉菌，病菌寄生在土壤中的植物碎片上生活，10 cm表土层中最多，土湿、低温时丝核菌和腐霉菌多，土壤干旱、高温时镰刀菌多。旱、涝、霜、冻、土壤黏重、排水不良的圃地或在幼苗出土后2个月内遇连阴雨天，土壤含水量太大或者土温高、湿度小时发病重；前茬是豆类、瓜菜类的土地作苗床时病重；施用没腐熟的堆肥、厩肥或过量施用氮肥时病重；种子质量差或处理不当和晚播以及遮阴棚育苗时病重；老苗圃菌多、养料少，或经营管理不当、幼苗长势不旺也易发病。

防治方法：①育苗地要选择在地势相对平坦、排水良好、疏松肥沃的土地，忌用黏重土壤和前作为瓜类、棉花、马铃薯、蔬菜等土地作苗床。土壤以保水良好的沙壤土为好。用菜地和豆茬地作苗圃时，一定要先进行土壤消毒，用1%～2%的硫酸亚铁溶液每平方米浇4.5 kg，7天后播种。

②精选种子，作好种子处理和催芽，在种子处理前进行种子消毒，在0.5%硫酸铜溶液中浸泡2～3 h、0.1%高锰酸钾浸泡8～12 h后，用清水冲洗净。春旱及时浇水，夏涝及时排水，使床面保持湿润，防止升温。除草和间苗时，要拔出病苗。

③从6月中旬开始，每10天用50%退菌特500倍液喷雾，或用0.1%高锰酸钾液喷雾。

（2）早期落叶病。早期落叶病是30年生以下落叶松林木的主要病害，一般较正常林木提早落叶50～60天，被害林分较正常林分树高生长、胸径生长均有较大的降低。

防治方法：大力提倡营造针阔混交林，避免造大面积纯林。加强幼林抚育，郁闭后及时修枝间伐。

发病的林分可施放五氯酚及五氯酚钠或百菌清烟剂防治，也可用10%百菌清油剂或落枯净油剂进行地面或飞机超低量喷雾。有条件地区可用50%代森铵600～800倍液或36%代森锰锌200～300倍液喷冠，效果较好。

在未郁闭的幼龄林，可喷生物农药多抗霉素 150 倍液，兴农 660B 150 倍液或春雷霉素 400 倍液。

（3）枯梢病。落叶松枯梢病是 1939 年在日本首先发现并确定病原菌的。我国于 1970 年发现该病危害。该病危害 1～35 年生落叶松苗木和人工林的当年新梢，6～15 年生的幼树发病重且普遍。

防治方法：①加强检疫，防止病原传播。苗木、接穗、小径材、枝梢材等，必须确认是无病的方可调运。

②清除侵染源。苗圃附近的落叶松防风林常常是病菌的栖息场所，应改植其他树种。

③苗木上山之前要严格进行检查，发现病苗要及时烧毁和深埋。

④避免在风口处造落叶松林。

⑤造林要营造针、阔混交林，避免营造大面积纯林。

⑥药物防治。

在已发病林区，6～8 月喷 70% 甲基托布津 500～600 倍液，或喷 75% 百菌清 500～1 000 倍液，或喷 40% 福美双 800 倍液，或喷 65% 代森锌 400 倍液，或喷内疗素 30 mg/kg 液，每半月喷 1 次，共喷 3～4 次。也可在 7 月份用五氯酚钠或克菌丹烟剂放烟 1 次。

4. 主要虫害防治

（1）圃地害虫。在北方地区，圃地害虫主要有金龟子、地老虎、蝼蛄、叩头虫等。

防治方法：①在苗木销售和流通过程中，应对苗木进行检疫。运往外地的苗木，应按国家和地区的规定检疫重点病虫害；如发现有本地区或国家规定的检疫对象，应立即销毁，以免扩散引起后患；没有检疫证明的苗木，不能运输和邮寄。

②防治地下害虫可以根据其成虫羽化期进行毒饵和黑光灯诱杀。

③药物防治：用 20% 氧乐果，25% 辛硫磷防治，都可以有效地杀死幼虫。

（2）落叶松毛虫。落叶松毛虫是易于大发生又难以抑制的毁灭性害虫，在制定防治措施时，要紧紧抓住松毛虫在其生活环境中的每一薄弱环节，综合运用各种防治方法，在较短的时间内控制使其不成灾。

防治方法：①林业措施。林业措施是提高落叶松林生态系统综合抗虫效应，发挥自控潜能，调节松毛虫种群动态、避免虫灾的根本措施。方法有营造混交林、合理密植、封山育林、及时抚育、改造残次林等营林技术。

②人工防治。包括捕杀越冬幼虫、采摘蛹茧和卵块。

③生物防治。包括保护利用自然天敌和使用白僵菌防治松毛虫。

④药物防治。用烟雾机放 4.5% 高效氯氰菊酯乳油与 0 号柴油按 1:14 的比例配成的烟雾剂，防治 4~5 龄松毛虫幼虫。无公害防治：用烟雾机施放 1.2% 苦烟乳油与 0 号柴油按 1:7 的比例配成烟雾剂，防治 4~5 龄幼虫。

# 二、'豫新'柳

**树　　　种：** 旱柳

**学　　　名：** *Salix matsudana* 'Yuxin'

**类　　　别：** 优良品种

**通过类别：** 审定

**编　　　号：** 豫 S – SV – SM – 020 – 2008

**证书编号：** 豫林审证字 129 号

**培 育 者：** 新乡市林业技术推广站、国有原阳县苗圃场

**（一）品种特性**

树体形态优美、树干通直、侧枝细、分枝角度小、树冠窄，主枝夹角小于 25°；老干皮色灰白色，老皮呈现较密的纵裂，裂刻较浅。苗期生长快，早期速生、树干挺拔，平均枝架高 6~8 m；自然整枝能力和接干能力极强，5 年生以下无须修枝。抗逆境性能极强，能在盐碱地、低洼渍涝地等环境下正常生长。轮伐期短、栽培技术简单、材质优良，是优良的纸浆原材料。

**（二）适宜种植范围**

河南省栽培。

**（三）栽培管理技术**

1. 苗木培育

常采用扦插育苗。

（1）整地与施肥：苗圃地应选择地势较平坦，排水良好，灌溉方便，日照充足，土层深厚，较肥沃、疏松的沙壤土和壤土。不宜在低洼易涝、土壤黏重或地下水位过高的地方育苗。

北方地区多在秋季进行深翻地，深度 25~30 cm，翌春解冻后，耙地 2~3 次，耙细耙匀，整平地面，稍加镇压后做畦开沟做高垄。垄高 15~20 cm，垄宽以行距而定。结合做垄集中施足底肥，每公顷施入经过充分腐熟的厩肥 60 000~75 000 kg。

(2) 种条的采集：种条采集一般在树木落叶后到早春树液流动前进行。从良种采穗圃中选择木质化程度好、无病虫害的粗壮枝条，也可从育苗地选取一年生的扦插苗或由壮龄母树根部长出的一年生萌芽条作种条，粗度以 0.8 ~ 1.5 cm 为宜。种条粗壮，发育充实，营养物质丰富，扦插后容易生根成活，苗木生长健壮。

剪取插穗应在室内和荫棚内进行，剪穗时去掉种条梢部组织不充实和未木质化的部分，剪成长 12 ~ 15 cm 的插穗，上下切口要平，切口要光滑，距离上切口 1 cm 处留第一个芽。下切口距离芽近的愈合生根较好。插穗按上、中、下分级每 100 根插穗捆成 1 把，临时用湿沙埋于种条埋藏坑内，保持插穗水分。

越冬窖藏（坑藏）。选择地势高燥、排水良好、土质疏松、比较背阴的地方，挖深、宽各 1.5 m，长度视插穗的多少而定的贮藏窖。在窖底铺一层 10 cm 厚的湿沙，放一层 15 cm 长成捆的插穗（基部朝下），上面再盖 10 cm 厚的湿沙，分层堆积，直到距地面 15 cm 左右，全部用湿沙填满，可略高出地面。间层湿沙的湿度以手握湿润成团不出水为宜。在窖中间隔一定距离插入成束的秸秆把，以利通气。贮藏期间要经常检查，发现插穗发热霉烂要及时翻倒，沙子干燥时，适量浇洒水。同时，还可以通过加厚覆盖物以调节窖温，从而保证越冬贮藏的插穗安全越冬。经过越冬湿沙埋藏的插穗，有利于促进插穗生根，提高插穗扦插成活率。

（3）扦插。春季扦插在芽萌发前进行（2 月下旬至 3 月上旬），秋季扦插在落叶后至土壤结冻前进行。扦插前，将插条放入清水或流水中浸泡 3 天左右，以促进插条生根发芽。

采用直插，扦插时按种条的梢中、基部分别将插条直插入土中，顺畦微斜亦可，扦插深度为插穗顶端与地面平。株行距 30 cm × 60 cm，每公顷插条以 52 500 ~ 60 000 根为宜。插后覆土 6 ~ 10 cm，扦插后及时大水漫灌，灌后用脚将插条周围的土踩实。

（4）苗期管理。根据气候和土壤情况适时合理灌溉。一般情况下，掌握头遍水饱灌，二遍水浅灌，幼苗发根蹲苗期少灌，旺盛生长速生期多灌、勤灌，追肥后及时灌水，生长后期为促进苗木充分木质化要停止灌水的原则。同时，要注意雨季排出圃地积水。6 ~ 7 月间追肥 2 ~ 3 次，及时松土除草。

2. 造林

（1）造林地选择与整地。要选择在土层深厚、肥沃、湿润的河岸、河漫滩地、沟谷、低湿地、"四旁"或平原、缓坡地，水分条件好的沙丘边缘的沙土至黏壤土。垂柳特别适宜栽在湖泊、池塘四周和河流、渠道两旁。

（2）造林方法与密度。选一年生壮苗，在3月下旬土壤解冻后开始栽植，4月中旬结束，植苗造林尽量缩短起运苗时间，防止风吹日晒，栽植时做到根系舒展、砸实，使土壤和根系之间不留空隙。"四旁"绿化：大都成行栽植，光照、通风较好，土壤营养面积也比较充足，4 m株距，双行栽植的行距不少于3 m。用材林：初植行距2.5～3 m，株距2～2.5 m；也可采用带状栽植，每带5～7行，带间距5～8 m。防护林：造林密度为2 m×2 m、2 m×3 m或2.5 m×4 m。在低滩地或营造防浪林要用大苗或带梢高干。

（3）造林季节。北方干旱寒冷地区，植苗造林以春季为好。

3. 抚育管理

幼林郁闭前可行林粮间种（豆类或低秆作物），及时中耕除草，每年修枝一次。

成片林生长到林冠相互交叉时，应及时进行间伐，促使保留木迅速生长。每次间伐后，挖去伐根，进行林地深耕，以改善林木生长条件。

4. 主要病害防治

（1）锈病。锈病在柳树上均有发生，华北地区以5月和8月最为严重，病害主要发生在主干和侧枝上，芽及叶片上也有发生。枝干发病初期表皮有黄色小点状突起，以后黄色突起逐渐变大，从顶部开裂散出黄粉，病斑不断扩大。

由于苗木受害后生长衰弱，易受腐烂病的侵染，造成死亡。锈病病斑绕枝1周时枝条死亡，如果在主干上，则全株死亡。

防治方法：①冬季将落叶扫走或掩埋清除，将病枝剪下烧掉，以消灭越冬孢子。早春刮除病斑，并用杀菌剂涂抹。采取适当的营林措施，预防病原菌的侵染。注意不在水淹地及涝洼地造林育苗。

②造林地及育苗地周围应消灭一切侵染源。起苗、运输、栽植、管理过程中避免造成树木的伤口。实行检疫措施，严禁调运带病植株。

③药物防治。一般从发病初期每隔10～15天喷洒1次敌锈钠200倍液或0.3～0.5波美度石硫合剂，连续喷洒2～3次。对发病较重的林分可用1 500～2 000倍的代森铵，或1 000～1 500倍的硫酸铜，或1 500～2 000倍的15%粉锈宁进行防治，时间在4～5月及8月，15天喷洒一次，进行3～4次以防止孢子的侵染。

（2）腐烂病。主要危害树木的树皮，严重时造成树木枯死。腐烂病发生在树木的主干或枝条上,发病初期,树皮上出现灰褐色水渍状斑点,稍有隆起,皮层腐烂变软,有时龟裂,病斑有明显的黑褐色边缘。腐烂的病部用手压之流出红褐色液,有酒糟味,不久病斑下陷失水,干缩。在适宜的条件下,病斑不断扩大,并且纵向发展较横向快,常呈条状皮层干缩。继而使病斑扩大至树干一周,致使植株上部枯死。冬季冻害,春季干旱,夏季日灼,以及地势低洼、土层盐碱瘠薄,都是本病发生的主要因素。

防治方法:①结合修剪,清理病枝,集中烧毁,防止病菌传播蔓延。

②苗木出圃或栽植前喷洒 0.5 波美度石硫合剂或 50% 多菌灵 500 倍液,可预防该病发生。发病初期刮除或划破病斑,深达木质部,喷涂 10% 蒽油乳剂或 25 倍多菌灵。涂药 5 天后在病斑周围再涂 50~100 mg/L 赤霉素可促使产生愈合组织,病斑不易复发。

③树木涂白(生石灰:硫黄粉:食盐:水为 5:1.5:2:36),防止病菌侵入并有杀菌作用。

(3)溃疡病。主要危害新移栽的树势很弱的树木。幼树受害,溃疡病斑主要发生于树干的中下部;大树受害,枝条上也出现病斑。感染树干上形成近圆形溃疡病斑,小枝受害往往枯死。

防治方法:发病前,喷施 100 倍的代森铵液,或 50% 的退菌特 100 倍液。

### 5. 主要虫害防治

(1)蚜虫。危害柳树的蚜虫叫柳蚜,体褐色,长可达 4 mm,刺吸口器最长可达 8 mm。长长的口器刺吸穿过厚厚的树皮,达到里面的韧皮部,吸食树上的汁液,并且它还会分泌"蜜露",在叶面上形成黑色霉状物,阻碍树木进行光合作用。

防治方法:保护和利用天敌。蚜虫的天敌种类很多,常见的有瓢虫、草蛉、食蚜蝇、蚜小蜂、蚜茧蜂等。有条件的地方,可人工繁殖和释放天敌。

蚜虫大量发生期可喷 40% 氧乐果乳剂 1 000 倍液,或 10% 吡虫啉 4 000 倍液,或 50% 抗蚜威 3 000 倍液。

(2)柳瘿蚊。被危害后树木枝干迅速加粗,呈纺锤形瘤状突起,俗称柳树癌瘤。柳瘿蚊每年发生 1 代,以成熟幼虫在树皮中越冬。危害严重时,枝干生长很快衰弱,会在 2~3 年内干枯死亡。

防治方法:受害较轻的树木或危害初期,在冬季或在 3 月底以前,将被危害部树皮铲下或把瘿瘤锯下,集中烧毁。

春季 3 月下旬用 40% 氧乐果原液,兑水 2 倍涂刷受害部位,并用塑料薄膜包扎涂药部位，可彻底杀死幼虫、卵和成虫。5月用40%氧乐果2倍液在树干根基打孔，注入药剂1.5~2 ml，然后用烂泥封口，防止药液挥发；或刮皮涂药，毒杀瘿瘤内幼虫。5~6月在瘿瘤上钻2~3个孔，用40%氧乐果的3~5倍液向孔注射1~2 ml，然后用烂泥封口。

（3）光肩星天牛。光肩星天牛俗称水牛，属鞘翅目、天牛科。成虫体黑色，有光泽。成虫白天上午活跃，多栖于树冠丛枝内或阴暗处。成虫补充营养时取食叶柄、叶片及小枝皮层。产卵于韧皮部与木质部之间，每刻槽产卵1粒。一般木质部内的隧道仅为栖息场所，幼虫常到韧皮部与木质部之间取食，粪便随即排出隧道。

防治方法：人工捕杀。在产卵期刮除虫卵，捕杀刚刚孵化的幼虫。

7~8月产卵盛期，用50%杀螟硫磷100~200倍液喷射树干，喷药量至树干有药液流动为止。对新排粪孔，用磷化铝片剂0.2 g塞入蛀孔内，然后用黏泥将所有蛀孔堵死；或用80%敌敌畏100倍液，用兽用注射器注入蛀孔内，用黏泥将所有蛀孔堵死。施药后几天，如有新粪排出，应及时补治。

（4）柳厚壁叶蜂。主要危害柳树叶子，叶片被虫害后在叶上形成黄绿色虫瘿（近卵状疙瘩）。幼虫孵化后，在叶内啃食叶肉，受害部位逐渐肿起，出现红褐色小虫瘿，幼虫藏在其中取食。

防治方法：秋季随时扫除落叶并焚烧掩埋，逐树摘除虫瘿，消灭瘿内幼虫。

5月上中旬向树冠喷1 000~1 500倍的40%氧乐果乳油或800倍的50%杀螟松乳油。5月中下旬树干钻孔注入40%氧乐果等原液，单位厘米胸径注药1 ml。

（5）柳干木蠹蛾。幼虫在根颈、根及枝干的皮层和木质部内蛀食，形成不规则的隧道，使树势衰弱，严重者全株枯死。成虫飞翔能力强，昼伏夜出，喜在衰弱树、边缘树上产卵，卵多产在枝干缝隙和伤疤处，树干基部最多，成堆成块紧密排列。6月可见幼虫发生，初孵幼虫多群集取食卵壳及树皮，2~3龄时分散寻觅伤口、裂缝侵入韧皮部为害，5龄时，沿树干爬行到根颈部钻入为害。因此，土层上下的根颈部受害最重。

防治方法：对树势出现衰弱的要刨开土表检查，或发现树干附近地面上有蛀木屑或虫粪时，应及时刮除树皮下的幼虫，或用磷化铝片剂的1/2塞入虫洞内，用泥堵严。

在卵孵化期间，树干喷洒40%氧乐果乳剂，发现新鲜虫孔，注入敌百虫100倍液，再用黄泥堵塞虫孔。

（6）柳金花虫。幼虫为害叶片，幼虫孵化后，群集危害。啃食叶肉，严重时把全树叶片啃成灰白色透明网状，影响树木生长。老熟幼虫在叶上化蛹，一直到 9 月中旬几乎都是大量成虫和幼虫同时为害。

防治方法：利用成虫假死性，震落捕杀。

为害期喷 1 000 ~ 1 500 倍的 90% 敌百虫晶体，或 50% 的马拉硫磷 500 ~ 600 倍液，或 40% 氧乐果乳油 2 000 倍液、20% 菊杀乳油 2 000 倍液毒杀成虫幼虫。

（7）柳天蛾。6 月上旬幼虫孵化为害，吃掉叶片，留下叶柄，树下有成片绿色圆筒形虫粪。

防治方法：在树木附近挖蛹，幼虫期扑杀幼虫，利用黑光灯诱杀成虫。

3 龄以上的幼虫可喷 600 倍的每毫升含孢子 100 亿以上的 Bt 乳剂。必要时，于低龄幼虫期喷 1 000 ~ 1 500 倍的敌百虫晶体，或 3 000 倍的 20% 菊杀乳油，或 1 000 ~ 1 500 倍的马拉硫磷乳油等。

# 三、'中豫' 黑核桃 II 号

**树　　种:** 黑核桃
**学　　名:** *Juglans nigia* 'Zhongyu No. II'
**类　　别:** 优良品种
**通过类别:** 审定
**编　　号:** 豫 S – SV – JN – 017 – 2008
**证书编号:** 豫林审证字 126 号
**培 育 者:** 河南省林业技术推广站

**（一）品种特性**

树干通直圆满，树皮浅裂，1 ~ 2 年生幼枝皮灰褐色，以后逐渐变为灰白色或浅灰色。小叶披针形，一般 4 月上旬芽开始萌动，11 月上旬开始落叶。在立地条件较好、水肥管理正常的条件下叶长 12. 16 ± 1. 33 cm、宽 3. 54 ±0. 55 cm；奇数复叶，每对小叶对生平行排列。叶子随立地条件变化差异较大，立地条件较差时，叶子也相应变小。鲜果（含种皮）果径宽 3 ~ 4 cm，果长 4 ~ 5 cm；干果果径宽 1. 5 ~ 2 cm，果长 2 ~ 2. 5 cm。果壳凸凹不平。木材结构紧密，纹理色泽美观，材质优良。

**（二）适宜种植范围**

河南省范围内栽培。

**（三）栽培技术要点**

对立地条件适应幅度较宽，营造速生丰产林沙壤土最好，但在黄河故道沙土地和豫西丘陵山区的碳酸盐褐土等立地条件下也表现良好。不耐水淹。造林初植密度以 833 株/hm$^2$ 为宜，5~6 年伐去（或移栽）一半，保留密度为 417 株/hm$^2$，20 年胸径长到 20~30 cm 时即可进行主伐。造林前三年每年中耕除草两次即可。除造林第一年进行适量浇水，保证苗木成活外，一般不用浇水。较常见的病虫害为核桃举肢蛾、吉丁虫和桃蛀螟，危害并不严重，结合修剪，除去病虫枝条，无需药剂防治。

（栽培管理技术参考《河南林木良种》2008 年 10 月版，中豫 1 号黑核桃）

# 四、'箭杆'刺槐

**树　　种：** 刺槐

**学　　名：** *Robinia pseudoaca* 'Jian Gan'

**类　　别：** 优良品种

**通过类别：** 审定

**编　　号：** 豫 S – SV – RP – 024 – 2012

**证书编号：** 豫林审证字 285 号

**培 育 者：** 商丘市林业工作站、商丘市民权林场

**（一）品种特性**

选择育种品种。落叶乔木，喜光不耐庇荫；羽状复叶，花白色，花期为 5 月 1 日前后，花期 1 周；主干刺退化或脱落，无刺或少刺，树皮光滑；侧枝分枝角度小，一般不超过 35°，侧枝点间距大，树冠紧凑呈纺锤形。

**（二）适宜种植范围**

河南省沙土、壤土及排水良好的轻质黏土区均适宜栽植。

**（三）栽培技术要点**

应选择透性好、排灌方便的沙质壤土造林，冬季造林易造成死干，商丘周边地市春季在萌芽时造林可提高带干造林的成活率，大面积造林时可采用截干造林技术，可显著提高造林的成活率。

（栽培管理技术参考《河南林木良种》2008 年 10 月版，豫刺槐 1 号）

# 五、'白皮千头'椿

**树　　种：**臭椿

**学　　名：**_Ailanthus altissima_ 'Baipi Qiantou'

**类　　别：**优良品种

**通过类别：**审定

**编　　号：**豫 S – SV – AA – 019 – 2008

**证书编号：**豫林审证字 128 号

**培　育　者：**商丘市林业技术推广站、民权林场

**（一）品种特性**

树干通直，树冠稠密，分层排列，干皮白色光滑、少浅裂，小枝红褐色，疏生黄色圆形皮孔。萌芽力、成枝力强。喜光、抗干旱、风沙及烟尘，根系发达，在深厚肥沃的壤土及沙壤土上生长快，耐干旱，怕水淹。适应性强，抗旱、风沙及烟尘，根系发达，对土壤要求不严格，穿透能力强，能在极干旱、瘠薄山地石缝峭壁上生长。对斑衣蜡蝉、蟠小象鼻虫有较强抗性。

**（二）适宜种植范围**

河南省臭椿分布地区。

**（三）栽培管理技术**

1. 苗木培育

1）播种育苗

（1）采种：选择 20～30 年生健壮母树采种。9～10 月翅果成熟时，连小枝一起剪下，翻晒 4～5 天，自然干燥后去掉小枝等杂质贮存待用，用干藏法贮存。种子发芽力保持两年，但第二年发芽率显著降低。

（2）苗圃地选择及整地：育苗选背风向阳的山地或农田做苗圃地，育苗地应选择沙壤土、壤土，忌用黏重土地。在 11 月下旬深翻，次年 2 月下旬至 3 月上旬都可育苗。育苗前对土壤进行处理，每公顷施复合肥 750 kg 或粉碎菜饼肥 750 kg 后进行整地，"三犁三耙"要求土壤精细，做床高 25～30 cm，四周开好排水沟。土壤墒情不足时应浇水补墒。

（3）种子处理及播种：臭椿种子发芽的适宜温度为 9～15 ℃。播种前用 40 ℃温水将种子浸泡 24 h，捞出后在温暖向阳处盖草帘催芽，每天用30～40 ℃温水冲洗 1～2 次。春天一般经 10 天左右，种子有 30% 裂嘴即可播种。

以春播为主。幼苗对晚霜比较敏感，春播不易过早，播种后 4 天幼芽开始出土，10～15 天出齐。常采用条播，行距 40 cm，播幅 4～6 cm，沟深 2～3 cm，沟底要平，灌足底水，每公顷播种量 45～75 kg，播后覆土 1～1.5 cm 厚，轻加镇压。播后在地面撒麸皮毒饵以防蝼蛄。播后 12～15 天幼芽出土。

（4）幼苗抚育：苗高 3～4 cm 时，第一次间苗，株距 5～7 cm；保留苗密度每平方米 28 株；第二次间苗在苗高 8～10 cm 时进行定苗，保留密度每平方米 23～25 株。在第二次间苗后 2 天时苗木追施硫酸铵、过磷酸钙 2 次，浓度为 0.3%～0.4%，每公顷施化肥 270 kg。以后每隔 15 天左右施肥一次，浓度为 0.8%～1%，每公顷施 45～60 kg，施肥后需对苗木进行清洗，以防产生肥害。幼苗生长初期遇湿热环境，容易发生根腐病，故在雨后或灌水后要及时松土。雨季注意排水。播种苗主根发达，侧根细弱，在苗高 20 cm 左右时可进行截根，以促进根系生长。一年生苗高 1 m 左右，地径 1.3～2 cm，即可出圃造林。

2）插根育苗

选一年生壮苗侧根，剪成长 15～16 cm，粗 1～2 cm 的插根，于 3 月将插根插于施入基肥的高垄两侧，株行距 40～50 cm。插后覆盖薄膜。幼苗出土后及时除萌，留 1 壮苗，注意排水防涝。

2. 造林

（1）造林地选择与整地。除低湿地、重盐碱地外，均可选作臭椿造林地。黄土丘陵区退耕地、侵蚀沟坡、石质山地都可以栽植臭椿，但石质山地土层厚度应在 30 cm 以上。

造林前应进行细致整地，整地方法可因地制宜，采用穴状、鱼鳞坑或水平沟整地。在造林地条件较好的情况下，可用穴植法挖大穴（50 cm×50 cm×40 cm）造林，荒山陡坡及雨量过少地区宜采用水平沟或鱼鳞坑整地法。

（2）造林密度与栽植。臭椿喜光，造林密度不宜过大，以营造用材林为目的，平原"四旁"、黄土高原丘陵，株行距可采用 2 m×3 m、3 m×3 m，石质山地可采用 2 m×2 m。

臭椿主要在春季进行栽植，春季栽植时间不宜太早，即椿苗上部壮芽膨大显球状时栽植成活率最高，而且在干旱地带宜深栽，埋土深度超过根颈 15～18 cm，但于湿润土壤上埋土深度以过根颈 2～3 cm 为宜。秋季截干栽植，成活率在 90% 以上。截干高度 15～18 cm，栽植后封一土堆，土堆超过苗木 2～3 cm，来年春解冻后将土堆扒去（可适度推迟露出 1～2 cm）。不论秋栽还是春栽，都应该做到栽实栽深，以低于原土壤 15 cm 为宜。

（3）营造混交林。臭椿可以与杨树、紫穗槐、荆条混交，形成混交林。臭椿与杨树株间混交，可每栽 3 株杨树栽 1 株臭椿，也可每栽 5 株杨树栽 2 株臭椿，具体配置比例可依苗木准备情况而调整。臭椿混交栽植比例大，则驱逐光肩星天牛的作用就大。

3. 抚育管理

造林后第一年的 7～8 月抚育松土 1 次。第二年于 5～6 月、8～9 月间各进行 1 次。造林后 2～3 年内，每年除草松土 1～2 次，如发现生长不良的植株，在春天萌发期进行平茬，而后选留 1 株健壮者培育。每年抹芽 1 次，以促进其高速生长，待植株长到要求的高度时，停止抹芽，使其高生长逐渐转为旺盛的径生长。直播造林第三年苗木出现分化，幼株出现争光、争肥等现象，为保证优势植株迅速生长，须及时除去大部分弱苗。一般立地条件好的，幼苗生长快，间苗时间要早，强度要大；反之则间苗时间迟，强度小。

4. 主要病害防治

白粉病。主要发生在"四旁"林、高大建筑物遮阴、不透风的环境条件下，危害臭椿叶片和嫩枝，主要为害叶片，引致叶片早落。发生严重时整个复叶布满白粉，病叶表面褪绿呈黄白色斑驳状，叶背现白色粉层的斑块，进入秋天其上形成颗粒状小圆点，黄白色或黄褐色，后期变为黑褐色，即病菌闭囊壳。既影响树木生长，又影响美观。病原为棒球针壳，菌丝体部分内生，附属丝球针状，常沿"赤道线"排列，分生孢子单生，顶端尖。病菌以闭囊壳在落叶或病梢上越冬，翌春条件适宜时，弹射出子囊孢子，借气流传播，病菌孢子由气孔侵入，进行初侵染，在臭椿生长季节进行多次再侵染。天气温暖干燥有利于该病发生和蔓延。

防治方法：秋季认真清除病落叶、病枝，以减少越冬菌源。采用配方施肥技术，以低氮多钾肥为宜，提高寄主抗病力。

春季子囊孢子飞散时，喷洒 30% 绿得保悬浮剂 400 倍液或 1∶1∶100 倍式波尔多液、0.3 波美度石硫合剂、60% 防霉宝 2 号可溶性粉剂 800 倍液、25% 三唑酮可湿性粉剂 1 500 倍液、40% 福星乳油 9 000 倍液。

5. 主要虫害防治

（1）樗蚕。臭椿樗蚕属鳞翅目、大蚕蛾科。主要为害臭椿、千头椿、乌桕、含笑、梧桐、樟树等。它具有体型大、食量大的特点，如果防治不及时，轻则造成叶片残缺不全，重则将叶片全部吃光，不但影响树木观赏价值，而且可造成树木二次发芽，严重削弱树势、影响生长。

樗蚕1年发生2代。以包在茧中的蛹在树枝、树干或附近的建筑物上越冬，次年5月上旬成虫大量破茧而出，并在5月1～10日内集中产卵，卵经半个月左右全部孵化；5月中下旬至6月中下旬第一代幼虫开始化蛹，蛹期20天左右；7月上旬至8月上旬开始孵化，7月中下旬至10月上旬，第二代幼虫严重危害叶片；10月下旬老熟幼虫开始化蛹越冬。

防治方法：11月末落叶以后，越冬蛹茧仍然挂在树上，可组织人力把越冬蛹剪下，集中烧毁或深埋。

5月上旬，树上喷生物制剂灭幼脲1 000～1 500倍液防治一代低龄幼虫；5月中下旬树上喷生物制剂苏云金杆菌500～1 000倍液防治成龄幼虫。7月上旬至8月上旬组织人力摘除蛹茧集中处理。7月中下旬至10月上旬，如果2代幼虫发生严重，可于幼龄期喷灭幼脲一次，成龄期喷苏云金杆菌一次进行防治。

（2）斑衣蜡蝉。以若虫、成虫刺吸臭椿枝干，削弱树势。1年1代，以卵在树干的向阳面越冬。4月中旬卵孵化为若虫，在千头椿上卵的孵化率高达80%以上，而在有些树（榆、槐）上卵的孵化率仅2%～3%。5月上旬为孵化盛期。若虫常成群集中在嫩枝、叶上危害，受惊快速跳走。6月中下旬羽化为成虫，继续危害，树木受害严重，9月上旬成虫开始交尾产卵，一直到10月下旬死亡。一年中对林木的危害时间长达6个多月。若虫、成虫均有群集性，常在树干或枝叶上，且以叶基为多。遇惊扰，迅速跳跃并飞翔，但飞翔力不强。取食时，以口器深深刺入植物组织，造成伤口流出汁液，同时虫体排出蜜汁诱发煤污病。秋季干燥有利于成虫生长和成灾。

防治方法：在为害严重的纯林内，应改种其他树种或营造混交林。结合冬季修剪，刮除树干上的卵块。保护利用若虫的寄生蜂等天敌。

若、成虫发生期，可选择喷洒40%氧乐果乳油1 000倍液，或50%辛硫磷乳油2 000倍液。

（3）皮蛾。又名臭椿皮蛾、椿皮灯蛾，属鳞翅目、夜蛾科，幼虫危害臭椿叶片，以苗木、幼树受害最重。一年发生2代，已包在薄茧中的蛹在树枝、树干上越冬。

次年4月中下旬（臭椿树展叶时），成虫羽化，有趋光性，交尾后将卵分散产在叶片背面。卵块状，一次可产卵100多粒，卵期4～5天。5～6月幼虫孵化危害，喜食幼嫩叶片，1～3龄幼虫群集危害，4龄后分散在叶背取食，受到震动容易坠落和脱毛。幼虫老熟后，爬到树干咬取枝上嫩皮和吐丝粘连，结成丝质的灰色薄茧化蛹。茧多紧附在 2～3 年生的幼树枝干上，极似树皮的隆起部分，幼虫在化蛹前在茧内常利用腹节间的齿列摩擦茧壳，发出嚓嚓的声音，持续 4 天左右。蛹期 15 天左右。7 月第一代成虫出现，8 月上旬第二代幼虫孵化危害，严重时将叶吃光。9 月中下旬幼虫在枝干上化蛹作茧越冬。

防治方法：①消灭蛹茧：结合其他养护管理工作，于冬春季在树枝、树干上寻茧灭蛹，人工刮除蛹茧，消灭虫源。检查树下的虫粪及树上的被害状，发现幼虫，人工震动枝条捕杀。

②保护天敌，如胡蜂、螳螂、寄生蜂、寄生蝇等。灯光诱杀成虫。

③药物防治：幼虫期可用 20% 灭扫利乳油 2 000 倍液、2.5% 功夫乳油 2 000 倍液、2.5% 敌杀死乳油 2 000 倍液等喷洒防治，还可推广使用一些低毒、无污染农药及生物农药，如阿维菌素、Bt 乳剂等。

# 六、'白四'泡桐

**树　　种**：白花泡桐
**学　　名**：*Paulownia fortunei* ' Bai Si'
**类　　别**：优良品种
**通过类别**：认定（有效期 5 年）
**编　　号**：豫 R – SV – PF – 044 – 2010
**证书编号**：豫林审证字 214 号
**培 育 者**：河南农业大学

**（一）品种特性**

体细胞化学诱变诱导的白花泡桐同源四倍体。树干通直，接干能力强。树冠倒卵形，冠幅较窄，侧枝较细。大树树皮灰色，叶近圆形，革质，上面光滑无毛，下面密被细毛。叶近圆形，浓绿色，有光泽。顶生聚伞花序，花白色，无斑点，花冠管钟状漏斗形，外面被稀疏极细的星状柔毛。蒴果较大，卵圆形，果皮厚革质，2 瓣裂开；种子细小，具白色透明膜质翅。果期 9 月中下旬。年生长周期较长，速生，四年生树高和胸径分别为豫杂一号泡桐二倍体的 1.12 倍和 1.23 倍。

**（二）适宜种植范围**

河南省推广应用。

**（三）栽培技术要点**

造林一般在秋季落叶后到第二年春季发芽前进行。随整地随造林，采用穴状整地，深1 m，长、宽各1 m。根据造林的目的和经营管理水平确定合理的造林方式和造林密度。

（栽培管理技术参考《河南林木良种》2008年10月版，兰考泡桐）

# 七、'兰四'泡桐

**树　　种：** 兰考泡桐

**学　　名：** *Paulownia elongate* 'Lan Si'

**类　　别：** 优良品种

**通过类别：** 认定（有效期5年）

**编　　号：** 豫R－SV－PE－045－2010

**证书编号：** 豫林审证字215号

**培 育 者：** 河南农业大学

**（一）品种特性**

利用秋水仙素诱变兰考泡桐二倍体叶片获得的兰考泡桐同源四倍体。一年生幼苗苗干红褐色。大树树冠圆锥形，小枝灰色，有明显突起的皮孔；叶片卵圆形，颜色浓绿，上面光滑，下面密被树枝状毛；花序塔形，聚伞花序；萼倒圆锥形，基部渐狭，分裂；花冠漏斗状钟形，紫色至粉白色；蒴果卵状椭圆形，宿萼蝶状，种子有翅；花期4月中下旬至5月上旬，果期10月中下旬成熟。发叶晚、根系发达、主干通直。6年生林分植株获得种子幼苗仍为四倍体，未发现变异，表现出良好的遗传稳定性。

**（二）适宜种植范围**

河南省推广应用。

**（三）栽培技术要点**

造林一般在秋季落叶后到第二年春季发芽前进行。随整地随造林，采用穴状整地，深1 m，长、宽各1 m。根据造林的目的和经营管理水平确定合理的造林方式和造林密度。

（栽培管理技术参考《河南林木良种》2008年10月版，兰考泡桐）

# 八、'宛楸 8401'楸树

**树　　种:** 楸树

**学　　名:** *Catalpa bungei* 'Wan Qiu 8401'

**类　　别:** 优良无性系

**通过类别:** 审定

**编　　号:** 豫 S – SC – CB – 015 – 2010

**证书编号:** 豫林审证字 185 号

**培　育　者:** 南阳市林业科学研究所

**(一) 品种特性**

优良无性系。落叶乔木,树冠长卵形,树干通直,主枝明显,有接干特性,树皮灰白色。胸径年平均生长量达 2.5～3 cm,嫁接苗当年高度可达 3 m 以上,米径可达 2.5 cm 以上;两年生嫁接苗平均高可达 4.5 m 左右;造林 4 年时,树高平均 6.7 m,胸径平均 8.28 cm。抗逆性强,未发现楸梢螟和根结线虫危害。

**(二) 适宜种植范围**

河南省楸树适生区。

**(三) 栽培技术要点**

宜选平原和海拔 800 m 左右浅山丘陵区的耕地、"四旁"、山谷、山脚、低山缓坡、梯田地埂、溪旁等土层深厚、肥沃、湿润、疏松的地区造林,壤土、沙壤土最佳,黏壤土次之;中性或微酸性、微碱性,pH 值 6.5～7.5,排水良好、地下水位在 1 m 以下的地块也宜作造林地。根据地形因地制宜地选择整地方法。主要有穴状整地、鱼鳞坑整地、水平沟整地、高垄整地。造林时间以 3 月上旬至 4 月上旬为最佳。造林密度根据造林目的、立地条件等因素确定。以获得大径材为主的,造林密度要小;营造水土保持的,造林密度要大;立地条件好的,造林密度宜小;立地条件差的,造林密度宜大。造林后平茬,当年及时抹芽、除蘖。造林两年后,在春季发芽前,应疏除个别株的主干竞争枝,对主干低矮、分杈多的植株,选留健壮萌发条,培养新的主干,逐步剪除辅养枝,达到接干的目的;合理修枝会促进全面生长,5 年生后,修枝强度不应超过 15%,应保持干高占树高的 2/5。修枝高度控制在 7～8 m,25 cm 粗的树,干冠比约 5:5。

（栽培管理技术参考《河南林木良种》2008 年 10 月版，豫楸 1 号）

# 九、'宛楸 8402' 楸树

**树　种：** 楸树

**学　名：** *Catalpa bungei* ' Wan Qiu 8402 '

**类　别：** 优良无性系

**通过类别：** 审定

**编　号：** 豫 S – SC – CB – 016 – 2010

**证书编号：** 豫林审证字 186 号

**培　育　者：** 南阳市林业科学研究所

## （一）品种特性

优良无性系。落叶乔木，树冠卵形，树干通直，有接干特性，树皮黑褐色，5 年生树干呈片状竖叠式翘裂，侧枝夹角 40°。蒴果长 28 ～ 35 cm，种子 9 月上旬成熟。胸径年平均生长量达 2.7 ～ 3.1 cm，树干通直，两年的嫁接苗平均高可达 4.6 m 左右；速生且材质优良。嫁接苗当年树高可达 3.2 m 以上，米径 2.6 cm。造林 4 年时，树高平均 6.8 m，胸径平均 8.9 cm。最高单株胸径达 14.8 cm。抗逆性强，楸梢螟和根结线虫的发病率较低。

## （二）适宜种植范围

河南省楸树适生区。

## （三）栽培技术要点

宜选平原和海拔 800 m 左右浅山丘陵区的耕地、"四旁"、山谷、山脚、低山缓坡、梯田地埂、溪旁等土层深厚、肥沃、湿润、疏松的地区造林，壤土、沙壤土最佳，黏壤土次之；中性或微酸性、微碱性，pH 值 6.5 ～ 7.5，排水良好、地下水位在 1 m 以下的地块也宜作造林地。主要有穴状整地、鱼鳞坑整地、水平沟整地、高垄整地等方式。造林时间以 3 月上旬至 4 月上旬为最佳。造林密度根据造林目的、立地条件等因素确定。以获得大径材为主的，造林密度要小；营造水土保持林，造林密度要大；立地条件好的，造林密度宜小；立地条件差的造林密度宜大。造林后平茬，当年及时抹芽、除蘖。造林两年后，在春季发芽前，应疏除个别株的主干竞争枝，对主干低矮、分杈多的植株，选留健壮萌发条，培养新的主干，逐步剪除辅养枝，达到接干的目的；合理修枝会促进全面生长，5 年生后，修枝强度不应超过

15%，应保持干高占树高的 2/5。修枝高度控制在 7～8 m，25 cm 粗的树，干冠比约 5:5。

（栽培管理技术参考《河南林木良种》2008 年 10 月版，豫楸 1 号）

# 十、'洛楸 1 号' 楸树

**树　　种:** 楸树
**学　　名:** *Catalpa bungei* 'Luo Qiu 1'
**类　　别:** 优良品种
**通过类别:** 审定
**编　　号:** 豫 S－SV－CB－017－2010
**证书编号:** 豫林审证字 187 号
**培　育　者:** 洛阳市林业科学研究所

**（一）品种特性**

杂交品种。顶端优势极明显，自然接干能力强。树干通直、光滑，树冠窄，分枝角度小；心材褐色，边材黄白色，生长轮明晰，材质好；具有较强的抗病、抗虫、抗寒能力。生长速度快，1 年生嫁接苗最大苗高达 4.7 m，最大胸径达 3.3 cm。4 年生树高达 9.7 m，胸径达 11.8 cm，年均树高、胸径生长量分别达 2.43 m 和 2.95 cm，表现出明显的前期速生性。

**（二）适宜种植范围**

河南省楸树适生区。

**（三）栽培技术要点**

造林当年平茬，树木发芽期要及时抹芽，保留一个壮芽促发新干。第二年进行人工接干，方法是开春及时进行顶梢回截，将木质化程度不良的梢部剪除，待新梢长到 5～10 cm 时，在顶部保留 2 个枝条，将其余枝条打掉，当新梢长到 20～30 cm 时，将其中一个枝条去除，生长季节及时抹去侧芽，以促主梢生长形成主干。造林密度应根据培育目的来确定，培育绿化苗木，密度控制在 2 m×3 m；片林密度控制在 3 m×4 m；农楸间作可采用 3 m×30 m～3 m×40 m；通道绿化及防护林株距 3～4 m。病虫害防治和抚育管理同常规楸树品种。

（栽培管理技术参考《河南林木良种》2008 年 10 月版，豫楸 1 号）

# 十一、'洛楸2号'楸树

**树　　种：**楸树

**学　　名：***Catalpa bungei* 'Luo Qiu 2'

**类　　别：**优良品种

**通过类别：**审定

**编　　号：**豫 S – SV – CB – 018 – 2010

**证书编号：**豫林审证字 188 号

**培 育 者：**洛阳市林业科学研究所

**（一）品种特性**

杂交品种。顶端优势明显，接干能力强；树干通直、光滑，树冠圆满；心材淡褐色，边材灰白色，年轮明晰，材质优；具有较强的抗病、抗虫、抗寒、抗旱能力。生长速度快，1 年生嫁接苗最大苗高达 4.2 m，胸径达 3.8 cm；4 年生树高可达 8.6 m，胸径达 12.5 cm，年均树高、胸径生长量达 2.15 m 和 3.1 cm，表现出明显的前期速生性。

**（二）适宜种植范围**

河南省楸树适生区。

**（三）栽培技术要点**

造林当年平茬，树木发芽期及时抹芽，保留一个壮芽促发新干。第二年进行人工接干，方法是开春及时进行顶梢回截，将木质化程度不良的梢部剪除，待新梢长到 5 ~ 10 cm 时，在顶部保留 2 个枝条，将其余枝条打掉，当新梢长到 20 ~ 30 cm 时，将其中一个枝条去除，生长季节及时抹去侧芽，以促主梢生长形成主干。造林密度应根据培育目的来确定，培育绿化苗木密度控制在 2 m × 3 m，片林密度控制在 3 m × 4 m，农楸间作可采用 3 m × 30 m ~ 3 m × 40 m，通道绿化及防护林株距 3 ~ 4 m。病虫害防治和抚育管理同常规楸树品种。

（栽培管理技术参考《河南林木良种》2008 年 10 月版，豫楸 1 号）

# 十二、'洛楸3号'楸树

**树　　种：**楸树

**学　　名：***Catalpa bungei* 'Luo Qiu 3'

**类　　别:** 优良品种

**通过类别:** 审定

**编　　号:** 豫 S – SV – CB – 020 – 2012

**证书编号:** 豫林审证字 281 号

**培 育 者:** 中国林业科学研究院林业研究所、洛阳农林科学院

**(一) 品种特性**

杂交品种。顶端优势明显,接干能力强;树干通直、叶痕明显突起,树皮粗糙,长块状开裂;木材有光泽,心材浅褐色,边材灰褐色,年轮明晰,材质优;具有较强的抗病、抗虫、抗寒、抗干旱能力。

**(二) 适宜种植范围**

河南省楸树适生区。

**(三) 栽培技术要点**

造林当年平茬,树木发芽期及时抹芽,保留一个壮芽促发新干。第二年进行人工接干,方法是开春及时进行顶梢回截,将木质化程度不良的梢部剪除,待新梢长到 5 ~ 10 cm 时,在顶部保留 2 个枝条,将其余枝条抹除。当保留的新梢长到 20 ~ 30 cm 时,将其中一个枝条摘心,生长季节及时抹去侧芽,以促主梢生长形成主干。造林密度应根据培育目的确定,培育绿化苗木株行距控制在 2 m×3 m,片林设计间伐的株行距为 2 m×3 m,不间伐的株行距为 4 m×5 m,农楸间作株距 4 ~ 5 m。

(栽培管理技术参考《河南林木良种》2008 年 10 月版,豫楸 1 号)

# 十三、'洛楸 4 号' 楸树

**树　　种:** 楸树

**学　　名:** *Catalpa bungei* 'Luo Qiu 4'

**类　　别:** 优良品种

**通过类别:** 审定

**编　　号:** 豫 S – SV – CB – 021 – 2012

**证书编号:** 豫林审证字 282 号

**培 育 者:** 洛阳市农林科学院、中国林业科学研究院林业研究所

**(一) 品种特性**

杂交品种。顶端优势明显,接干能力强;树干通直、光滑,树冠圆满;栽植 3 ~ 4 年开花结果,且开花艳、结果多,用其作亲本杂交后代,当年开

花结实。木材有光泽，心材黄褐色，边材浅黄褐色，年轮明晰，材质优；具有较强的抗病、抗虫、抗寒能力。

**（二）适宜种植范围**

河南省楸树适生区栽培。

**（三）栽培技术要点**

造林当年平茬，树木发芽期及时抹芽，保留一个壮芽促发新干。第二年进行人工接干，方法是开春及时进行顶梢回截，将木质化程度不良的梢部剪除，待新梢长到5～10 cm时，在顶部保留2个枝条，将其余枝条抹除。当保留的新梢长到20～30 cm时，将其中一个枝条摘心，生长季节及时抹去侧芽，以促主梢生长形成主干。造林密度应根据培育目的确定，培育绿化苗木株行距控制在2 m×3 m，片林设计间伐的株行距为2 m×3 m，不间伐的株行距为4 m×5 m，农楸间作株距4～5 m。

（栽培管理技术参考《河南林木良种》2008年10月版，豫楸1号）

# 十四、'艺楸1号'楸树

**树　　种：**楸树

**学　　名：***Catalpa bungei* 'Yi Qiu 1'

**类　　别：**优良品种

**通过类别：**审定

**编　　号：**豫S－SV－CB－022－2012

**证书编号：**豫林审证字283号

**培　育　者：**河南农业大学、河南省艺都园林绿化工程有限公司

**（一）品种特性**

选择育种品种。树干通直，自然整枝明显；树皮光滑发亮，灰白色，叶痕不明显。9年生平均胸径20.25 cm，平均树高11.0 m，平均冠幅3.73 m，材积0.157 m³。成材期15～20年。

**（二）适宜种植范围**

河南省楸树适生区。

**（三）栽培技术要点**

选用优质壮苗造林，加强水肥管理。培育良好主干，春夏及时抹芽，留一饱满顶芽形成主干。采用综合措施防治楸梢螟和根结线虫等危害。

（栽培管理技术参考《河南林木良种》2008年10月版，豫楸1号）

# 十五、'艺楸 2 号' 楸树

树　　种：楸树
学　　名：*Catalpa bungei* 'Yi Qiu 2'
类　　别：优良品种
通过类别：审定
编　　号：豫 S – SV – CB – 023 – 2012
证书编号：豫林审证字 284 号
培 育 者：河南农业大学、河南省艺都园林绿化工程有限公司

**（一）品种特性**

选择育种品种。树干通直，自然整枝明显；树皮暗灰色，呈薄片状剥落，叶痕不明显。9 年生植株平均胸径 20.0 cm，平均树高 11.0 m，平均冠幅 3.98 m，材积 0.157 m$^3$。成材期 15～20 年。

**（二）适宜种植范围**

河南省楸树适生区。

**（三）栽培技术要点**

选用优质壮苗造林，加强水肥管理。培育良好主干，春夏及时抹芽，留一饱满顶芽形成主干。采用综合措施防治楸梢螟和根结线虫等危害。

（栽培管理技术参考《河南林木良种》2008 年 10 月版，豫楸 1 号）

# 十六、'洛楸 5 号' 楸树

树　　种：楸树
学　　名：*Catalpa bungei* 'Luo Qiu 5'
类　　别：优良品种
通过类别：认定
编　　号：豫 R – SV – CB – 033 – 2012
证书编号：豫林审证字 294 号
培 育 者：洛阳市农林科学院、中国林业科学研究院林业研究所

**（一）品种特性**

杂交品种。顶端优势明显，接干能力强；树干通直、光滑，树冠圆满；木材有光泽，心材灰褐色，边材黄褐色，年轮明晰，木材硬度大，材质优；

具有较强的抗病、抗虫、抗寒能力。

**（二）适宜种植范围**

河南省楸树适生区栽培。

**（三）栽培技术要点**

造林当年平茬，树木发芽期及时抹芽，保留一个壮芽促发新干。第二年进行人工接干，方法是开春及时进行顶梢回截，将木质化程度不良的梢部剪除，待新梢长到 5~10 cm 时，在顶部保留 2 个枝条，将其余枝条抹除。当保留的新梢长到 20~30 cm 时，将其中一个枝条摘心，生长季节及时抹去侧芽，以促主梢生长形成主干。造林密度应根据培育目的确定，培育绿化苗木株行距控制在 2 m×3 m，片林设计间伐的株行距为 2 m×3 m，不间伐的株行距为 4 m×5 m，农楸间作株距 4~5 m。

（栽培管理技术参考《河南林木良种》2008 年 10 月版，豫楸 1 号）

# 十七、'洛楸 6 号'楸树

**树　　种：** 楸树

**学　　名：** *Catalpa bungei* 'Luo Qiu 6'

**类　　别：** 优良品种

**通过类别：** 认定

**编　　号：** 豫 R－SV－CB－034－2012

**证书编号：** 豫林审证字 295 号

**培　育　者：** 中国林业科学研究院林业研究所、洛阳市农林科学院

**（一）品种特性**

杂交品种。顶端优势明显，接干能力强；树干通直、光滑，树冠圆满；木材有光泽，心材灰褐色，边材浅黄褐色，年轮明晰，材质优；具有较强的抗病、抗虫、抗寒能力。

**（二）适宜种植范围**

河南省楸树适生区。

**（三）栽培技术要点**

造林当年平茬，树木发芽期及时抹芽，保留一个壮芽促发新干。第二年进行人工接干，方法是开春及时进行顶梢回截，将木质化程度不良的梢部剪除，待新梢长到 5~10 cm 时，在顶部保留 2 个枝条，将其余枝条抹除。当保留的新梢长到 20~30 cm 时，将其中一个枝条摘心，生长季节及时抹去侧

芽，以促主梢生长形成主干。造林密度应根据培育目的确定，培育绿化苗木株行距控制在 2 m×3 m，片林设计间伐的株行距为 2 m×3 m，不间伐的株行距为 4 m×5 m，农楸间作株距 4～5 m。

（栽培管理技术参考《河南林木良种》2008 年 10 月版，豫楸 1 号）

# 第二篇　经济林良种

## 一、'邳县2号'银杏

树　　种：银杏

学　　名：*Ginkgo biloba* 'Pi Xian 2'

类　　别：引种驯化品种

通过类别：审定

编　　号：豫S – ETS – GB – 009 – 2011

证书编号：豫林审证字226号

培　育　者：南阳市林业科学研究所

### （一）品种特性

树冠开张，幼树树皮淡灰色，浅纵裂，老则灰褐色，深纵裂。成熟种实外种皮黄，被薄层白粉。果柄4.63 cm左右；种子椭圆形，平均纵径30.5 mm、横径24.2 mm；种核马铃形，肥大饱满，平均纵径27.07 mm、横径18.92 mm、厚度14.53 mm；千粒重8 809 g，出核率32.4%，出仁率86.6%，单核重2.85 g。种实壳薄，洁白，种仁质细，富浆汁，白果香味浓；熟品质细，糯软、微苦、香。

果实10月初成熟。

### （二）适宜种植范围

河南省银杏适生区。

### （三）栽培技术要点

栽植适宜在3月中旬或10月下旬至11月中旬，栽植穴要求长、宽、深各1 m，穴挖好后每穴施土杂肥50~100 kg，并与表土混合均匀，栽植苗木，栽植深度以培土到苗木原土印以上2~3 cm为宜。苗木栽植后立即灌足根水，水渗下后，再覆盖一层细土。施肥的时期、数量和次数按树体生长情况和土壤肥力确定。树形常采用圆头形、主干疏层形和无层形三种。银杏修剪应本着主枝适量、侧枝有序、通风透光的基本要求，按照冬剪为主、夏剪为辅、疏剪为主、短截回缩为辅的原则进行。对于新栽的嫁接银杏树，应及时除去嫁接口以下的萌生枝条。新建银杏园按 100:（1～2）配置雄株，并均匀定植。银杏的病害主要有苗木立枯病、干枯病、叶片褐斑病、叶枯病、早期黄化病，主要虫害有大袋蛾、光肩星天牛、大蚕蛾、银杏超小卷叶蛾等。

（栽培管理技术参考《河南林木良种》2008 年 10 月版，豫银杏 1 号（龙潭皇））

# 二、'郯城 13 号'银杏

**树　　　种:** 银杏

**学　　　名:** *Ginkgo biloba* 'Tan Cheng 13'

**类　　　别:** 引种驯化品种

**通过类别:** 审定

**编　　　号:** 豫 S－ETS－GB－010－2011

**证书编号:** 豫林审证字 227 号

**培 育 者:** 南阳市林业科学研究所

## （一）品种特性

树势中庸，侧枝少，主枝旺。种核肥大、饱满，纺锤形，上端圆钝，近平，下部渐狭小。10 月 3 日左右成熟，成熟种实外皮橙黄，被白粉，肉质外种皮有臭味，果柄 2.99 cm 左右，基部粗，中部细而弯曲，蒂盘长圆形或椭圆形，微突，表面高低不平。种子出核率 34.1%，出仁率 82.2%，千粒重 8 446 g，种核壳薄、洁白，种仁质细，富浆汁，白果香味浓；熟品质细，糯软，略有甜香味。

果实 10 月初成熟。

## （二）适宜种植范围

河南省银杏适生区。

## （三）栽培技术要点

栽植适宜在 3 月中旬或 10 月下旬至 11 月中旬，栽植穴要求长、宽、深各 1 m，穴挖好后每穴施土杂肥 50～100 kg，并与表土混合均匀，栽植苗木，栽植深度以培土到苗木原土印以上 2～3 cm 为宜。苗木栽植后立即灌足根水，水渗下后，再覆盖一层细土。施肥的时期、数量和次数按树体生长情况和土壤肥力确定。树形常采用圆头形、主干疏层形和无层形三种。新建银杏园按 100:（1～2）配置雄株，并均匀定植。银杏的病害主要有苗木立枯病、干枯病，叶片褐斑病、叶枯病、早期黄化病，主要虫害有大袋蛾、光肩星天牛、大蚕蛾、银杏超小卷叶蛾等。

（栽培管理技术参考《河南林木良种》2008 年 10 月版，豫银杏 1 号（龙潭皇））

# 三、'郯城 16 号' 银杏

**树　　种**：银杏
**学　　名**：*Ginkgo biloba* 'Tan Cheng 16'
**类　　别**：引种驯化品种
**通过类别**：审定
**编　　号**：豫 S – ETS – GB – 011 – 2011
**证书编号**：豫林审证字 228 号
**培 育 者**：南阳市林业科学研究所

**（一）品种特性**

树势健壮，树冠开张，主枝旺，种核大而丰肥，近菱形，两端尖，一侧有双棱线；9 月 25 日左右成熟，成熟种实外种皮黄，被白粉，肉质外种皮有臭味，果柄 3.78 cm 左右，种子出核率 32.4%，出仁率 81.9%，千粒重 8 672 g，单核重 2.81 g。果实壳薄，洁白，种仁质细，富浆汁；熟品质细，糯软，微苦。

果实 9 月底成熟。

**（二）适宜种植范围**

河南省银杏适生区。

**（三）栽培技术要点**

栽植适宜在 3 月中旬或 10 月下旬至 11 月中旬，栽植穴要求长、宽、深各 1 m，穴挖好后每穴施土杂肥 50 ~ 100 kg，并与表土混合均匀，栽植苗木，栽植深度以培土到苗木原土印以上 2 ~ 3 cm 为宜。苗木栽植后立即灌足根水，水渗下后，再覆盖一层细土。施肥的时期、数量和次数按树体生长情况和土壤肥力确定。树形常采用圆头形、主干疏层形和无层形三种。银杏修剪应本着主枝适量、侧枝有序、通风透光的基本要求，按照冬剪为主、夏剪为辅，疏剪为主、短截回缩为辅的原则进行。对于新栽的嫁接银杏树，应及时除去嫁接口以下的萌生枝条。新建银杏园按 100:(1~2) 配置雄株，并均匀定植。该品种病虫害主要有苗木立枯病、干枯病、叶片褐斑病、叶枯病、早期黄化病，主要虫害有大袋蛾、光肩星天牛、大蚕蛾、银杏超小卷叶蛾等。

（栽培管理技术参考《河南林木良种》2008 年 10 月版，豫银杏 1 号
（龙潭皇））

# 四、'强特勒'核桃

**树　　种**：核桃

**学　　名**：*Juglans regia* 'Chandler'

**类　　别**：引种驯化品种

**通过类别**：审定

**编　　号**：豫 S – ETS – JR – 009 – 2009

**证书编号**：豫林审证字 142 号

**培 育 者**：洛阳市林业技术推广站

**（一）品种特性**

国外引进品种。树势中等，树冠开张，主干浅灰色，分枝角度较大。皮
孔明显，小而突起，浅棕色。枝条棕黄色。该品种结果属短枝型，平均果长
5.5 cm，果径 4.75 cm。坚果腹缝线紧密，耐贮藏，坚果横径 3.32 cm，纵径
3.88 cm。平均壳厚 1.5 mm 左右，单果重 10.6 g。取仁易，香味较浓，浅色仁
占 80% 以上，出仁率 48%。丰产能力强。黑斑病发病少，对炭疽病抗性较强。

果实 9 月 15 日左右成熟。

**（二）适宜种植范围**

河南省核桃适生区。

**（三）栽培技术要点**

适宜在阳坡或半阴坡土层深厚、较肥沃、通气良好、湿润的地方栽培，
酸性和碱性土壤均能正常生长。穴状整地，整地规格为 80 cm × 80 cm × 80 cm。
造林密度 5 m × 8 m 或 6 m × 8 m。因果园造林密度相对较小，造林前三年可进
行间作，以耕代抚。林地间作豆科植物、绿肥或牧草是一种较好的林地管理
措施，既可防止杂草丛生，也可提高林地土壤肥力。每年根据情况及时中耕
除草。一般不需要进行修枝，日常管理中及时剪除病虫危害枝条和枯死枝条。

较常见的病虫害有黑斑病、根结线虫、云斑天牛、核桃举肢蛾、吉丁虫、
桃蠹螟，防治方法是结合修剪除去病虫枝条。根结线虫较难防治，应尽量选
择抗线虫的核桃品种做砧木；云斑天牛危害较大，发现后要及时进行防治。

（栽培管理技术参考《河南林木良种》2008 年 10 月版，中豫长山核桃
1 号）

# 五、'哈特利'核桃

**树　　种：** 核桃

**学　　名：** *Juglans regia* 'Hartley'

**类　　别：** 引种驯化品种

**通过类别：** 审定

**编　　号：** 豫 S – ETS – JR – 011 – 2010

**证书编号：** 豫林审证字 181 号

**培 育 者：** 洛阳市林业工作站

**（一）品种特性**

美国引进品种。树体中等至大，树姿半开张，分枝角度较小，主干浅灰棕色，树干皮孔明显。果壳较硬，外果皮较光滑，果实（带外果皮）长 5.1 cm，径 4.6 cm；去皮后果长 4.0 cm，径 3.5 cm，单果重 12.5 g，每千克 80 粒左右。平均单果核仁重 6.5 g，出仁率高，达 51% ~ 52%，核仁品质好，单宁含量低，不涩，香味较浓，浅色仁占 90% 以上；缝合线紧密，耐贮藏。较耐寒，黑斑病少，对炭疽病抗性强。丰产性较好。

果实 9 月中旬成熟。

**（二）适宜种植范围**

河南省核桃适生区。

**（三）栽培技术要点**

适宜生长在土层深厚、较肥沃、通气良好、湿润的地方，酸性和碱性土壤均能生长。株行距 6 m × 8 m。一般不需要进行修枝，日常管理中及时剪除病虫危害枝条和枯死枝条。该品种较耐瘠薄、耐干旱，造林时除适当施农家肥或复合肥做底肥外，以后可根据生长情况确定施肥种类和施肥量。除造林第一年及时浇水保证成活后，一般不用浇水。较常见的病虫害有黑斑病、花生根结线虫、云斑天牛、核桃举肢蛾、吉丁虫、桃蠹螟，大部分病虫害危害并不严重，结合修剪除去病虫枝条，无需药剂防治。花生根结线虫较难防治，应尽量选择抗线虫的核桃品种做砧木；云斑天牛危害较大，发现后要及时进行防治。

（栽培管理技术参考《河南林木良种》2008 年 10 月版，中豫长山核桃 1 号）

# 六、'艾米哥'核桃

**树　　种:** 核桃

**学　　名:** *Juglans regia* 'Amigo'

**类　　别:** 引种驯化品种

**通过类别:** 审定

**编　　号:** 豫 S – ETS – JR – 001 – 2011

**证书编号:** 豫林审证字 218 号

**培 育 者:** 洛阳市林业工作站

**(一) 品种特性**

'艾米哥'核桃树体中等,树势中庸,树姿开张或半开张,分枝力强,主干浅灰棕色,树皮皮孔明显,小而突起。坚果圆形,果个较大,色浅,壳厚 1.1 mm 左右,腹缝线紧密,壳面光滑,果实纵径 3.34 cm,横径 3.13 cm,侧径 3.25 cm,易取整仁。平均单果重 12.2 g,单个核仁重 7.6 g。丰产性较好。

'艾米哥'为晚实品种,果实 9 月上旬成熟。

**(二) 适宜种植范围**

河南中北部平原及黄土丘陵区。

**(三) 栽培技术要点**

整地方式为穴状整地,整地规格为 80 cm × 80 cm × 80 cm。造林密度以 200 ~ 333 株/hm² 为宜,即 6 m ×(5 ~ 8) m,造林时除适当施农家肥或复合肥做底肥外,以后可根据生长情况确定施肥种类和施肥量。除造林第一年及时浇水保证成活后,一般不用浇水。因果园造林密度相对较小,造林前三年可进行间作。该品种较常见的虫害花生根结线虫较难防治,应尽量选择抗线虫的核桃品种做砧木,云斑天牛危害较大,发现后要及时进行防治。

(栽培管理技术参考《河南林木良种》2008 年 10 月版,中豫长山核桃 1 号)

# 七、'中核短枝'核桃

**树　　种:** 核桃

**学　　名:** *Juglans regia* 'Zhong He Duan Zhi'

类　　别：优良品种

通过类别：审定

编　　号：豫 S – SV – JR – 002 – 2011

证书编号：豫林审证字 219 号

培　育　者：中国农业科学院郑州果树研究所

**（一）品种特性**

'中核短枝'核桃树冠圆锥形，主干灰色，分枝力强，枝条节间短而粗，以短果枝结果为主。果实近圆柱形，较大，果壳较光滑，浅褐色，缝合线较窄而平，结合紧密。果基和果顶较平，平均坚果重 15.1 g，壳厚 0.9 cm，三径平均 4.09 cm，内褶壁膜质，横隔膜膜质，易取整仁。出仁率 65.8%，核仁充实饱满，仁乳黄色，无斑点，纹理不明显，核仁香而不涩。丰产稳产性较强。

果实 9 月初成熟。

**（二）适宜种植范围**

在河南省排水条件良好的黏质或沙质壤土或砾质土的平原或浅山、丘陵等立地条件均可发展。

**（三）栽培技术要点**

最好选择土层深厚肥沃、灌溉和排水条件良好的沙壤土地块建园，避免选择重茬地，重茬地栽植时应避开原来的老树穴，多施有机肥。定植时间分为春栽和秋栽。宜适当进行密植，株行距一般采用（2 ~ 3）m ×（3 ~ 4）m。需配置'香玲'和'辽宁1号'做授粉树，配置比例为（4 ~ 8）：1 为宜。农家肥一般在秋季一次性施入，化肥作为追肥使用，一般每年施用 3 ~ 4 次。树形可采用主干疏层形和自由纺锤形。该品种病虫害较少，应遵循预大于防、防大于治的方针。

（栽培管理技术参考《河南林木良种》2008 年 10 月版，中豫长山核桃 1 号）

# 八、'极早丰'核桃

树　　种：核桃

学　　名：*Juglans regia* 'Ji Zao Feng'

类　　别：优良品种

通过类别：审定

编　　号：豫 S – SV – JR – 003 – 2011
证书编号：豫林审证字 220 号
培 育 者：中国农业科学院郑州果树研究所

**(一) 品种特性**

杂交品种。树冠半圆头形，树姿开张，主干灰绿色，以短果枝结果为主。果实近圆形，较大，果壳较光滑，浅褐色，缝合线较窄而平，结合紧密，壳厚 0.73 mm。果基和果顶较平，平均坚果重 14.2 g，三径平均值 3.85 cm，内褶壁膜质，横隔膜膜质，易取整仁。出仁率 65.4%，核仁充实饱满，仁乳黄色，无斑点，纹理不明显，核仁香而不涩，品质上等，早果早丰性强。

果实 8 月底成熟，比绿波早熟 5~10 天。

**(二) 适宜种植范围**

豫北、豫东和豫中等地区的排水条件良好、黏质或沙质壤土及砾质土的平原或浅山、丘陵等立地条件均可发展。

**(三) 栽培技术要点**

最好选择土层深厚肥沃、灌溉和排水条件良好的沙壤土地块进行建园，选择园地时要尽量避免选择重茬地，重茬地栽植时应避开原来的老树穴，多施有机肥。可进行秋栽和春栽。宜适当进行密植，株行距一般采用 (2~3) m × (3~4) m。需配置'绿波'、'香玲'和'辽宁 1 号'做授粉树，配置比例一般以 (4~8):1 为宜。合理进行施肥是密植丰产园高产稳产的保证。树形可采用主干疏层形和自由纺锤形。该品种的病害主要有白粉病和褐斑病，主要虫害有核桃举肢蛾和小吉丁虫。

(栽培管理技术参考《河南林木良种》2008 年 10 月版，中豫长山核桃 1 号)

# 九、'香玲'核桃

树　　种：核桃
学　　名：*Juglans regia* 'Xiang Ling'
类　　别：引种驯化品种
通过类别：审定
编　　号：豫 S – ETS – JR – 004 – 2011
证书编号：豫林审证字 221 号

**培 育 者：**河南农业大学、济源市林业工作站

**（一）品种特性**

引进品种。树体中等，树势强壮，树姿开张或半开张，分枝力强，主干浅灰棕色，树皮皮孔明显，小而突起。坚果圆形，果个较大，坚果壳色浅，壳厚 0.9 mm 左右，腹缝线紧密，壳面极光滑，纵径 3.87 cm，横径 3.30 cm，侧径 3.45 cm，易取整仁。平均单果重 12.2 g，单个核仁重 7.6 g，出仁率高达 65.4%。丰产性较好。

果实 9 月上旬成熟。

**（二）适宜种植范围**

适宜生长在温暖、土层深厚、排水良好的沙壤土，可在黄土丘陵区栽培发展。

**（三）栽培技术要点**

整地方式为穴状整地，整地规格为 80 cm×80 cm×80 cm。因果园造林密度相对较小，造林前三年可以适当进行间作。造林时除适当增施农家肥或复合肥做底肥外，以后可根据生长情况确定施肥种类和施肥量。较常见的病虫害有黑斑病、炭疽病、云斑天牛、核桃举肢蛾、吉丁虫，大部分病虫害危害并不严重，结合修剪除去病虫枝条，病害用波尔多液防治。

（栽培管理技术参考《河南林木良种》2008 年 10 月版，中豫长山核桃 1 号）

# 十、'薄丰'核桃

**树　　　种：**核桃

**学　　　名：***Juglans regia* 'Bo Feng'

**类　　　别：**优良品种

**通过类别：**审定

**编　　　号：**豫 S－SV－JR－005－2011

**证书编号：**豫林审证字 222 号

**培 育 者：**河南省林业科学研究院、济源市林业工作站

**（一）品种特性**

该品种树势强旺，树姿开张，分枝力较强，主干浅灰棕色，树皮皮孔明显，小而突起。坚果长圆形，壳面光滑，色浅；缝合线平而窄，结合较紧，壳厚 1.0 mm。坚果纵径 4.2 cm，横径 3.5 cm，侧径 3.4 cm，坚果重 13 g 左

右, 最大 16 g。内褶壁退化, 横隔膜膜质, 可取整仁。核仁充实饱满, 颜色浅黄, 重 6 ~ 7 g, 出仁率 58%。丰产性较好。

果实 9 月初成熟。

**(二) 适宜种植范围**

适宜在河南省温暖、土层深厚、排水良好的沙壤土等立地条件栽培。

**(三) 栽培技术要点**

该品种适于矮化密植, 株行距采用 3 m×5 m 或 4 m×5 m。需配置'辽宁 1 号'、'香玲'、'中林 5 号'授粉树, 按 (4 ~ 5)∶1 的比例进行行列式配置。栽植时期分秋栽和春栽。施肥应根据果园土壤肥力及该品种的生物学特点进行。树形主要有主干疏层形、自然开心形。该品种病虫害发生较少。一般在春季发芽前树体喷一次 3 ~ 5 波美度石硫合剂。幼树要注意防治金龟子等食叶类害虫。坐果后喷 70% 甲基托布津 800 倍液, 5 月底 6 月初喷1∶2∶200 波尔多液, 预防细菌性黑斑病。

(栽培管理技术参考《河南林木良种》2008 年 10 月版, 中豫长山核桃 1 号)

# 十一、'绿波'核桃

**树　　种:** 核桃

**学　　名:** *Juglans regia* 'Lv Bo'

**类　　别:** 优良品种

**通过类别:** 审定

**编　　号:** 豫 S – SV – JR – 006 – 2011

**证书编号:** 豫林审证字 223 号

**培　育　者:** 河南省林业科学研究院、济源市林业工作站

**(一) 品种特性**

树势强壮, 树体中等, 树姿开张, 分枝中等, 干性强, 主干浅灰色坚果纵径 4.14 cm, 横径 3.31 cm, 侧径 3.32 cm, 坚果重 11 g 左右, 最大 14 g。核仁重 6 ~ 7 g, 出仁率 59% 左右。丰产性较好。

果实 9 月初成熟。

**(二) 适宜种植范围**

在河南省各地核桃栽培区均可发展。

（三）栽培技术要点

该品种适于矮化密植，株行距可采用 3 m×5 m 或 4 m×5 m。栽植时期分秋栽和春栽。需配置'辽宁 1 号'、'香玲'、'中林 5 号'等授粉树，按（4～5）∶1 的比例进行行列式配置。施肥应根据果园土壤肥力及该品种的生物学特点进行。树形主要有主干疏层形、自然开心形。该品种病虫害发生较少。一般在春季发芽前树体喷一次 3～5 波美度石硫合剂。幼树要注意防治金龟子等食叶类害虫。坐果后喷 70% 甲基托布津 800 倍液，5 月底 6 月初喷 1∶2∶200 波尔多液，预防细菌性黑斑病。

（栽培管理技术参考《河南林木良种》2008 年 10 月版，中豫长山核桃 1 号）

# 十二、'辽宁 7 号'核桃

**树　　种：**核桃
**学　　名：**_Juglans regia_ 'Liao Ning 7'
**类　　别：**引种驯化品种
**通过类别：**审定
**编　　号：**豫 S－ETS－JR－007－2011
**证书编号：**豫林审证字 224 号
**培 育 者：**济源市林业工作站、河南农业大学

**（一）品种特性**

该品种为引进品种。树势强壮，树体中等，树姿开张或半开张，分枝力强，主干浅灰棕色，树皮皮孔明显，小而突起。坚果圆形，果个较大，色浅，壳厚 0.9 mm 左右，腹缝线紧密，壳面极光滑，果实纵径 3.5 cm，横径 3.3 cm，侧径 3.5 cm，可取整仁。单果重 10.7 g，核仁重 6.7 g，出仁率 62.6%。丰产性较好。

果实 9 月上旬成熟。

**（二）适宜种植范围**

在河南省核桃栽培区均可发展。

**（三）栽培技术要点**

适于矮化密植，株行距采用 3 m×5 m 或 4 m×5 m，栽植时期分秋栽和春栽。栽植时需配置'辽宁 5 号'、'中林 1 号'、'中林 5 号'授粉树，按（4～5）∶1 的比例进行行列式配置。施肥应根据果园土壤肥力及该品种的生

物学特点进行。树形主要有主干疏层形、自然开心形。修剪技术中要特别注意控制背后枝，因其长势比背上枝强，如不加以控制，会影响枝头的发育。该品种病虫害发生较少。一般在春季发芽前树体喷一次 3~5 波美度石硫合剂。幼树要注意防治金龟子等食叶类害虫。坐果后喷 70% 甲基托布津 800 倍液，5 月底 6 月初喷 1:2:200 波尔多液，预防细菌性黑斑病。

（栽培管理技术参考《河南林木良种》2008 年 10 月版，中豫长山核桃 1 号）

# 十三、'清香'核桃

**树　　种**：核桃
**学　　名**：*Juglans regia* ' Qing Xiang '
**类　　别**：引种驯化品种
**通过类别**：审定
**编　　号**：豫 S－ETS－JR－008－2011
**证书编号**：豫林审证字 225 号
**培育者**：济源市林业工作站、河南省林业技术推广站

**（一）品种特性**

树体中等大小，树冠半开张，分枝角度较小。主干浅灰色，皮孔小而突起。坚果果壳较硬，外果皮光滑，果实（带外果皮）纵径 5.4 cm，横径 4.6 cm，侧径 4.7 cm；坚果纵径 4.06 cm，横径 3.67 cm，侧径 3.43 cm，单果重 16.7 g。丰产性较好。

果实 9 月上旬成熟。

**（二）适宜种植范围**

在河南省核桃栽培区均可发展。

**（三）栽培技术要点**

整地方式为穴状整地，整地规格为 80 cm×80 cm×80 cm。立地条件较差的河滩次地和土层较薄的山坡地栽植密度以 3 m×5 m~4 m×6 m 为宜；立地条件较好、土层深厚的地方以 4 m×5 m~5 m×6 m 为宜。需配置授粉树，须按 8:1 配置雌先型品种。基肥一般在秋季采果后及时施入。多以迟效性有机肥为主，可适量加入速效性氮肥或磷肥。施肥量为株施 30 kg 左右。追肥在展叶初期（4 月上中旬）、展叶末期（5 月中下旬）、6 月下旬硬核后施入。该品种对炭疽病、黑斑病等病害抵抗能力较强，但叶片有时也发生褐

斑病和黑斑病，应注意防治。

（栽培管理技术参考《河南林木良种》2008 年 10 月版，中豫长山核桃 1 号）

# 十四、'中宁奇'核桃

**树　　种：**核桃
**学　　名：** *Juglans* ' zhongningqi '
**类　　别：**优良品种
**通过类别：**审定
**编　　号：**豫 S – SV – J – 001 – 2012
**证书编号：**豫林审证字 262 号
**培 育 者：**中国林业科学研究院林业研究所

**（一）品种特性**

为杂交品种，适宜作核桃嫁接砧木。大树树干通直，树皮灰白色纵列，树冠圆形；分枝力强，分枝角 30°左右。一年生枝灰褐色，光滑无毛，节间长。皮孔小，乳白色。枝顶芽（叶芽）较大，呈圆锥形；腋芽贴生，呈圆球形，密被白色茸毛。主、副芽离生明显。奇数羽状复叶，叶片阔披针形，基部心形，叶尖渐尖，背面无毛，叶柄较短。少量结实，坚果圆形，深褐色，果顶钝尖，表面具浅刻沟，坚果厚壳，内褶壁骨质，难取仁。果实 8 月下旬成熟。深根性，根系发达。与核桃的嫁接亲和力强。

**（二）适宜种植范围**

在河南省核桃适生区栽培。

**（三）栽培技术要点**

园地应选择背风向阳、土层深厚、排水良好的壤土和黏壤土地区，土壤厚度在 1 m 以上。栽植前应做好园区规划和核桃品种搭配。农林间作模式的栽植密度为株距 4 ~ 6 m、行距 8 ~ 10 m，园式栽培株距 3 ~ 5 m、行距 4 ~ 6 m。栽植密度亦需根据地势、土壤和气候条件适当调整。栽植可分为春植和秋植，栽植前施足基肥和灌水，栽植后应做好幼树防寒和补植工作。幼树期，即定植后五六年内，应及时扩盘深翻、除草和松土。成龄后，要定期翻耕熟化土壤，改良土壤结构，提高保水保肥能力，减少病虫，进而达到增强树势、提高产量的目的。

（栽培管理技术参考《河南林木良种》2008 年 10 月版，中豫长山核桃

1 号）

# 十五、'中宁强'核桃

**树　　种：**核桃

**学　　名：***Juglans* 'zhongningqiang'

**类　　别：**优良品种

**通过类别：**审定

**编　　号：**豫 S－SV－J－002－2012

**证书编号：**豫林审证字 263 号

**培 育 者：**中国林业科学研究院林业研究所

**（一）品种特性**

系杂交品种，适宜作核桃嫁接的砧木。树干通直，枝干浅灰褐色，浅纵裂；一年生枝灰褐色，皮孔棱形，淡黄色，不规则分布；叶芽长圆锥形，半离生；奇数羽状复叶，小叶互生，叶片披针形，叶缘全缘，先端渐尖，叶脉羽状脉，叶色黄绿色。少结实或不结实。坚果圆形表面具刻沟或皱纹，缝合线突出；壳厚不易开裂，内褶壁发达木质，横隔膜骨质，取仁难，仁不饱满或无仁。作为砧木嫁接核桃后，核桃生长势增强。

**（二）适宜种植范围**

河南省核桃适生区。

**（三）栽培技术要点**

园地应选择背风向阳、土层深厚、排水良好的壤土和黏壤土地区，土壤厚度在 1 m 以上。栽植前应做好园区规划和核桃品种搭配。农林间作模式的栽植密度为株距 4～6 m、行距 8～10 m，园式栽培株距 3～5 m、行距 4～6 m。栽植密度亦需根据地势、土壤和气候条件适当调整。栽植可分为春植和秋植，栽植前施足基肥和灌水，栽植后应做好幼树防寒和补植工作。幼树期，即定植后五六年内，为了促使幼树生长发育，应及时扩盘深翻、除草和松土。成龄后，要定期翻耕熟化土壤，改良土壤结构，提高保水、保肥能力，减少病虫害，进而达到增强树势、提高产量的目的。

（栽培管理技术参考《河南林木良种》2008 年 10 月版，中豫长山核桃1 号）

# 十六、'宁林1号'核桃

**树　　种：** 核桃

**学　　名：** *Juglans regia* 'Ning Lin 1'

**类　　别：** 优良品种

**通过类别：** 审定

**编　　号：** 豫 S – SV – JR – 003 – 2012

**证书编号：** 豫林审证字 264 号

**培　育　者：** 国有洛宁县吕村林场

**（一）品种特性**

该品种为实生选育品种。坚果长圆形，基部圆，顶部略尖，平均纵径 42.25 mm、横径 32.22 mm、侧径 33.77 mm，三径平均 36.08 mm，平均单果重 12.5 g，壳面较光滑，色浅，缝合线略微隆起，结合紧密。壳厚 1.0 mm，内褶壁退化，易取整仁，出仁率 62%。

果实 8 月下旬至 9 月上旬成熟。

**（二）适宜种植范围**

河南省核桃适生区。

**（三）栽培技术要点**

选择土层深厚肥沃、灌溉和排水条件良好的沙壤地块进行建园，pH 值最好在 6.5 ~ 7.5。坡地建园要选择阳坡或半阳坡的中、下腹，坡度以 10°以下的缓坡地为好。建议栽植密度每公顷 330 ~ 495 株，株行距 4 m × 5 m 或者 5 m × 6 m。山坡丘陵地区的通风透光性较好，可进行适当密植，平原肥沃地带可适当稀植。整地可挖大沟或大穴，沟（穴）底填肥，栽后浇水覆上地膜。宜配置花期相同的雌先型品种，配置比例一般以（5 ~ 8）：1 为宜。嫁接苗定干高度保留 80 ~ 100 cm 为宜，树形可采用主干形或开心形，一般选留 5 ~ 7 个主枝，每个主枝上着生 2 ~ 3 个侧枝。修剪主要疏除背上枝、过密枝、干枯枝、短截徒长枝，高接换头树还应注意摘心透气。

该品种病害主要有白粉病和黑斑病，虫害主要有核桃举肢蛾和云斑天牛，秋冬季节刮除老翘树皮，清除树皮中越冬病虫；清扫落叶，集中烧毁或深埋；萌芽前喷一次石硫合剂防治。

（栽培管理技术参考《河南林木良种》2008 年 10 月版，中豫长山核桃 1 号）

# 十七、'中嵩1号'核桃

**树　　种：**核桃

**学　　名：**_Juglans regia_ 'Zhong Song 1'

**类　　别：**优良品种

**通过类别：**审定

**编　　号：**豫 S – SV – JR – 004 – 2011

**证书编号：**豫林审证字 265 号

**培 育 者：**中国林业科学研究院经济林研究开发中心

**（一）品种特性**

该品种为实生选育品种。树势较强，树姿开张，分枝角度大。树干灰白色，表面光滑，短果枝多，异花授粉。坚果光滑，长圆形，外形美观，缝合线较浅，结合较紧密，缝合线与缝合线正中分别有一道纵沟，纵沟自梗凹至萼凹，明显。平均单果重 13.5 g，壳厚 0.98 ~ 1.06 mm，内褶壁退化，横隔膜膜质，出仁率 56.4%。易取整仁，仁色金黄。

果实 9 月 20 日左右成熟。

**（二）适宜种植范围**

河南省核桃适生区。

**（三）栽培技术要点**

一般露地栽植密度为 3 m × 5 m，每公顷 660 株。适宜的丰产树形是自然开心形和疏散分层形。修剪以疏枝和缓放为主，适当轻短截。幼树期按树冠垂直投影面积每年每平方米施氮肥 50 g，施磷肥、钾肥各 10 g（均为有效成分）；密植丰产园 1 ~ 5 年树每平方米施肥量为氮肥 50 g，磷肥、钾肥各 20 g，有机肥 5 kg，并根据当地的土壤条件适当喷施微量元素。

（栽培管理技术参考《河南林木良种》2008 年 10 月版，中豫长山核桃 1 号）

# 十八、'彼得罗'核桃

**树　　种：**核桃

**学　　名：**_Juglans regia_ 'Pedro'

**类　　别：**引种驯化品种

**通过类别：** 审定

**编　　号：** 豫 S – ETS – JR – 005 – 2012

**证书编号：** 豫林审证字 266 号

**培 育 者：** 洛阳农林科学院

## （一）品种特性

该品种为美国引进品种。树体中等，树姿半开张，分枝角度较大，主干浅棕色，树皮皮孔明显，小而突起。雌雄异花，雌雄同株。坚果外壳光滑，缝合线略凸起，结合紧密，单果重 15.3 g，单个核仁重 8.30 g，壳厚 1.2 mm，出仁率达 53%，浅色仁占 70% 以上。

果实 9 月中旬成熟。

## （二）适宜种植范围

在土层深厚、排水良好的沙壤土、黏土或砂土的平原或浅山、丘陵地均可发展。

## （三）栽培技术要点

整地方式为穴状整地，整地规格为 80 cm × 80 cm × 80 cm。造林密度以 420 ~ 675 株/hm² 为宜，即 4 m × 4 m ~ 4 m × 6 m。因前期树体较小，造林前三年可进行间作，以耕代抚。林地间作豆科植物、中药材等低秆作物。绿肥或牧草是一种较好的林地管理措施，既可防止杂草丛生，也可增加林地营养含量，提高土壤肥力。以后每年根据情况及时中耕除草。整形应根据栽培密度和管理水平确定合适的树形，做到"因树修剪，随枝造形，有形不死，无形不乱"。其树形主要为疏散分层形和自然开心形。该品种较耐瘠薄，造林时适当施农家肥或复合肥做底肥外，以后可根据生长情况确定施肥种类和施肥量。该品种也是一个较耐旱品种，除造林第一年及时浇水保证成活后，一般不用浇水。

较常见的病虫害有炭疽病、溃疡病、腐烂病和核桃举肢蛾、根结线虫等，可采用抗病、抗根结线虫的黑核桃做砧木，核桃发芽前喷 3 ~ 5 波美度的石硫合剂，改善园内通风透光条件，采收后剪除病枝病果落叶集中烧毁等方法防治。

（栽培管理技术参考《河南林木良种》2008 年 10 月版，中豫长山核桃 1 号）

# 十九、'中豫长山核桃Ⅱ号'美国山核桃

树　　种：美国山核桃

学　　名：*Carya illenoensis* 'Zhongyu Ⅱ'

类　　别：引种驯化品种

通过类别：审定

编　　号：豫 S – ETS – CI – 010 – 2009

证书编号：豫林审证字 143 号

培 育 者：河南省林业技术推广站

## （一）品种特性

该品种为美国引进品种。树冠椭圆形或圆形。主干浅灰色，树皮纵裂、剥落。核果外果皮缝线四棱角突起，成熟后自动开裂。平均果长 4.79 ~ 5.89 cm，果径 3.24 ~ 3.60 cm。平均果核长 3.53 ~ 4.36 cm，核径 2.23 ~ 2.33 cm。平均鲜果单果重 30.8 g，平均单核重 11.0 g，出核率 40%。壳薄，果肉饱满，乳白色。早产、丰产性较好。

果实 9 月中旬成熟。

## （二）适宜种植范围

河南省核桃适生区。

## （三）栽培技术要点

该品种在阳坡或半阴坡表现较好，适宜生长在土层深厚、较肥沃、通气良好、湿润的地方，酸性和碱性土壤均能正常生长。穴状整地，整地规格 80 cm 见方。造林初植密度 5 m×8 m 或 6 m×8 m。一般不需要修枝，日常管理中应及时剪除病虫危害枝条和枯死枝条，结果后加强对结果枝的保护，防止结果枝触地和折断。该品种为喜水但较耐干旱品种，除造林第一年进行适量浇水保证苗木成活外，一般不用浇水。

中豫长山核桃Ⅱ号美国山核桃较常见的病虫害为核桃炭疽病、长山核桃疮痂病、云斑天牛、核桃举肢蛾、吉丁虫和桃蠹螟，大部分病虫害危害并不严重，结合修剪除去病虫枝条，无需药剂防治。云斑天牛危害较大，发现后应及时用化学药剂进行防治。

（栽培管理技术参考《河南林木良种》2008 年 10 月版，中豫长山核桃 1 号）

# 二十、'桐柏红'油栗

**树　　种：**板栗

**学　　名：**_Castanea mollissima_ 'Tongbaihong'

**类　　别：**优良品种

**通过类别：**审定

**编　　号：**豫 S – SV – CM – 013 – 2008

**证书编号：**豫林审证字 122 号

**培　育　者：**桐柏县林业局

## （一）品种特性

树冠紧凑，结果枝比例高，每个结果母枝平均抽生结果枝 1.86 个，每个结果枝平均结苞 2.23 个；叶片单生，长椭圆形，边缘有锯齿，浓绿色；花期每年 4 月下旬至 5 月中下旬；刺苞椭圆形，总苞平均重 65.6 g，刺束中密，成熟刺苞呈焦枯状，每苞平均含坚果 2.6 粒，出实率 42.5%。坚果红褐色，有光泽，茸毛较少，果肉淡黄色，香甜富糯性，涩皮易剥，平均单果重 9.1 g，最大果重 9.8 g。耐贮藏，抗病虫性强，丰产稳产，耐瘠薄，具有北方栗的典型特点，属于中晚熟品种。

果实 9 月下旬成熟。

## （二）适宜种植范围

适宜在豫南板栗适生区栽培。

## （三）栽培技术要点

选用优质苗木建园，适当密植；加强土、肥、水科学管理，强调一年两次追肥；培养良好树形，冬夏修剪相结合，幼树期，夏季抹芽、拉枝、摘心，促多发枝为早实丰产打基础；挂果树，搞好花果期管理；精细冬剪，培养好结果枝组，立体结果；采用综合措施防治好病虫害，以农业防治为主，加强预测预报，选用高效低毒农药，把害虫控制在危害系数以下。

（栽培管理技术参考《河南林木良种》2008 年 10 月版，豫板栗 1 号（豫罗红栗））

# 二十一、'丹泽'日本栗

**树　　种：**日本栗

学　　名：*Castanea crenata* 'Tanzawa'

类　　别：引种驯化品种

通过类别：认定（有效期 5 年）

编　　号：豫 R – ETS – CC – 038 – 2011

证书编号：豫林审证字 255 号

培　育　者：河南省林业科学研究院

**（一）品种特性**

为引进品种。树势强健，树姿开张，枝条粗壮，发枝量大。每果枝平均栗苞数 5 个，单苞重 89 g，平均每个苞内坚果 2 粒，坚果长三角形，果皮深褐色，有光泽，果底平展；大小较整齐饱满，坚果单粒重 22.3 g，属大型果，果肉淡黄白色，粉质，甜度一般。

果实 8 月底至 9 月初成熟。

**（二）适宜种植范围**

河南省板栗适生区。

**（三）栽培技术要点**

要求深挖浅栽高培，定植株行距（2 ~ 3）m ×（3 ~ 4）m。加强肥水管理。5 月中旬混合花序出现时，疏除 80% 的雄花，并适当疏果，以提高栗实品质。树形采用变则主干形。重点做好栗实腐烂病和红蜘蛛、桃蛀螟的防治。

（栽培管理技术参考《河南林木良种》2008 年 10 月版，豫板栗 1 号（豫罗红栗））

# 二十二、'国见'日本栗

树　　种：日本栗

学　　名：*Castanea crenata* 'Kunimi'

类　　别：引种驯化品种

通过类别：认定（有效期 5 年）

编　　号：豫 R – ETS – CC – 039 – 2011

证书编号：豫林审证字 256 号

培　育　者：河南省林业科学研究院

**（一）品种特性**

为引进品种。树势中等，树姿较直立，枝条粗壮，发枝量大。每个结果枝栗苞数 2 ~ 3 个，单苞重 84 g，平均每个苞内坚果 2 粒，坚果单粒重 22.9 g，属大型果，果肉淡黄色，粉质，甜度一般。

果实 9 月上旬成熟。

**（二）适宜种植范围**

适宜于河南省板栗适生区种植。

**（三）栽培技术要点**

要求深挖、浅栽、高培，定植株行距（2 ~ 3）m ×（3 ~ 4）m。加强肥水管理。5 月中旬混合花序出现时，疏除 80% 的雄花，并适当疏果，以提高栗实品质。树形采用变则主干形。重点做好栗实腐烂病和红蜘蛛、桃蛀螟的防治。

（栽培管理技术参考《河南林木良种》2008 年 10 月版，豫板栗 1 号（豫罗红栗））

# 二十三、‘金华’日本栗

**树　　种**：日本栗

**学　　名**：*Castanea crenata* ‘kinnka’

**类　　别**：引种驯化品种

**通过类别**：认定（有效期 5 年）

**编　　号**：豫 R – ETS – CC – 040 – 2011

**证书编号**：豫林审证字 257 号

**培　育　者**：河南省林业科学研究院

**（一）品种特性**

为引进品种。树势中等，树姿开张。每个结果枝平均栗苞数 1.4 个，单苞重 89 g，平均每个苞内坚果 1.6 粒，总苞圆至椭圆形，刺束长而密。坚果单粒重 24.8 g，属大型果，果肉淡黄色，粉质，甜度一般。

果实 9 月中旬成熟。

**（二）适宜种植范围**

河南省板栗适生区。

**（三）栽培技术要点**

要求深挖、浅栽、高培，定植株行距（2 ~ 3）m ×（3 ~ 4）m。加强肥水管理。5 月中旬混合花序出现时，疏除 80% 的雄花，并适当疏果，以提高栗实品质。树形采用变则主干形。重点做好栗实腐烂病和红蜘蛛、桃蛀螟的防治。

（栽培管理技术参考《河南林木良种》2008 年 10 月版，豫板栗 1 号（豫罗红栗））

# 二十四、'银寄'日本栗

**树　　种：**日本栗
**学　　名：**_Castanea crenata_ 'Gigantean'
**类　　别：**引种驯化品种
**通过类别：**认定（有效期 5 年）
**编　　号：**豫 R－ETS－CC－041－2011
**证书编号：**豫林审证字 258 号
**培 育 者：**河南省林业科学研究院

**（一）品种特性**

引进品种。树势强健，树姿开张，枝条粗壮，发枝量大。每个结果枝平均栗苞数 5 个，单苞重 75 g，平均每个苞内坚果 2 粒，总苞椭圆形，刺束长而密。坚果短三角形，果顶稍尖，坚果单粒重 23.6 g，属大型果，果肉淡黄色，粉质，味甜。

果实 9 月下旬成熟。

**（二）适宜种植范围**

河南省板栗适生区种植。

**（三）栽培技术要点**

要求深挖、浅栽、高培，定植株行距（2～3）m×（3～4）m。加强肥水管理。5 月中旬混合花序出现时，疏除 80% 的雄花，并适当疏果，以提高栗实品质。树形采用变则主干形。重点做好栗实腐烂病和红蜘蛛、桃蛀螟的防治。

（栽培管理技术参考《河南林木良种》2008 年 10 月版，豫板栗 1 号（豫罗红栗））

# 二十五、'筑波'日本栗

**树　　种：**日本栗
**学　　名：**_Castanea crenata_ 'Tsukuba'

**类　　　别：**引种驯化品种

**通过类别：**认定（有效期5年）

**编　　　号：**豫R－ETS－CC－042－2011

**证书编号：**豫林审证字259号

**培育者：**河南省林业科学研究院

**（一）品种特性**

为引进品种。树势中等，树姿较开张，枝条粗壮，发枝量大。每个结果枝平均栗苞数5个，单苞重83 g，平均每个苞内坚果2.5粒，总苞圆形。坚果短三角形，坚果单粒重21.3 g，属大型果，果肉淡黄色，粉质，甜味、香味较大。

果实9月中旬成熟。

**（二）适宜种植范围**

河南省板栗适生区。

**（三）栽培技术要点**

要求深挖、浅栽、高培，定植株行距（2～3）m×（3～4）m。加强肥水管理。5月中旬混合花序出现时，疏除80%的雄花，并适当疏果，以提高栗实品质。树形采用变则主干形。重点做好栗实腐烂病和红蜘蛛、桃蛀螟的防治。

（栽培管理技术参考《河南林木良种》2008年10月版，豫板栗1号（豫罗红栗））

# 二十六、'华仲1号'杜仲

**树　　　种：**杜仲

**学　　　名：***Eucommia ulmoides* 'Hua Zhong 1'

**类　　　别：**优良品种

**通过类别：**审定

**编　　　号：**豫S－SV－EU－024－2010

**证书编号：**豫林审证字194号

**培育者：**中国林业科学研究院经济林研究开发中心

**（一）品种特性**

该品种为选育品种。树势旺盛，树冠较紧凑，呈宽圆锥形，主干通直，接干能力强。幼树皮光滑，成年树皮纵裂纹。嫁接苗建园，17年生植株胸径 22.60 cm, 树高达 14.5 m, 树皮厚 1.23 cm, 木栓层占皮厚的 16.50%, 树皮密度 0.14 g/cm³, 树皮含胶率 7.31%, 树皮杜仲胶密度 14.62 mg/cm³。雄花量大, 盛花期每公顷可产鲜雄花 6.2 t。单株产皮量 29.50 kg, 每公顷产皮量 49.18 t。耐寒冷、干旱, -27 ℃ 低温不受冻害。适于营造速生丰产林和雄花茶采茶园。

**(二) 适宜种植范围**

河南省杜仲适生区。

**(三) 栽培技术要点**

栽植密度应根据立地条件确定。一般栽植密度为 3 m×3 m~2 m×2 m。造林后及时抹去主干 1.5 cm 以下萌芽, 避免植株下强上弱。栽植后要及时浇水, 干旱地区造林在无法浇水情况下, 采用截干造林。对上部干枯苗木及时剪干, 促进下部萌芽, 提高成活率。杜仲嫁接苗建园 1~2 年对水分要求较高, 注意及时补充水分, 保证植株成活和正常生长。

(栽培管理技术参考《河南林木良种》2008 年 10 月版, 华仲 6 号)

# 二十七、'华仲 2 号' 杜仲

**树　　种**: 杜仲
**学　　名**: *Eucommia ulmoides* ' Hua Zhong 2 '
**类　　别**: 优良品种
**通过类别**: 审定
**编　　号**: 豫 S - SV - EU - 025 - 2010
**证书编号**: 豫林审证字 195 号
**培　育　者**: 中国林业科学研究院经济林研究开发中心

**(一) 品种特性**

该品种为选育品种。树冠开张呈圆头形, 主干通直。幼树皮光滑, 成年树皮浅纵裂纹。嫁接苗建园, 17 年生植株胸径 16.6 cm, 树高达 14.30 m, 树皮厚 1.22 cm, 木栓层占皮厚的 18.20%, 树皮密度 0.139 g/cm³, 树皮含胶率 7.25%, 树皮杜仲胶密度 14.52 mg/cm³。果实椭圆形, 9 月中旬至 10 月中旬成熟。单株产皮量 19.35 kg, 每公顷产皮量 31.88 t。耐干旱, 喜水湿。适于各产区营造药用速生丰产林。

**(二) 适宜种植范围**

河南省杜仲适生区。

### （三）栽培技术要点

栽植密度应根据立地条件确定。一般栽植密度为 3 m×3 m～2 m×2 m。造林后及时抹去主干 1.5 cm 以下萌芽，避免植株下强上弱。栽植后要及时浇水，干旱地区造林在无法浇水情况下，采用截干造林。对上部干枯苗木及时剪干，促进下部萌芽，提高成活率。杜仲嫁接苗建园 1～2 年对水分要求较高，注意及时补充水分，保证植株成活和正常生长。

（栽培管理技术参考《河南林木良种》2008 年 10 月版，华仲 6 号）

# 二十八、'华仲 3 号'杜仲

**树　　种：** 杜仲

**学　　名：** *Eucommia ulmoides* 'Hua Zhong 3'

**类　　别：** 优良品种

**通过类别：** 审定

**编　　号：** 豫 S－SV－EU－026－2010

**证书编号：** 豫林审证字 196 号

**培 育 者：** 中国林业科学研究院经济林研究开发中心

### （一）品种特性

该品种为选育品种。树冠开放，主干通直，接干能力强。幼树皮光滑，成年树皮纵裂纹。嫁接苗建园，17 年生植株胸径 18.8 cm，树高 15.1 m，树皮厚 1.16 cm，木栓层占皮厚的 33.20%，树皮密度 0.13 g/cm$^3$，树皮含胶率 5.56%，树皮杜仲胶密度 13.27 mg/cm$^3$。果实椭圆形，9 月上旬至 10 月上旬成熟，长 3.0 cm，宽 1.1 cm。单株产皮量 23.88 kg，每公顷产皮量 39.81 t。耐盐碱、干旱。适于各产区尤其是干旱和盐碱地区营造速生丰产园。

### （二）适宜种植范围

河南省杜仲适生区。

### （三）栽培技术要点

栽植密度根据立地条件确定。一般栽植密度为 3 m×3 m～2 m×2 m。造林后及时抹去主干 1.5 cm 以下萌芽，避免植株下强上弱。栽植后要及时浇水，干旱地区造林在无法浇水情况下，采用截干造林。对上部干枯苗木及时剪干，促进下部萌芽，提高成活率。嫁接苗建园 1～2 年对水分要求较高，注意及时补充水分，保证植株成活和正常生长。

（栽培管理技术参考《河南林木良种》2008 年 10 月版，华仲 6 号）

# 二十九、'华仲 4 号' 杜仲

**树　　种：** 杜仲

**学　　名：** *Eucommia ulmoides* 'Hua Zhong 4'

**类　　别：** 优良品种

**通过类别：** 审定

**编　　号：** 豫 S－SV－EU－027－2010

**证书编号：** 豫林审证字 197 号

**培　育　者：** 中国林业科学研究院经济林研究开发中心

**（一）品种特性**

该品种为选育品种。树冠紧凑，呈卵形，主干通直。幼树皮光滑，成年树皮浅纵裂纹。嫁接苗建园，17 年生植株胸径 18.7 cm，树高达 15.10 m，树皮厚 1.25 cm，木栓层占皮厚的 14.40%，树皮密度 0.15 g/cm³，树皮含胶率 6.95%，树皮杜仲胶密度 15.47 mg/cm³。果实椭圆形，9 月中旬至 10 月中旬成熟，长 3.2 cm，宽 1.2 cm。单株产皮量 23.60 kg，每公顷产皮量 39.34 t。耐寒冷、干旱，－27 ℃低温不受冻害。适于各产区营造药用速生丰产林。

**（二）适宜种植范围**

河南省杜仲适生区。

**（三）栽培技术要点**

栽植密度应根据立地条件确定。一般栽植密度为 3 m×3 m～2 m×2 m。造林后及时抹去主干 1.5 cm 以下萌芽，避免植株下强上弱。栽植后要及时浇水，干旱地区造林在无法浇水情况下，采用截干造林。对上部干枯苗木及时剪干，促进下部萌芽，提高成活率。杜仲嫁接苗建园 1～2 年对水分要求较高，注意及时补充水分，保证植株成活和正常生长。

（栽培管理技术参考《河南林木良种》2008 年 10 月版，华仲 6 号）

# 三十、'华仲 5 号' 杜仲

**树　　种：** 杜仲

**学　　名：** *Eucommia ulmoides* 'Hua Zhong 5'

类　　别：优良品种

通过类别：审定

编　　号：豫 S – SV – EU – 028 – 2010

证书编号：豫林审证字 198 号

培 育 者：中国林业科学研究院经济林研究开发中心

**（一）品种特性**

该品种为选育品种。主干通直，接干能力强，树冠呈卵圆形。幼树皮光滑，成年树皮纵裂纹。嫁接苗建园，17 年生植株胸径 18.00 cm，树高达 14.30 m，树皮厚 1.38 cm，木栓层占皮厚的 25.70%，树皮松脂素双糖苷含量 0.28%，树皮密度 0.13 g/cm$^3$，树皮含胶率 5.53%，树皮杜仲胶密度 14.37 mg/cm$^3$。雄花量大，盛花期每公顷年产鲜雄花可达 3 t。单株产皮量 21.35 kg，每公顷产皮量 35.59 t。耐寒冷、干旱。适于各产区营造速生丰产园和农田林网。

**（二）适宜种植范围**

河南省杜仲适生区栽培。

**（三）栽培技术要点**

栽植密度应根据立地条件确定。一般栽植密度为 3 m×3 m～2 m×2 m。造林后及时抹去主干 1.5 cm 以下萌芽，避免植株下强上弱。栽植后要及时浇水，干旱地区造林在无法浇水情况下，采用截干造林。对上部干枯苗木及时剪干，促进下部萌芽，提高成活率。嫁接苗建园 1～2 年对水分要求较高，注意及时补充水分，保证植株成活和正常生长。

（栽培管理技术参考《河南林木良种》2008 年 10 月版，华仲 6 号）

# 三十一、'大果 1 号'杜仲

树　　种：杜仲

学　　名：*Eucommia ulmoides* 'Da Guo 1'

类　　别：优良品种

通过类别：审定

编　　号：豫 S – SV – EU – 012 – 2011

证书编号：豫林审证字 229 号

培 育 者：中国林业科学研究院经济林研究开发中心

**（一）品种特性**

树皮浅纵裂型，成枝力强。果实椭圆形，果实长 4.90 cm，宽 1.70 cm，厚 0.31 cm，果形指数 2.55。种仁长 1.7 cm，宽 0.28 cm，厚 0.25 cm，成熟果实千粒重 111.5 g。果皮质量占整个果实质量的 63.1% ~ 67.6%。果实含胶率 12.23%，种仁粗脂肪含量 29% ~ 31%，其中亚麻酸含量 60% ~ 65%。

果实 9 月中旬至 10 月中旬成熟。

**（二）适宜种植范围**

河南省杜仲适生区。

**（三）栽培技术要点**

'大果 1 号'杜仲栽植密度应根据立地条件确定，一般栽植密度为 4 m×4 m ~ 2 m×3 m。适宜的授粉品种是'华仲 1 号'杜仲和'华仲 5 号'杜仲，授粉品种的比例为 5% ~ 10%。适宜的树形结构为自然开心形和两层疏散开心形。为了减少大小年结果的现象，可在结果大年时于 5 月下旬至 6 月中旬对主干或主枝进行环剥，环剥宽度 1 ~ 1.5 cm，上下留 1 ~ 2 cm 宽的营养带。

（栽培管理技术参考《河南林木良种》2008 年 10 月版，华仲 6 号）

# 三十二、'华仲 10 号'杜仲

**树　　种：**杜仲

**学　　名：**_Eucommia ulmoides_ 'Hua Zhong 10'

**类　　别：**优良品种

**通过类别：**审定

**编　　号：**豫 S – SV – EU – 017 – 2012

**证书编号：**豫林审证字 278 号

**培　育　者：**中国林业科学研究院经济林研究开发中心

**（一）品种特性**

该品种为选择育种品种。树皮浅纵裂，7 年生胸径 8.38 cm，树皮厚 0.31 cm，木栓层占皮厚的 10.87%，树皮含胶率 9.66%，树皮杜仲胶密度 15.79 mg/cm³。成枝力强，枝条节间长 3.1 cm。芽长圆锥形，3 月上、中旬萌动。叶片绿色，卵圆形，单叶质量 0.71 g，叶片含胶率 2.55%。果实椭圆形，果皮质量占整个果实质量的 65.5% ~ 70.6%。果实含胶率 12.10%，种仁粗脂肪含量 25%～29%，其中亚麻酸含量高达 67.6%。果实 9 月中旬至 10 月中旬成熟。

**（二）适宜种植范围**

河南省杜仲适生区。

**（三）栽培技术要点**

栽植密度应根据立地条件确定。一般栽植密度为 4 m×4 m～2 m×3 m，应配置授粉树，比例 5%～10%。该品种树势中庸，树姿开张，侧芽萌芽力和成枝力均较强。适宜的树形结构为自然开心形和两层疏散开心形。留主枝 3～4 个，主枝与主干垂直角度 50°～70°。结果部位在当年生幼枝的基部。幼树强树以拉枝为主，弱树可适当将主枝短截 1/3 左右。进入结果期后，修剪以疏枝和缓放为主，尽可能少短截，主要疏除重叠枝和过密枝。对树体不平衡的植株，生长势较弱的一侧，可将主枝延长枝和侧枝适当短截。为了减少大小年结果的现象，可在结果大年时于 5 月下旬至 6 月中旬对主干或主枝进行环剥，环剥宽度 1～1.5 cm，上下留 1～2 cm 宽的营养带。

（栽培管理技术参考《河南林木良种》2008 年 10 月版，华仲 6 号）

# 三十三、'金顶谢花酥'梨

**树　　种：**梨

**学　　名：***Pyrus pyrifolia* 'Jindingxiehuasu'

**类　　别：**优良种源

**通过类别：**审定

**编　　号：**豫 S－SP－PP－015－2009

**证书编号：**豫林审证字 148 号

**调 查 者：**商丘市林业局、宁陵县林业局

**（一）品种特性**

落叶乔木，干性强，小枝粗壮，一年生枝叶片大而厚，嫩叶黄绿色。梨果近长圆形，果皮黄而微绿色，梗洼附近果点较大，周围有突起，有放射状金黄色锈斑，果实不经后熟便酥脆可食，经贮存，变为黄色，肉质中粗，酥脆易溶，汁多味甜。

果实 8 月下旬至 9 月上旬成熟。

**（二）适宜种植范围**

适宜在河南省沙土、壤土及排水良好的轻质黏土区栽培。

（三）栽培技术要点

选择土层深厚、透气良好、有机质含量高的沙质壤土进行建园。每公顷栽450～825株。授粉树按1:3或1:4配置，选择根系完整、苗高80 cm以上的壮苗定植。重施基肥，适时灌水。人工授粉、疏花疏果要早。可采用疏散分层开心形、多主枝开心形或细长纺锤形进行整形修剪，达到干低、冠矮、层次少、骨干枝配置适当、长势均衡健壮，枝组满膛，且分布均匀、充实、紧凑。

（栽培管理技术参考《河南林木良种》2008年10月版，七月酥梨）

# 三十四、'金珠'沙梨

**树　　种：** 沙梨

**学　　名：** *pyrifolia Nakai* 'Jin Zhu'

**类　　别：** 优良品种

**通过类别：** 审定

**编　　号：** 豫S – SV – PN – 014 – 2012

**证书编号：** 豫林审证字275号

**培　育　者：** 洛阳李应贤果业有限公司

（一）品种特性

该品种为选择育种品种。果个大，单果重173 g，是野生沙梨的3倍以上。可溶性固形物13.5%，色泽金黄，可食率88.5%。成熟晚，果实11月上旬成熟。

（二）适宜种植范围

河南省梨适生区。

（三）栽培技术要点

选择土层深厚、土壤肥沃、质地良好、光照充足、有排浇条件、无环境污染的地方建园。山坡地应进行土地平整和土壤改良，定植时应挖大穴、施足肥、浇透水、封实土、盖好膜。定植密度水肥地为株行距4 m×5 m，旱坡地为3 m×4 m。栽植时应配置授粉树。整形修剪密植时可采用自然纺锤形，稀植时可采用小冠疏层形。土肥水管理以增施有机肥、磷钾肥、微量元素为主，幼树应适当控制氮肥和水分的供应，以利于控制生长，促进花芽形成。有机肥可在秋季施入，追肥在萌芽期、花芽分化期（5月底）施入。虫害防治主要有天牛、蚜虫、梨木虱等枝叶害虫和梨象甲、梨蟪、梨小食心虫等果实害虫，可用灭扫利、阿维虫清、大功臣等药剂进行有效防治。病害较轻，一年仅需打几次保护性杀菌剂即可。

（栽培管理技术参考《河南林木良种》2008 年 10 月版，七月酥梨）

# 三十五、'华玉'苹果

**树　　　种**：苹果

**学　　　名**：*Malus pumila* 'Huayu'

**类　　　别**：优良品种

**通过类别**：审定

**编　　　号**：豫 S－SV－MP－001－2008

**证书编号**：豫林审证字 110 号

**培 育 者**：中国农业科学院郑州果树研究所

## （一）品种特性

'华玉'苹果幼树生长旺盛，枝条健壮、生长快，生长势强，定植幼树一般第二年即可成形。枝条节间长，枝条粗壮、尖削度小。幼树以中果枝和腋花芽结果为主，随树龄增大逐渐以短果枝和中果枝结果为主。果实近圆形、整齐端正，平均单果重 196 g。果实底色绿黄，果面着鲜红色条纹，着色面积 60% 以上。果面洁净，有光泽，无锈。果肉黄白色；肉质细脆、汁液多，可溶性固形物含量 15%，总糖含量 13.46%，可滴定酸含量 0.29%，风味酸甜适口，风味浓郁，有清香；品质上等。

果实 7 月底成熟。

## （二）适宜种植范围

适宜在河南苹果适栽区推广。

## （三）栽培技术要点

采用矮化中间砧（1.5～2）m×（3～4）m 的株行距定植，采用细长纺锤形整形；若用海棠等实生砧则以（2.5～3.5）m×（4～5）m 的株行距定植，采用自由纺锤形整形。幼树应注意及时对侧枝拉枝开张角度，并在枝条萌芽前刻芽，促使枝条后部芽萌发；若采用 M26 等矮化中间砧苗，应注意幼树期扶干。幼树期注意疏除过多的腋花芽，减少因腋花芽结果而产生与树体生长之间的竞争。成熟时应注意根据成熟度分 2～3 批集中采收。病虫害防治和其他栽培管理技术与嘎拉和藤木一号等相同。

（栽培管理技术参考《河南林木良种》2008 年 10 月版，短枝花冠苹果）

# 三十六、'华硕'苹果

**树　　种**：苹果

**学　　名**：*Malus pumila* 'Huashuo'

**类　　别**：优良品种

**通过类别**：审定

**编　　号**：豫 S – SV – MP – 001 – 2009

**证书编号**：豫林审证字 134 号

**培　育　者**：中国农业科学院郑州果树研究所

**（一）品种特性**

'华硕'苹果由美八与华冠的杂交实生苗培育而成。幼树生长势强，萌芽率中等，成枝力较低。平均树高 2.5 m，平均冠幅 2.5 m。果实近圆形，稍高桩，整齐端正。平均单果重 220.5 g，最大单果重 334 g；平均横径 8.24 cm，平均纵径 7.16 cm。果皮底色绿黄，果面着色鲜红色，着色面积达 60% 以上，少数果实可达 90% 以上。肉质中细，松脆，汁液中多，可溶性固形物 12.8%，酸甜适度，风味浓郁，芳香，品质优良。丰产能力强。

果实 7 月下旬成熟。

**（二）适宜种植范围**

适宜在河南苹果适栽区推广。

**（三）栽培技术要点**

采用矮化中间砧苗木（1.5~2）m×（3~4）m 的株行距定植，树体细长纺锤形整形；海棠等砧木苗则以（2.5~3.5）m×（4~5）m 的株行距定植，树体采用自由纺锤形整形。建园时应配置授粉树，以保证正常结果。幼树应注意及时对侧枝拉枝开张角度，并在枝条萌芽前刻芽，促使枝条后部芽萌发；若采用 M26 等矮化中间砧苗，应注意幼树期扶干。幼树期注意疏除过多的腋花芽，减少因腋花芽结果而产生与树体生长之间的竞争，正常结果期必须严格地疏花疏果。

（栽培管理技术参考《河南林木良种》2008 年 10 月版，短枝花冠苹果）

# 三十七、'锦秀红'苹果

**树　　种**：苹果

学　　名：*Malus pumila* 'Jinxiuhong'

类　　别：优良品种

通过类别：审定

编　　号：豫 S – SV – MP – 002 – 2009

证书编号：豫林审证字 135 号

培 育 者：中国农业科学院郑州果树研究所

**（一）品种特性**

'锦秀红'苹果属华冠芽变新品系。枝条生长健壮，无明显的枝干和果实病害。果实近圆锥形，稍高桩，整齐端正，平均横径 7.9 cm、纵径 7.63 cm，最大果横径 8.5 cm、纵径 8.0 cm；平均单果重 187 g，最大果重 220 g；底色绿黄，果面全面着鲜红色，充分成熟后呈浓红色，果面光洁，外观好；果实大小均匀，商品果率高。果肉黄白，肉质细、致密，脆而多汁，风味酸甜适宜；可溶性固形物含量 13.7%。结果性好。

果实 9 月中旬成熟。

**（二）适宜种植范围**

适宜在河南苹果适栽区推广。

**（三）栽培技术要点**

采用矮化中间砧木苗以（1.5～2）m×（3～4）m 的株行距定植，树体细长纺锤形整形；海棠等砧木苗则以（2.5～3.5）m×（4～5）m 的株行距定植，树体采用自由纺锤形整形。建园时应配置合适的授粉树，以保证正常结果。整形修剪原则可仿照短枝富士，以缓放为主，但对于后部出现光秃现象的枝条可采用重短截促使后部萌芽，并注意及时疏除顶端的竞争枝。

（栽培管理技术参考《河南林木良种》2008 年 10 月版，短枝花冠苹果）

# 三十八、'富嘎'苹果

树　　种：苹果

学　　名：*Malus pumila* 'Fu Ga'

类　　别：优良品种

通过类别：审定

编　　号：豫 S – SV – MP – 006 – 2010

证书编号：豫林审证字 176 号

培 育 者：三门峡二仙坡绿色果业有限公司

**（一）品种特性**

'富嘎'苹果由'嘎拉'דe富士'杂交实生苗培育而成。枝条节间短，萌芽率高，成枝力一般，短果枝结果能力强。果实圆锥形，平均单果重176 g，果实底色黄绿，着色后呈全面鲜红。果面洁净，无锈，有光泽。果肉黄白色，致密。多汁，风味酸甜，有香味，可溶性固形物含量14%。无采前落果现象，抗白粉病能力强。

果实8月上旬成熟。

**（二）适宜种植范围**

适宜在河南苹果适栽区推广。

**（三）栽培技术要点**

采用矮化中间砧2 m×3 m的株行距定植，采用细长纺锤形整形；普通砧木以3 m×4 m或4 m×4 m密度栽植，采用自由纺锤形整形，幼树需拉枝开张角度，适宜在土壤肥沃、通气性好的地域栽植。

（栽培管理技术参考《河南林木良种》2008年10月版，短枝花冠苹果）

# 三十九、'香妃'树莓

**树　　　种：**树莓

**学　　　名：***Rubus idaeus* 'Heritage'

**类　　　别：**引种驯化品种

**通过类别：**认定（有效期5年）

**编　　　号：**豫 R – ETS – RI – 032 – 2010

**证书编号：**豫林审证字202号

**培　育　者：**中国农业科学院郑州果树研究所

**（一）品种特性**

该品种为美国引进品系。生长势较强，植株直立，萌芽力强，分枝能力强，生长健壮。果实为聚合果，圆锥形。成熟果深红色，在果实成熟时花托与果实自然分离，形成果实空心。果实圆锥形，中大，成熟果实深红色，具光泽，果肉玫红色，风味酸甜可口，果香味特浓，果肉柔软多汁，果实粘核，种粒极小，平均单果重2.5 g，果实可食率97%，出汁率94.27%，鲜食口感极佳。开始结果早，丰产，稳产，大小年、生理落果现象不明显。为极丰产品种。

果实 7 月下旬成熟。

**（二）适宜种植范围**

适宜于河南省中北部推广应用。

**（三）栽培管理技术**

1. 繁殖方法

（1）分株繁殖。在植株进入 3 年生的春季，在距母株 50 cm 左右的地方适当断根，可促发根蘖苗。当根蘖苗长到 1 ~ 1.2 m 时进行摘心打顶，秋季出圃时，要填平出圃时留下的坑穴，平整圃地后灌一次封冻水。将苗木进行假植保存。

（2）根插繁殖。在秋末或春季结合老株更新及挖根蘖苗挖出根系。春季挖根要在土壤解冻后立即进行，以免碰伤不定芽。秋季挖的根系用湿沙沙藏，于初春开浅沟扦插育苗。先施足底肥，在苗床上开沟，沟距 30 ~ 35 cm，深 7 ~ 8 cm，将根系平放入沟里，覆土 3 ~ 4 cm，盖严后灌透水一次，以后正常管理，注意灌水和施肥。

（3）嫩枝扦插繁殖。在生长季节采半木质化的嫩枝，每枝条留两节，下节去除整个叶片，上节留小叶 3 片。剪条在阴凉处进行保湿，后用生根剂处理并立即扦插。将枝条下部 2 ~ 3 cm 深度插入基质（沙、珍珠岩和蛭石按一定配比混匀）中，密度为每平方米 300 ~ 400 支。插后 7 ~ 10 天开始生根，1 个月后可移到大田栽培。

2. 建园和定植

园圃应选择立地条件较好、阳光充足、地势平缓、土层深厚、疏松、有机质含量较高、水源充足的地方。大规模园区应尽量选择交通方便的地方，并且有一定的加工设备或冷冻条件，但不宜选择种植西红柿、土豆和茄子的地块进行重茬栽培。苗木栽植一般南北走向较好，带宽 0.9 ~ 1.0 m，株距 0.7 ~ 0.9 m，行距 2.0 ~ 2.5 m，每公顷定植 4 500 ~ 7 125 株。土壤 pH 值 6 ~ 7，栽植时可适当配置授粉品种。

树莓根系较浅，须根多，选择 1 年生壮苗随起随栽进行定植。栽前全面深翻整地，栽植时挖穴定植，定植穴 30 cm × 30 cm。起苗前先浇透水，挖苗时保护好根系，细根愈多愈好，挖好后立即打浆，用塑料薄膜保湿包装。挖穴时把表层土壤与底层土分开堆放。回填时，先把表土回填到沟底 10 cm 厚，再把表土与厩肥混合均匀填入沟内，肥土层离地面（沟口）低 15 ~ 20 cm。然后再用熟化的表土填平定植沟。土质黏、雨水多的地区，改良土壤，宜用垄栽，垄间设置排灌系统。栽后浇透水，填实树盘覆膜。

3. 土、肥、水管理

(1) 土壤管理。每年春季解冻后应中耕除草一次,以疏松土壤、蓄水保墒,有条件的可浇一次水,并及时中耕保墒。秋季采果后应中耕深翻扩穴一次,结合施入有机肥或复合肥。采用行间播种绿肥或永久性的种草覆盖。

(2) 施肥。在根系停止生长(10 月下旬)前施入基肥,施肥时要尽量少损伤粗根、肉质根,肥料要与土壤拌和或用土将肥料隔开。基肥用腐熟的人粪尿或堆厩肥,占全年肥料量的 60%～70%。

根据树莓的生长发育规律,施追肥有 3 个关键时期。花前肥:在第一次根系生长前(5 月上旬),以氮、磷肥为主。花芽分化期:在花芽开始分化,第二次生理落果后(7 月上中旬),用速效氮、磷、钾肥。果实膨大期:施肥以磷、钾为主,一般不再施用氮。施肥量以每生产 100 kg 果实,需氮 0.8 kg、磷 0.6 kg、钾 0.6 kg 为标准,结果树可增加磷钾用量。

磷钾肥的施用方法:在根系集中分布区开施肥沟,深 18～20 cm,宽 15～20 cm,施肥沟距树莓两侧 15～20 cm。使肥料均匀地分布在土层内,最好是一半肥料施在沟底层,另一半施放在中层,使根系与肥料的接触面更大,效果更佳。

叶面喷肥:在 5～8 月,每隔 10～15 天喷 0.3% 尿素加 0.2% 磷酸二氢钾,提高着果率,促进果实肥大和花芽分化。

(3) 灌水和排水。树莓既耐旱又喜水,土壤含水量以 30%～40% 为宜,除每次施肥后进行浇水、稀释肥料浓度外,在萌芽前、开花后如干旱要及时灌水,促进枝叶生长与着果。果实成熟期(7～8 月)需要充足的水分,以提高产量和品质。秋冬干旱地区有条件的在上大冻之前应浇一次封冻水。7～8 月雨水多,要注意排水防渍。

4. 整形修剪和棚架

树莓修剪和棚架是树莓栽培的重要技术。植物生长量、果实质量和大小、可溶性固形物含量、病害的侵染性和采收的难易性等都与修剪和棚架相关。

'香妃'属秋果型红莓,即初生茎结果型红莓。'香妃'每年春季生长开始时,由主茎基部的芽和根的不定芽萌发,生长发育成新茎。初生茎生长到夏末期间,从茎的中上部到顶端形成花芽,当年结果。结果后在冬季休眠季节将结果老枝从地面处剪除,通过修剪可以维持合理的密度和株间距,一般株间距保持在 35～45 cm,每平方米 16～20 株。

为避免因顶端结果过重影响产量,应采取"T"形架的棚架方式架上两道铁丝进行拦扶,拦扶线位于种植行的两侧,从而防止倒伏结果部位过高的倒伏现象发生。

5. 病虫害防治

该品系虽然较能抗病虫危害，但最好每年春季发芽前喷施一遍 3～5 波美度的石硫合剂，清除落叶及杂草，7 月中下旬喷一次杀虫剂，8 月中旬再喷一次杀虫剂和杀菌剂，以防治飞虱、绿盲蝽、金龟子等虫害以及灰霉病、茎腐病等病害。

# 四十、'红宝'树莓

**树　　种：**树莓

**学　　名：**_Rubus idaeus_ 'Tulameen'

**类　　别：**引种驯化品种

**通过类别：**认定（有效期 5 年）

**编　　号：**豫 R－ETS－RI－033－2010

**证书编号：**豫林审证字 203 号

**培 育 者：**中国农业科学院郑州果树研究所

**（一）品种特性**

美国引进品系。生长势较强，植株粗壮直立，分枝能力稍弱，生长健壮。果实为聚合果，圆锥形。成熟果红色至深红色，果实成熟时花托与果实自然分离，形成果实空心。果实个大，圆锥形，平均单果重 3.2 g，最大单果重 4 g 左右，成熟果实红色，外观美丽，果肉鲜红色，味道香甜可口，果肉柔软多汁，果实粘核、种粒极小，果实可食率 97.4%，出汁率 93.41%，鲜食口感极佳。开始结果早，丰产，稳产，大小年、生理落果现象不明显。

果实 6 月上旬至 7 月中旬成熟。

**（二）适宜种植范围**

适宜在河南省中北部推广应用。

**（三）栽培技术要点**

建园选择立地条件较好，阳光充足，地势平缓，土层深厚、疏松，有机质含量较高，水源充足的地方。苗木栽植一般南北走向较好，带宽 0.9～1.0 m，株距 0.7～0.9 m，行距 2.0～2.5 m，每公顷定植 4 500～7 125 株。土壤 pH 值 6～7，栽植时可适当配置授粉品种，可配置诺娃为授粉品种。修剪可采用疏剪法和混合结果整形修剪方法。最好棚架是"V"形架，这种架适合轮茬结果整形和混合结果整形两种修剪方式，可把初生茎置于"V"形架的中心，便于管理和采收，并提高工效。或将初生茎和花茎各绑缚在"V"形架的一侧，使生长和结果互不干涉。

其他栽培管理技术参考'香妃'树莓。

# 四十一、'莎妮'树莓

树　　种：树莓
学　　名：*Rubus idaeus* 'Shawnee'
类　　别：引种驯化品种
通过类别：认定（有效期 5 年）
编　　号：豫 R – ETS – RI – 034 – 2010
证书编号：豫林审证字 204 号
培 育 者：中国农业科学院郑州果树研究所

**（一）品种特性**

为美国引进品系。生长势较强，植株茎发达，枝条半开张，萌芽力强，成枝力较强。果实圆锥形或近圆球形，果形较一致，平均单果重 8.4 g，最大单果重 15 g，成熟后果实乌黑发亮，外观漂亮，果肉紫红或紫黑色，果实可食率 97.5%，出汁率 94.78%，果实可溶性固形物含量 10%，可滴定酸 0.69%。风味酸甜可口，果香味浓，果肉柔软多汁，果实粘核、种粒极小，鲜食品质极佳。开始结果早，丰产，稳产，大小年、生理落果现象不明显。

果实 6 月上中旬至 7 月中下旬成熟。

**（二）适宜种植范围**

适宜在河南省中北部推广应用。

**（三）栽培技术要点**

建园选择立地条件较好，阳光充足，地势平缓，土层深厚、疏松，有机质含量较高，水源充足的地方。定植可在春季进行，也可在秋季进行。苗木栽植南北走向较好，带宽 0.9 ~ 1.0 cm，株距 0.7 ~ 0.9 m，行距 2.2 ~ 3.0 m，每公顷定植 4 500 ~ 6 000 株。土壤 pH 值 6 ~ 7。栽植时可适当配置授粉品种三冠王等。采用轮茬结果整形修剪方法和 T 形棚架。注意越冬防寒。

其他栽培管理技术参考'香妃'树莓。

# 四十二、'凯欧'树莓

树　　种：树莓

学　　名：*Rubus idaeus* 'Kiowa'

类　　别：引种驯化品种

通过类别：认定（有效期 5 年）

编　　号：豫 R – ETS – RI – 035 – 2010

证书编号：豫林审证字 205 号

培 育 者：中国农业科学院郑州果树研究所

**（一）品种特性**

为美国引进品系。生长势较强，植株茎发达，枝条半开张，萌芽力强，成枝力较强。果实长圆锥或圆柱形，果形较一致，平均单果重 15.9 g，最大单果重 35 g，成熟后果实乌黑发亮，外观漂亮，果肉紫红或紫黑色，果实可食率 97%，出汁率 93.9%，果实可溶性固形物含量 8.1%，可滴定酸 1.19%。味道酸甜可口，果香味浓，果肉柔软多汁，果实粘核、种粒极小，鲜食品质极佳。根开始结果早，丰产，稳产，大小年、生理落果现象不明显。

果实 7 月初至月底成熟。

**（二）适宜种植范围**

适宜于河南省中北部推广应用。

**（三）栽培技术要点**

建园选择立地条件较好，阳光充足，地势平缓，土层深厚、疏松，有机质含量较高，水源充足的地方。定植可在春季进行，也可在秋季进行。苗木栽植南北走向较好，带宽 0.9 ~ 1.0 m，株距 0.7 ~ 0.9 m，行距 2.2 ~ 3.0 m，每公顷定植 4 500 ~ 6 000 株。土壤 pH 值 6 ~ 7，栽植时可适当配置授粉品种三冠王等。采用轮茬结果整形修剪方法和 T 形棚架。注意越冬防寒。

其他栽培管理技术参考'香妃'树莓。

# 四十三、'春蜜'桃

树　　种：桃

学　　名：*Amygdalus persica* 'Chunmi'

类　　别：优良品种

通过类别：审定

编　　号：豫 S – SV – AP – 003 – 2008

证书编号：豫林审证字 112 号

培 育 者：中国农业科学院郑州果树研究所

**（一）品种特性**

果实椭圆形或圆形，果顶圆，偶有小突尖；缝合线浅而明显，两半部较对称，成熟度一致。果实较大，平均单果重 135~162 g，大果可达 278 g 以上。果皮茸毛中长，底色绿白，全部果面着鲜红色或紫红色，艳丽美观。果皮厚度中等，不宜剥离。果肉白色，粗纤维中等，硬溶质，果实成熟后留树时间可达 10 天以上，不易变软。风味甜，有香气。汁液中等，pH 值 5.0，可溶性固形物为 9%~13%，总糖 8.59%，总酸 0.44%，维生素 C 8.82 mg/100 g，品质优良。果核长椭圆形，粘核。

果实 6 月初成熟。

**（二）适宜种植范围**

适宜于河南省桃适生区栽培。

**（三）栽培技术要点**

山区、丘陵或较瘠薄的土地可采用 4 m×3 m 的株行距，按自然开心形整枝；肥沃良田可适当稀植，采用 2 m×5 m 或 3 m×5 m 的株行距，分别按倒"人"字形和开心形整枝；若希望早期丰产，可按 1 m×2 m 或 2 m×3 m 适度密植，圆柱形（主干形）整枝，定植后第二年即可达到 22 500 kg/hm² 左右的产量。必须严格疏果，合理负载，才能达到应有的果实大小和优良品质。疏果应在 4 月底至 5 月初，大、小果区分明显时进行，疏除畸形果、病虫果和多余果，短果枝留 1 个果，中果枝留 2~3 个果，长果枝不超过 4~5 个果，产量控制在 30 000 kg/hm² 左右。'春蜜'属极丰产品种，对肥水要求较高。进入盛果期后，在每年 10 月重施基肥（每公顷 600 000 kg 有机肥）的基础上，谢花后应追施一次腐熟人粪尿或氮磷钾复合肥；硬核期以后，每 10 天叶面喷施一次磷酸二氢钾；采果以后再追施一次磷钾肥。根据土壤墒情适时浇水，特别是萌芽期和硬核期，要保证充足的水分供应。采收前 10 天以内不宜浇水，以防风味变淡。'春蜜'为硬肉桃品种，可待果实充分成熟后采收。一般来说，果皮底色由绿变白、大部分或全部果面着鲜红色或紫红色、口感脆甜时采摘。

（栽培管理技术参考《河南林木良种》2008 年 10 月版，豫桃 1 号（红雪桃））

# 四十四、'春美'桃

**树　　种**：桃

**学　　名**：*Amygdalus persica* 'Chunmei'

**类　　别：** 优良品种

**通过类别：** 审定

**编　　号：** 豫 S – SV – AP – 004 – 2008

**证书编号：** 豫林审证字 113 号

**培育者：** 中国林业科学研究院经济林研究开发中心

## （一）品种特性

果实椭圆形或圆形，果顶圆；缝合线浅而明显，两半部较对称，成熟度一致。果实较大，平均单果重 165～188 g，大果可达 310 g 以上。果皮茸毛中等，底色绿白，大部分或全部果面着鲜红色或紫红色，艳丽美观。果皮厚度中等，不宜剥离。果肉白色，粗纤维中等，硬溶质，果实成熟后留树时间可达 10 天以上，不易变软。风味甜，有香气。汁液中等，pH 值 5.0，可溶性固形物含量 11%～14%，总糖 9.53%，总酸 0.47%，维生素 C 含量 8.04 mg/100 g，品质优良。果核长椭圆形，粘核。

果实 6 月中旬成熟。

## （二）适宜种植范围

适宜于河南省桃适生区栽培。

## （三）栽培技术要点

山区、丘陵或较瘠薄的土地可采用 4 m×3 m 的株行距，按自然开心形整枝；肥沃良田可适当稀植，采用 2 m×5 m 或 3 m×5 m 的株行距，分别按倒"人"字形和开心形整枝；若希望早期丰产，可按 1 m×2 m 或 2 m×3 m 适度密植，圆柱形（主干形）整枝，定植后第二年即可达到 22 500 kg/hm² 左右的产量。疏果应在 4 月底至 5 月初，大、小果区分明显时进行，疏除畸形果、病虫果和多余果，短果枝留 1 个果，中果枝留 2～3 个果，长果枝不超过 4～5 个果，产量控制在 30 000 kg/hm² 左右。进入盛果期后，在每年 10 月重施基肥（每公顷 60 000 kg 有机肥）的基础上，谢花后应追施一次腐熟人粪尿或氮磷钾复合肥；硬核期以后，每 10 天叶面喷施一次磷酸二氢钾；采果以后再追施一次磷钾肥。根据土壤墒情适时浇水，特别是萌芽期和硬核期，要保证充足的水分供应。采收前 10 天以内不宜浇水，以防风味变淡。'春美'为硬肉桃品种，可待果实充分成熟后再采收。一般来说，果皮底色由绿变白、大部分或全部果面着鲜红色或紫红色、口感脆甜时采摘。

（栽培管理技术参考《河南林木良种》2008 年 10 月版，豫桃 1 号（红雪桃））

# 四十五、'玉西红蜜'桃

**树　　种**：桃

**学　　名**：*Amygdalus persica* 'Yuxihong'

**类　　别**：优良品种

**通过类别**：审定

**编　　号**：豫 S – SV – AP – 005 – 2008

**证书编号**：豫林审证字 114 号

**培 育 者**：杨英军等（河南科技大学）

**（一）品种特性**

树势强健，树姿较开张，萌芽率高，成枝力强，新梢生长量大，副梢抽生量中等，枝条节间平均长 2.3 cm。枝条萌芽率和成枝力均高于亲本，初果期以长、中果枝结果为主，进入盛果期后，以中、短枝结果为主。果实平均重 320 g，最大 550 g。玫瑰红色，85% 着色，底色黄白，粘核。茸毛稀短，果皮薄，完熟后易剥离。果肉乳白色，皮下有红色素，近核处深红色，肉厚平均 3.5~4.5 cm，可溶性固形物含量 13%~15%，可滴定酸 0.26%，硬度 12.1 kg/cm²，肉质致密，脆甜可口。

果实 9 月中下旬成熟。

**（二）适宜种植范围**

河南省栽培大久保、晚蜜桃的平原和丘陵地区均可发展。

**（三）栽培技术要点**

采用 2 m×(3~4) m 的株行距定植，采用开心形、丫字形两种树型整形；肥水管理方面，在施足基肥基础上，还要在需要肥水关键时期，如花前、花后、坐果期和采收前，及时适量补充各种速效肥，并适时灌水，保证品质和产量。生产上，做好疏花、疏果和果实套袋是关键。一般疏花、疏果应及早进行；5 月底完成套袋。必要时进行夏季修剪和长势的控制。应注意根据成熟度分 2~3 批采收。

（栽培管理技术参考《河南林木良种》2008 年 10 月版，豫桃 1 号（红雪桃））

# 四十六、‘双红艳’桃

**树　　　种：** 桃

**学　　　名：** *Amygdalus persica* ‘Shuanghongyan’

**类　　　别：** 优良品种

**通过类别：** 审定

**编　　　号：** 豫 S – SV – AP – 006 – 2008

**证书编号：** 豫林审证字 115 号

**培 育 者：** 杨英军等（河南科技大学）

**（一）品种特性**

树势强健，树姿较开张，萌芽率高，成枝力强，新梢生长量大，副梢抽生量中等，枝条节间平均长 2.2 cm，枝条萌芽率和成枝力均高于亲本，初果期以长、中果枝为主，进入盛果期后，以中、短枝结果为主。幼树定植后第二年即可成花结果，三年以后进入盛果期，产量可达 37 500 kg/hm² 以上；高接树第二年即可正常结果，三年以后进入盛果期。果实平均重 350 g，最大 550 g。玫瑰红色，80% 着色，底色黄白，离核。果肉乳白色，肉厚平均 4.0 ~ 4.5 cm，可溶性固形物含量 15% 以上，可滴定酸 0.19%，硬度 13.3 kg/cm²，肉质致密，脆甜可口，微香。

果实 9 月中下旬成熟。

**（二）适宜种植范围**

河南省中北部低山丘陵桃适生区适宜栽培。

**（三）栽培技术要点**

适宜采用 2 m×（3~4）m 的株行距定植，采用开心形、丫字形两种树型整形；肥水管理方面，在施足基肥基础上，还要在需要肥水关键时期，如花前、花后、坐果期和采收前，及时适量补充各种速效肥，并适时灌水，保证品质和产量。生产上，做好疏花、疏果和果实套袋是关键。一般疏花、疏果应及早进行；5 月底完成套袋。必要时进行夏季修剪和长势的控制。注意根据成熟度分 2 ~ 3 批采收。

（栽培管理技术参考《河南林木良种》2008 年 10 月版，豫桃 1 号（红雪桃））

# 四十七、'寿红'桃

**树　　　种**：桃
**学　　　名**：*Amygdalus persica* 'Shouhong'
**类　　　别**：优良品种
**通过类别**：审定
**编　　　号**：豫 S – SV – AP – 007 – 2008
**证书编号**：豫林审证字 116 号
**培 育 者**：鹤壁市林业技术推广站

**（一）品种特性**

树姿半开张，花芽大。果实圆形，平均单果重 263.0 g，最大 420.0 g，大型果。果皮底色绿白色，阳面鲜红—深红，着色面 80%。果面茸毛稀而短。缝合线浅，两侧果肉对称，果顶平，果尖微尖。果柄长，果洼广，中深。果皮不易剥离。离核，硬溶质。果肉白色，近核处稍带放射状红丝。果肉细密，风味甜，可溶性固形物含量 15.9%，总糖 12.86%，总酸 0.38%，维生素 C 含量 101.6 μg/g。果肉硬脆，耐贮运。无发现缩果现象，有少量轻微裂果。

果实 9 月中旬成熟。

**（二）适宜种植范围**

河南区域内黄河两岸地区适宜栽培。

**（三）栽培技术要点**

'寿红'桃坐果率高，要经过严格疏果；5～7 月果实生长放缓，营养生长较强，应通过修剪或化学方法加以控制；后期遇雨或土壤湿度骤变容易引起外围裂果，应采取套袋措施。

（栽培管理技术参考《河南林木良种》2008 年 10 月版，豫桃 1 号（红雪桃））

# 四十八、'秋蜜红'桃

**树　　　种**：桃
**学　　　名**：*Prunus persica* 'Qiumihong'
**类　　　别**：优良品种

**通过类别：**审定

**编　　号：**豫 S – SV – PP – 003 – 2009

**证书编号：**豫林审证字 136 号

**培 育 者：**河南农业大学

**（一）品种特性**

为'大久保'桃和'秋黄'桃杂交后代选育品种。树姿半开张，树体生长良好，无明显病虫害。果实圆形，顶端有很小的突起，果皮底色黄白，果面着色鲜红到紫红色，经现场采样测定平均单果重为 332 g，最大果重 408 g。果肉水白色，无红色晕，致密、味甜，可溶性固形物含量 16.6%，粘核。

果实 9 月初成熟。

**（二）适宜种植范围**

适宜于河南省桃适生区栽培。

**（三）栽培技术要点**

在山区、丘陵或瘠薄的土地可采用 2 m×5 m 或 3 m×4 m 的株行距，平原肥沃的土地应适当稀植，采用 2 m×5 m、4 m×5 m 或 3 m×5 m 的株行距，分别按丫字形和开心形整枝；若希望早期丰产，可采用 2 m×3 m 的株行距按主干形整枝。

该品种结实率高，为保证优质果率，要特别注重疏花疏果。疏花应在初花期进行，疏除基部发育差的、畸形的花蕾；复花芽留一个好的花蕾，并注意保留果枝两侧或斜下侧的花蕾；疏果应在 4 月底至 5 月初进行，疏除畸形果、病虫果、小果和多余果；短果枝留 1 个果，中果枝留 2~3 个果，长果枝留 4 个果，盛果期产量应控制在 37 500 kg/hm² 以内。进入丰产期后应注意增施有机肥，以保证果实大小、果实的风味与营养品质。要求 5 月下旬开始每 10 天喷施 0.3% 的磷酸二氢钾一次，采果前 20 天停止喷施；每年 9~10 月施入基肥。为了防止果实品质降低，保证果实的贮藏能力，果实采收前 15 天以内不宜浇水。

该品种为晚熟品种，推荐套袋栽培，可减少病虫危害，增加果面洁净度，减少农药污染，提高果实的商品性。套袋应在 5 月下旬定果以后进行，套袋前 2~3 天全园喷施 1 次杀虫杀菌剂，选择晴天的 9~11 时和 15~18 时进行套袋。采收前 10 天去袋，以保证果实着色。

（栽培管理技术参考《河南林木良种》2008 年 10 月版，豫桃 1 号（红雪桃））

# 四十九、'河洛红蜜'桃

**树　　种**：桃
**学　　名**：*Prunus persica* 'Heluohongmi'
**类　　别**：优良品种
**通过类别**：审定
**编　　号**：豫 S – SV – PP – 004 – 2009
**证书编号**：豫林审证字 137 号
**培 育 者**：杨英军等（河南科技大学）

**（一）品种特性**

为'莱山蜜'×（'大久保'＋'冬桃'）杂交后代选育品种。树冠呈自然半圆形，树姿半开张，无明显的枝干和果实病害，果实坐果率高，丰产性好。果实近圆形，平均纵径 8.25 cm，平均横径 8.82 cm，整齐端正，果面玫瑰红色，果肉黄白色。经现场采样测定，果实平均单果重 370 g，最大单果重 449 g，硬溶质，可溶性固形物含量 12%，离核，味甜，品质优良。

果实 8 月中旬成熟。

**（二）适宜种植范围**

河南省栽培大久保、晚蜜桃的平原和丘陵地区均可发展。

**（三）栽培技术要点**

采用 2 m×（3~4）m 的株行距定植，采用开心形、丫字形两种树型整形；肥水管理方面，在施足基肥基础上，还要在需要肥水关键时期，如花前、花后、坐果期和采收前，及时适量补充各种速效肥，并适时灌水，保证品质和产量。做好疏花、疏果和果实套袋是关键。一般疏花、疏果应及早进行；5 月底完成套袋。必要时进行夏季修剪和长势的控制。应注意根据成熟度分批采收。病虫害防治和其他栽培管理技术与亲本等相同。

（栽培管理技术参考《河南林木良种》2008 年 10 月版，豫桃 1 号（红雪桃））

# 五十、'秋硕'桃

**树　　种**：桃
**学　　名**：*Amygdalus persica* 'Qiu Shuo'

**类　　别：**优良品种

**通过类别：**审定

**编　　号：**豫 S – SV – AP – 001 – 2010

**证书编号：**豫林审证字 171 号

**培　育　者：**河南农业大学

**（一）品种特性**

'秋硕'桃由'大久保'桃与'雪'桃的杂交实生苗培育而成。植株长势中庸，树姿半开张，萌发率和成枝率均为中等。平均树高 2.5 m，平均冠幅 2.5 m。果实近圆形，果顶圆平，微凹，缝合线浅，两半部较对称，成熟度一致，梗洼狭深中等；果实大，平均单果重 336 g，最大单果重 656 g。果面茸毛稀少，果皮底色黄白；着色早，成熟时 85% 果面着鲜红到紫红色晕，光照条件好时全果着鲜红色，外观艳丽。果皮厚；果肉水白色；果肉风味香甜；可溶性固形物含量 16% 左右，总糖 13.2%，总酸 0.26%；硬溶质，去皮果肉硬度 0.93 kg/cm² 左右；果实耐贮运，离核；有裂核现象。

果实 8 月初成熟。

**（二）适宜种植范围**

适宜在河南桃适栽区推广。

**（三）栽培技术要点**

在山区、丘陵或瘠薄的土地可采用 2 m×5 m 或 3 m×4 m 的株行距，平原肥沃的土地应适当稀植，采用 2 m×5 m、4 m×5 m 或 3 m×5 m 的株行距，分别按"丫"字形和开心形整枝；早期丰产，可采用 2 m×3 m 的株行距按主干形整枝。配置'豫甜'、'八月香'等品种为授粉树。为均匀坐果，保证果实的风味与营养品质，要特别注重疏果和肥水管理。推荐套袋栽培，可减少病虫危害，增加果面光洁度，减少农药污染，提高果实的商品性。套袋应在 5 月下旬定果以后进行，套袋前 2~3 天全园喷施 1 次杀虫杀菌剂，选择晴天的 9~11 时和 15~18 时进行套袋。采收前 10 天去袋，以保证果实着色。

（栽培管理技术参考《河南林木良种》2008 年 10 月版，豫桃 1 号（红雪桃））

# 五十一、'兴农红'桃

**树　　种：**桃

**学　　名：***Amygdalus persica* 'Xing Nong Hong'

类　　别：优良品种

通过类别：审定

编　　号：豫 S – SV – AP – 002 – 2010

证书编号：豫林审证字 172 号

培 育 者：内黄县兴农果树栽培有限公司

## （一）品种特性

'兴农红'桃属'超早红'桃芽变品种。树姿半开张，树势健壮，直立性强，顶端优势明显，萌芽率、成枝力均强。自花结实，成花容易，花芽量大，坐果率高，生理落果轻，无采前落果现象。幼树以中长果枝结果为主，成龄大树以中短果枝结果为主。花大型，花粉量大，花期整齐。果实成熟后，果皮着浓红色，完全成熟时近表层有红色素沉淀，果个大，平均单果重 200 g，最大单果重 350 g，果实硬度大，采收时平均硬度为 8.28 kg/cm$^2$，可在树上挂 15 ~ 20 天不落。果实有香味，半离核。

果实 6 月中旬成熟。

## （二）适宜种植范围

适宜在河南省桃适栽区推广。

## （三）栽培技术要点

选择土层深厚、排水良好、雨季地下水位不高于 80 ~ 100 cm 的中壤低黏土地建园。露地栽培整地方式一般为穴状整地，整地规格为 80 cm × 80 cm × 80 cm，栽植密度为（2 ~ 3）m × 4 m。保护地栽培整地方式一般为条状沟整地，整地规格为 80 cm × 80 cm，栽植密度为 1 m × 1.5 m。根据生长特点，全年需施肥 3 次：秋施基肥，果实膨大期第一次追肥，硬核期第二次追肥。浇水 5 次：果实膨大期和硬核期施肥后分别浇水 2 次，间隔时间半月，秋季落叶后，土壤结冻前浇封冻水。该品种坐果率高，特别是进入盛果期后，必须严格疏果，合理负载。主要病虫害有蚜虫、红蜘蛛、桃小食心虫、灰霉病等。防治方法：萌芽前用 3 ~ 5 波美度石硫合剂防治灰霉病、红蜘蛛等病虫害；花前、花后用吡虫啉和金吡交替防治蚜虫；生长期用阿维菌素或阿维哒螨灵防治红蜘蛛，用速克灵或百菌清防治灰霉病。

（栽培管理技术参考《河南林木良种》2008 年 10 月版，豫桃 1 号（红雪桃））

# 五十二、'秋甜'桃

**树　　　种：** 桃

**学　　　名：** *Amygdalus persica* 'Qiu Tian'

**类　　　别：** 优良品种

**通过类别：** 审定

**编　　　号：** 豫 S – SV – AP – 018 – 2011

**证书编号：** 豫林审证字 235 号

**培　育　者：** 河南农业大学

**（一）品种特性**

为杂交品种。植株长势中庸，树姿开张。果实圆形，顶端有微突起，缝合线深浅和宽窄均为中等，两侧果肉对称，成熟度一致。平均单果重 240 g，最大果重 255 g。果面茸毛稀少，果皮底色黄白；成熟时 85% 果面着鲜红色晕。果皮厚，充分成熟时可剥离；果肉水白色，核周围有放射状紫红色晕；肉细韧，硬溶质。初熟果实脆甜，充分成熟的果实柔软多汁；可溶性固形物含量 15.3% ～ 16.3%，食味浓甜。果实耐贮运性较强。

果实 8 月中下旬成熟。

**（二）适宜种植范围**

适宜于河南省桃适生区栽培。

**（三）栽培技术要点**

在山区、丘陵或瘠薄的土地可采用 2 m×5 m 或 3 m×4 m 的株行距，平原肥沃的土地应适当稀植，采用 2 m×5 m、4 m×5 m 或 3 m×5 m 的株行距，分别按"丫"字形和开心形整枝；若希望早期丰产，可采用 1 m×3 m 的株行距按主干形整枝。为保证优质果率，要特别注重疏花疏果。进入丰产期后应注意增施有机肥，以保证果实大小、果实的风味与营养品质。推荐进行套袋栽培，可减少病虫危害，增加果面光洁度，减少农药污染，提高果实的商品性。

（栽培管理技术参考《河南林木良种》2008 年 10 月版，豫桃 1 号（红雪桃））

# 五十三、'中桃21号'桃

**树　　种**：桃
**学　　名**：*Prunus persica* 'Zhong Tao 21'
**类　　别**：优良品种
**通过类别**：审定
**编　　号**：豫 S – SV – PP – 008 – 2012
**证书编号**：豫林审证字 269 号
**培 育 者**：中国农业科学院郑州果树研究所

## (一) 品种特性

杂交品种。树体生长势中等，树姿较开张，萌发力中等，成枝率中等。果实圆形，果顶圆平，微凹；缝合线浅而明显，两半部较对称，成熟度一致。果实大，平均单果重 265 g，果皮厚度中等，不宜剥离。果肉白色，溶质，肉质细，汁液中等，风味甜香，近核处红色素较多。可溶性固形物含量12.6% ~13.9%，总糖11.2%，总酸0.37%，维生素 C 含量 12.71 mg/100 g。果核长椭圆形，粘核。郑州地区 8 月中下旬成熟。

## (二) 适宜种植范围

河南省桃适生区均可栽培。

## (三) 栽培技术要点

定植沟要求宽深各80 cm，回填时应适当补充秸秆、粪肥等以提高土壤有机质含量。山区、丘陵或较瘠薄的土地可采用(1.5~2) m×4 m 的株行距，倒"人"字形整枝；土壤条件较好的肥沃良田等可适当稀植，采用2 m×5 m或3 m×5 m 的株行距，分别按倒"人"字形或多主枝开心形整枝。定植需按1:2的比例配置授粉品种，授粉品种可选择大久保或其他晚花桃品种。幼树期为促使尽快形成树冠，可适当补充氮肥；进入盛果期后，在每年9~10月重施基肥（每公顷 60 000 kg 有机肥）的基础上，谢花后应追施一次腐熟人粪尿或氮磷钾复合肥，硬核期以后，每 10 天叶面喷施一次磷酸二氢钾，采果以后再追施一次磷钾肥。根据土壤墒情适时浇水，特别是萌芽期和硬核期，要保证充足的水分供应。采收前 10 天以内不宜浇水，以防风味变淡。花果管理视坐果情况适当疏花疏果，保持合理负载。病虫害防控除早期注意蚜虫、红蜘蛛为害外，果实发育后期要注意桃小食心虫、桃蛀螟等危害。

（栽培管理技术参考《河南林木良种》2008 年 10 月版，豫桃 1 号（红雪桃））

# 五十四、'中农金辉'油桃

**树　　种：** 油桃

**学　　名：** *Amygdalus persica* var. *nectarina* 'Zhongnongjinhui'

**类　　别：** 优良品种

**通过类别：** 审定

**编　　号：** 豫 S – SV – AP – 002 – 2008

**证书编号：** 豫林审证字 111 号

**培 育 者：** 中国农业科学院郑州果树研究所

**（一）品种特性**

'中农金辉'油桃果实椭圆形，果形正，两半部对称，果顶圆凸，梗洼浅，缝合线明显、浅，成熟状态一致；单果重 173 g，大果重 252 g；果皮无茸毛，底色黄，果面 80% 以上着明亮鲜红色，十分美观，皮不能剥离；果肉橙黄色，肉质为硬溶质，耐运输；汁液多，纤维中等；果实风味甜，可溶性固形物含量 12% ~ 14%，有香味，粘核。

果实 6 月中旬成熟。

**（二）适宜种植范围**

河南省淮河以北地区适宜栽培。

**（三）栽培技术要点**

幼树在主枝培养时，注意先放后缩，放缩结合，防止中下部衰弱光秃。延长头要多疏少截，勿大勿旺。冬季修剪时，多留健壮的长果枝，疏除细弱的短、小果枝。该品种成花容易，坐果率很高，为保证果实质量，必须严格疏花疏果。疏花时将长果枝基部 10 cm 左右的花蕾全部疏除，枝条上两侧的花蕾全部疏除，留枝条上下侧的花蕾。疏果时先疏除畸形果，再疏过密果、小果，10 cm 左右 1 个果。采用长枝修剪时，留长果枝中上部果，疏下部果。一般长果枝留 3 个果，中果枝留 1 ~ 2 个果，短果枝和花束状结果枝 5 个枝留 1 个果。可在果实成熟前 30 天，每株施 0.5 kg 腐熟的饼肥，结合叶面喷施 0.3% 的硫酸钾或硝酸钾 2 次。

保护地栽培时利用其需冷量相对较短的特点，可以较早升温。授粉树要选择同需冷量或需冷量稍短的品种。

（栽培管理技术参考《河南林木良种》2008 年 10 月版，豫桃 1 号（红雪桃））

# 五十五、'中油桃 8 号' 油桃

**树　　种**：油桃

**学　　名**：*Prunus persica nectarina* 'Zhong You Tao 8'

**类　　别**：优良品种

**通过类别**：审定

**编　　号**：豫 S – SV – PP – 005 – 2009

**证书编号**：豫林审证字 138 号

**培 育 者**：中国农业科学院郑州果树研究所

**（一）品种特性**

为'红珊瑚'דж晴朗'杂交后代选育品种。树体生长势中等，枝条较直立。果实圆形，底色金黄，果面浓红色。经现场采样测定，果实平均单果重 180 g，最大单果重 250 g。果肉黄色，致密，味甜，可溶性固形物含量 17.2%，粘核。无明显病虫危害。

果实 8 月上中旬成熟。

**（二）适宜种植范围**

河南省油桃适生区适宜栽培。

**（三）栽培技术要点**

山区、丘陵或较瘠薄的土地可采用 3 m × 4 m 的株行距，按自然开心形整枝；肥沃良田可适当稀植，采用 2 m × 5 m 或 3 m × 5 m 的株行距，分别按倒"人"字形和开心形整枝；若希望早期丰产，可按 1 m × 2 m 或 2 m × 3 m 适度密植，圆柱形（主干形）整枝。进入盛果期后，每年 9 ~ 10 月每公顷施 60 000 kg 有机肥，谢花后应追施一次腐熟人粪尿或氮磷钾复合肥，硬核期以后每 10 天叶面喷施一次磷酸二氢钾，采果以后再追施一次磷钾肥。根据土壤墒情适时浇水，特别是萌芽期和硬核期，要保证充足的水分供应。采收前 10 天以内不宜浇水，以防风味变淡。疏果应在 4 月底至 5 月初大、小果区分明显时进行，疏除畸形果、病虫果和多余果，短果枝留 1 个果，中果枝留 2 ~ 3 个果，长果枝不超过 4 ~ 5 个果，产量控制在 30 000 kg/hm² 左右。

推荐套袋栽培，可减少病虫危害，增加果面洁净度，提高果实的商品性。盛花后 30 天内进行严格疏果，在第二次生理落果（硬核期）即谢花后

50~55 天进行套袋（郑州地区在 5 月 20~25 日）。套袋时间以晴天上午 9~11 时和下午 3~6 时为宜。套袋前 2~3 天全园要喷施 1 次杀虫杀菌剂。采前可选择不摘袋，果实呈金黄色，非常美观。早期注意蚜虫、红蜘蛛为害，果实发育后期要注意桃小食心虫、桃蛀螟等为害。

（栽培管理技术参考《河南林木良种》2008 年 10 月版，豫桃 1 号（红雪桃））

# 五十六、'中农金硕' 油桃

**树　　种**：油桃

**学　　名**：*Amygdalus persica* var. *nectarina* 'Zhong Nong Jin Shuo'

**类　　别**：优良品种

**通过类别**：审定

**编　　号**：豫 S－SV－AP－005－2010

**证书编号**：豫林审证字 175 号

**培 育 者**：中国农业科学院郑州果树研究所

## （一）品种特性

为 '早红 2 号' × '曙光' 杂交后代选育品种。树势中庸健壮，中、短果枝结果能力强，果实近圆形，果形正，两半部对称，果顶圆平，梗洼浅，缝合线明显、浅，成熟状态一致；果实大，单果重 206 g，最大单果重 400 g；果皮无茸毛，底色黄，果面 80% 以上着明亮鲜红色，十分美观。果皮不能剥离；果肉橙黄色，硬溶质，耐运输；汁液多，纤维中等；果实风味甜，可溶性固形物含量为 12%，有香味，粘核。

果实 6 月中下旬成熟。

## （二）适宜种植范围

河南省油桃适生区适宜栽培。

## （三）栽培技术要点

'中农金硕' 油桃成花容易，在产量过高时，树势衰弱快，主枝角度应适当偏小，一般主枝以 40°~45° 延伸，以防主枝角度过大时压平或下垂，影响产量、品质，同时出现日灼果。幼树在主枝培养时，注意先放后缩，放缩结合，防止中下部衰弱光秃。延长头要多疏少截，勿大勿旺。中短果枝结果能力强，注意保留。加强水肥管理，辅助人工授粉可以提高坐果率。设施栽培时利用其需冷量相对较少的特点，可以较早升温。授粉树要选择同需冷量或需冷量稍少的品种，如'南方金蜜'等。开花期温度要适度偏低，一般最高温度控制在 18~20 ℃。

（栽培管理技术参考《河南林木良种》2008 年 10 月版，豫桃 1 号（红雪桃））

# 五十七、'中油桃 12 号'

**树　　种**：油桃
**学　　名**：*Amygdalus persica* var. *nectarina* 'Zhong You Tao 12'
**类　　别**：优良品种
**通过类别**：审定
**编　　号**：豫 S – SV – AP – 003 – 2010
**证书编号**：豫林审证字 173 号
**培 育 者**：中国农业科学院郑州果树研究所

**（一）品种特性**

为'瑞光 3 号'油桃与'瑞光 3 号'ב5 月火'桃杂交后代选育品种。树体生长势中等偏旺，树姿较直立，枝条萌发力中等。果实椭圆或近圆形，果顶圆；缝合线浅而明显，两半部较对称，成熟度一致。果实平均单果重 103 g，最大单果重可达 174 g 以上。充分成熟时整个果面着玫瑰红色或鲜红色，有光泽。果皮厚度中等，不宜剥离。果肉白色，粗纤维中等，软溶质，清脆爽口。风味香甜。汁液中多，pH 值 5.0，可溶性固形物含量为 10%~13%，总糖 9.44%，总酸 0.36%，维生素 C 含量 13.69 mg/100 g。果核长椭圆形，硬、粘核，不裂果。

果实 5 月下旬成熟。

**（二）适宜种植范围**

河南省油桃适生区适宜栽培。

**（三）栽培技术要点**

山区、丘陵或较瘠薄的土地可采用 4 m×3 m 的株行距，按自然开心形整枝；肥沃良田可适当稀植，采用 2 m×5 m 或 3 m×5 m 的株行距，分别按倒"人"字形和开心形整枝；早期丰产，可按 1 m×2 m 或 2 m×3 m 适度密植，圆柱形（主干形）整枝。加强肥水管理，严格疏果，合理负载。硬熟期采收为宜，即果皮底色由绿变白、大部分果面着玫瑰红色、有光泽、口感脆甜时采摘。该品种果实为软溶质，应适当提早采摘，以免果实变软，影响运输。

（栽培管理技术参考《河南林木良种》2008 年 10 月版，豫桃 1 号（红雪桃））

# 五十八、'中油桃 14 号'

**树　　种：**油桃

**学　　名：**_Amygdalus persica_ var. _nectarina_ ' Zhong You Tao 14 '

**类　　别：**优良品种

**通过类别：**审定

**编　　号：**豫 S – SV – AP – 004 – 2010

**证书编号：**豫林审证字 174 号

**培 育 者：**中国农业科学院郑州果树研究所

**（一）品种特性**

为杂交品种。树体半矮生，生长势中等，树姿开张，萌发力中等，成枝率较低。一年生新梢绿色，阳面紫红色，中果枝节间长 1.46 cm。果实圆形，果顶圆平，微凹；缝合线浅，两半部较对称，成熟度一致。果实大，平均单果重 120~180 g，最大单果重可达 228 g。果实光洁无毛，底色浅白，成熟时 90% 以上果面着浓红色。果皮厚度中等，不宜剥离。果肉白色，硬溶质，肉质细，汁液中等，风味甜，近核处红色素少。可溶性固形物含量 10%~13%，总糖 9.1%，总酸 0.41%，维生素 C 含量 12.11 mg/100 g。果核倒卵圆形，粘核，无裂果现象。

果实 6 月上旬成熟。

**（二）适宜种植范围**

河南省油桃适生区适宜栽培。

**（三）栽培技术要点**

根据地形地貌、土壤肥力和对早期产量的要求，合理确定种植密度。山区、丘陵或较瘠薄的土地可采用 2 m×4 m 的株行距，按两主枝 "V" 字形整枝；肥沃良田可适当稀植，采用 3 m×5 m 或 2 m×4 m 的株行距，分别按开心形和 "V" 字形整枝。加强肥水管理。早期注意防治蚜虫、红蜘蛛等为害，后期注意防治叶面虫害。推荐采用两主枝 "V" 字形整枝，少留或不留侧枝。冬季修剪时疏除过旺枝、过密枝、重叠枝，使结果枝均匀分布。

（栽培管理技术参考《河南林木良种》2008 年 10 月版，豫桃 1 号（红雪桃））

# 五十九、'中油桃 9 号'

**树　　种：**油桃

**学　　名：***Amygdalus persica* var. *nectarina* 'Zhong You Tao 9'

**类　　别：**优良品种

**通过类别：**审定

**编　　号：**豫 S – SV – AP – 019 – 2011

**证书编号：**豫林审证字 236 号

**培　育　者：**中国农业科学院郑州果树研究所

## （一）品种特性

该品种为杂交品种。树体生长势中等偏旺，树姿较开张，枝条萌发力较强，成枝率高，以中、短果枝和细弱枝结果为主。果实圆形，平均单果重 145 ~ 180 g，大果重可达 270 g 以上。果皮光滑无毛，底色乳白，90% 果面着玫瑰红色，充分成熟时整个果面着玫瑰红色或鲜红色。果皮厚度中等，不宜剥离。果肉白色，粗纤维中等，软溶质，清脆爽口。风味浓甜，有香气。汁液中多，可溶性固形物含量为 12% ~ 14%。果核长椭圆形，粘核。

果实 6 月初成熟。

## （二）适宜种植范围

河南省油桃适生区适宜栽培。

## （三）栽培技术要点

根据地形地貌、土壤肥力和对早期产量的要求，合理确定种植密度。山区、丘陵或较瘠薄的土地可采用 4 m × 3 m 的株行距，按自然开心形整枝；肥沃良田可适当稀植，采用 1.5 m × 5 m 或 2 m × 5 m 的株行距，按倒"人"字形整枝；希望早期丰产，可按 1 m × 2 m 或 2 m × 3 m 的株行距适度密植，塔形（主干形）整枝，这样，定植后第二年即可达到 22 500 kg/hm² 的产量。加强肥水管理，培育中庸树势。合理修剪，提高坐果率。适时采收，以硬熟期采收为宜。

（栽培管理技术参考《河南林木良种》2008 年 10 月版，豫桃 1 号（红雪桃））

# 六十、'早红蜜'杏

**树　　种:** 杏

**学　　名:** *Armeniaca vulgaris* 'Zaohongmi'

**类　　别:** 优良品种

**通过类别:** 审定

**编　　号:** 豫 S – SV – AV – 008 – 2008

**证书编号:** 豫林审证字 117 号

**培 育 者:** 中国农业科学院郑州果树研究所

**（一）品种特性**

树势强健，幼树干性强，生长强健，萌芽力高，成枝力低，幼树以中、长果枝结果为主，成龄树长、中、短果枝均可结果。果实近圆形，较'金太阳'果个大，平均单果重 68.5 g，最大可达 125 g，果平顶，缝合线较深，两半部对称。外观漂亮，果面光滑明亮，果皮黄白色，阳面着红色，裂果不明显。果肉黄白色，肉厚质细，纤维极少。可食率达 97.3%，汁液多，香气浓，含可溶性固形物 15.3% 以上，风味极佳，半离核，核小，苦仁。耐贮运，常温可存放 5~7 天。贮后果实微软，香味更浓。

果实 5 月上中旬成熟。

**（二）适宜种植范围**

适合在黄河流域栽培。

**（三）栽培技术要点**

选择土层深厚肥沃、灌溉和排水条件良好的沙壤土建园。春季或秋季定植。'早红蜜'节间短，短枝性状明显，宜适当进行密植，株行距一般采用（2~4）m×（4~5）m，每 666.7 m² 栽 34~84 株。配置的授粉树以'金太阳'（开花比'早红蜜'早 3 天左右）最好，一般配置比例以（4~8）:1为宜。合理间作、种植绿肥和覆草有利于树体表层根的产生和维持，对土层浅薄的园地尤其重要。秋季施基肥，春季追肥，及时排灌水。配置授粉树以'金太阳'为最好，配置比例为（4~8）:1。'早红蜜'成年树树皮易形成纵向的裂块，秋冬季节要注意清除果园中的枯枝病叶，刮老树皮，以减少越冬虫源病害。尽量减少机械损伤，保护好剪锯口，以防流胶。

（栽培管理技术参考《河南林木良种》2008 年 10 月版，仰韶黄杏）

# 六十一、'中仁1号'杏

**树　　种：**杏

**学　　名：**Armeniaca vulgaris 'Zhongren No. 1'

**类　　别：**优良品种

**通过类别：**审定

**编　　号：**豫 S – SV – AV – 009 – 2008

**证书编号：**豫林审证字 118 号

**培 育 者：**中国林业科学研究院经济林研究开发中心

## (一) 品种特性

树势中庸,树姿半开张。自花结实产量高,栽植后 2～3 年结果,结果株率93%～100%,4～5 年进入盛果期,极丰产,盛果期单株种仁产量达 2 200～2 600 g。抗性强,病虫害少,具有较强的抗倒春寒能力。果实卵形,果顶尖,缝合线较浅。果实两半部对称,梗洼浅,果柄短。成熟果实果皮黄红色,离核,外果皮顺缝合线自然开裂。果实纵径 2.8～3.5 cm,横径 2.3～3.0 cm。平均单仁重 0.67～0.72 g,出仁率38.5%～41.3%。

果实 6 月下旬成熟。

## (二) 适宜种植范围

河南省内均适宜栽培。

## (三) 栽培技术要点

栽植密度应根据立地条件和栽培模式确定。一般露地栽植密度为 4 m×4 m～2 m×4 m,每公顷 630～1 245 株。单纯作为果用时应及时进行疏果,合理确定植株负载量,适当进行疏果,盛果期单株留果量 3 500～5 000 个。丰产树形是自然开心形,一般不需要进行拉枝处理。修剪以疏枝和缓放为主,适当轻短截。以中、短果枝和花束状果枝结果为主,其中短果枝和花束状果枝的结果量可达全树结果量的 65%～80%。

(栽培管理技术参考《河南林木良种》2008 年 10 月版,仰韶黄杏)

# 六十二、'内选1号'杏

**树　　种：**杏李

**学　　名：**Armeniaca vulgaris 'Neixuan No. 1'

**类　　别：**优良品种

**通过类别：**审定

**编　　号：**豫 S – SV – AV – 010 – 2008

**证书编号：**豫林审证字 119 号

**培 育 者：**内黄县兴农果树栽培有限公司

**（一）品种特性**

树冠圆形或椭圆形，芽子饱满，枝条粗壮，生长势强，枝条较一般品种杏实生苗增粗 2 mm，叶色墨绿、质厚，叶片比一般品种杏实生苗大 1/3，当年实生苗有花芽且多，芽子饱满。树冠侧枝呈半开张型，主干分枝较一般杏品种稍高（30 cm），距尖端 37 cm 处都有饱满的花芽，下部三枝每枝尖端形成 37 个花芽。成花容易，花量大，花有雌蕊的 93%（其中双雌蕊 13%），雌蕊较短败育的 7%。当年自花授粉坐果率 24%，属中熟品种。果实成熟后，外观金黄色，果面有光泽。果个大（平均单果重 141 g，最大果重 250 g），丰产（产量可达 33 750 kg/hm² 以上），果硬度大，离核，种仁大而饱满，口味香甜，单核双仁率 30%，单核种仁平均重 0.9 g，可食用。

果实 6 月上中旬成熟。

**（二）适宜种植范围**

适宜于河南省黄河以北平原地区栽培。

**（三）栽培技术要点**

适宜生长在土层深厚、较肥沃、通气良好、排水良好的中性土壤，地下水位 10～25 m 为宜。具有一定的耐瘠薄能力，不耐盐碱。需要较长的无霜期（150～210 天），最适宜生长在夏季平均气温 20～30 ℃、昼夜温差不太大的地区。整地规格为 80 cm×80 cm×80 cm，造林密度为 2 m×4 m，可林地间作。第一年夏季需要整形修枝，注意加强林地营养含量，提高土地肥力。当新梢长至 15～20 cm 时开始追肥，每半月一次，连追 4～6 次。当新梢长到 30 cm 时，开张角度、摘心、扭梢。以后可根据种植地的实际情况，因地制宜，进行科学整形修剪，形成合理树形。一般应按照"三肥五水"的管理原则。三肥即秋施基肥、果实硬核期追肥、果实膨大期追肥；五水即秋施基肥后浇一次透水，萌芽前浇一次催芽水，花后浇一次水，硬核期追肥后浇一次水，果实膨大期浇一次水。

（栽培管理技术参考《河南林木良种》2008 年 10 月版，仰韶黄杏）

# 六十三、'早金艳'杏

**树　　种：**杏

**学　　名：**_Armeniaca vulgaris_ 'Zao Jin Yan'

**类　　别：**优良品种

**通过类别：**审定

**编　　号：**豫 S – SV – AV – 007 – 2010

**证书编号：**豫林审证字 177 号

**培　育　者：**中国农业科学院郑州果树研究所

**（一）品种特性**

杂交品种。成年树树冠自然半圆形，树势强健，树姿半开张。果实近圆形，平均单果重 59 g，最大单果重 105 g，果平顶，缝合线明显，两半部对称。果面光滑明亮，果皮金黄色，裂果不明显。果肉黄色，肉厚质细，纤维极少，可食率达 96.8%，汁液多，香气浓，味浓甜，可溶性固形物含量 14.4% 以上。离核，核小，仁苦。耐贮运，果实成熟期不一致，可持续 5～10 天陆续上市。自花结实率较低，需配置授粉树，大小年结果现象不明显。果实 5 月中旬成熟。

**（二）适宜种植范围**

适合在黄河流域栽培。

**（三）栽培技术要点**

最好选择土层深厚肥沃、灌溉和排水条件良好的沙壤土建园。定植时间可在春季进行，也可在秋季进行。冬季比较暖和的地区最好秋栽；冬季较为寒冷的地区，宜进行春栽。株行距一般采用(2～4)m×(3～5)m。适宜授粉树以'金太阳'杏最好，一般配置比例以（4～8）：1为宜。树形可采用主干疏层形和自由纺锤形。加强果园土肥水管理。成年树树皮易形成纵向裂块，秋冬季节要注意清除果园中的枯枝病叶，刮老树皮，以减少越冬虫源病害。尽量减少机械损伤，保护好剪锯口，以防流胶。萌芽前喷 1 次 3～50 波美度石硫合剂，防治介壳虫、红蜘蛛。谢花后 5～7 天喷瑞桃丰 1 500 倍或多菌灵 600 倍、甲基托布津 800 倍液，防治杏疔病、穿孔病。5 月上旬至 6 月上旬杏仁蜂、象鼻虫等若虫孵化期，喷施敌杀死或 50% 杀螟松 1 500～2 000 倍液。采果后可喷波尔多液或多菌灵，防治焦边病等早期落叶病。

（栽培管理技术参考《河南林木良种》2008 年 10 月版，仰韶黄杏）

# 六十四、'濮杏1号'

**树　　种：**杏

**学　　名：**_Armeniaca vulgaris_ 'Pu Xing 1'

**类　　别：**优良品种

**通过类别：**审定

**编　　号：**豫 S – SV – AV – 020 – 2011

**证书编号：**豫林审证字 237 号

**培　育　者：**河南省濮阳市林业科学院

**（一）品种特性**

树冠半圆形，树姿较开张。果实近圆形，平均单果重 145 g，最大果重 181.5 g。果顶平，缝合线浅，较明显，片肉对称；梗洼深广。果皮金黄色；果面有绒毛；果皮厚，易剥离。果肉金黄，可溶性固形物含量 12.9%。核卵圆形。核表面较粗，网纹较深。仁甜、较饱满，干仁平均 0.55 g；可食率 95.7%；常温下可贮放 7~9 天。

果实 6 月下旬成熟。

**（二）适宜种植范围**

适宜于河南省杏适生区栽培。

**（三）栽培技术要点**

选择土质疏松、排水良好的土壤建园，株行距以 3 m×3 m、2.5 m×3 m 为宜。定植时间可在春季进行，也可在秋季进行。可配置金太阳杏、麦黄杏、凯特杏、内选 1 号杏、红香蜜杏、美国金杏等品种作为授粉树。树形采用主干疏散分层形或自由纺锤形进行整形。及时疏花疏果，合理布局树体的负载量。该品种对倒春寒、褐腐病及细菌性穿孔病均有较强的抵抗能力，病虫害相对较少。

（栽培管理技术参考《河南林木良种》2008 年 10 月版，仰韶黄杏）

# 六十五、'味厚'杏李

**树　　种：**杏李

**学　　名：**_Prunus domestica_ × _armeniaca_ 'Weihou'

类　　别：优良品种

通过类别：审定

编　　号：豫 S - SV - PDA - 011 - 2008

证书编号：豫林审证字 120 号

培　育　者：中国林业科学研究院经济林研究开发中心

**(一) 品种特性**

树势中庸，树姿开张，萌芽力和成枝力强，枝条较细弱，易下垂。栽植后 2 ~ 3 年结果；栽植第三年平均单株结果量 12 ~ 18 kg，最大单株结果量达 19.5 kg。4 ~ 5 年进入盛果期，盛果期 15 ~ 20 年，单株产果量达 40 ~ 50 kg，产量 30 000 ~ 37 500 kg/hm²。以中、短果枝和花束状结果枝结果为主，极丰产。果实圆形，果顶圆平而凹陷，缝合线浅。果实纵径 5.2 ~ 5.8 cm，横径 5.6 ~ 6.6 cm，平均单果重 102 g，最大单果重 153 g。成熟果实的果皮紫黑色，有蜡质光泽，不易剥离，果肉橘黄色，质地细，粘核，粗纤维少，果汁多，风味甜，香气浓。可溶性固形物含量 14% ~ 19%，品质极佳，耐贮运。

果实 8 月下旬至 9 月上旬成熟。

**(二) 适宜种植范围**

适合在河南省李和杏的适生区栽培。

**(三) 栽培技术要点**

栽植密度应根据立地条件确定。一般栽植密度为 3 m × 4 m ~ 2 m × 3 m，每公顷 825 ~ 1 650 株。适宜的授粉品种是味王、味厚和风味皇后。丰产树形是疏散分层形。修剪以疏枝和缓放为主，可适当短截。味厚以中、短果枝和花束状结果枝结果为主，结果量一般占全树结果量的 85% ~ 90%。初果期单株留果量 150 ~ 280 个，盛果期单株留果量 400 ~ 500 个。

(栽培管理技术参考《河南林木良种》2008 年 10 月版，风味玫瑰杏李)

# 六十六、'吉塞拉 8 号'樱桃砧木

树　　种：樱桃

学　　名：*Cerasus pseudocerasus* 'Gisela No. 8'

类　　别：优良品种

通过类别：审定

**编　　号：** 豫 S – SV – CP – 015 – 2008

**证书编号：** 豫林审证字 124 号

**培　育　者：** 王哲理等（中美园艺研究推广合作中心）

**（一）品种特性**

树体健壮，生长快。与大樱桃具有极强的亲和力，嫁接成活后没有小脚和倒伏问题。发芽早（4 月初），落叶晚。生长量是其他砧木嫁接树的 2～3 倍。树体矮化，适宜密植，可以盆栽和营造房顶果园。根系发达，固土性强，抗倒伏，可以承受丰年果实的重压，砧木很少发生根蘖。结果早，产量高，品质好。适应性强，抗根癌、根腐，抗病毒，对土壤适应范围较广，可以在黏土地上生长，抗旱性和耐水渍性也较好，抗寒性强，冬季 – 30 ℃ 不会发生冻害。

**（二）适宜种植范围**

适宜在河南省大樱桃栽培中推广应用。

**（三）栽培管理技术**

**1. 脱毒快繁技术**

春季促使其砧木萌蘖，摘取砧苗顶芽，在其幼芽输导组织——导管未形成之前，用顶芽作微繁材料进行组织培养。培养基采用 MS 配方。第三代以后组培苗进行扩繁，生根激素处理生根后，移栽于膨胀蛭石中，加入营养液，放入人工气候箱，温度控制在 38～40 ℃，进行杀病毒处理，然后进行组培快繁，培养第一代复壮后的无病毒苗。采用第一代脱毒苗建立采条圃，4、5 月剪取半木质化嫩枝进行自动全光喷雾插条育苗，成活率可达到 90% 以上。

**2. 矮化无病毒砧木嫁接树建园和管理技术**

苗龄 1～3 年生即可移栽，由于侧根发达，须根多，根系再生能力强，栽植 2～3 年生大苗，因此结果早，见效快。在苗圃地要稀植（每公顷 30 000 株左右）完成定干，初步整形。

（1）栽植密度。在高水肥地建园以 3 m×4 m 为宜，中等土地或旱塬、丘陵地建园以 2 m×3 m 为宜。每公顷栽植密度 1 200～1 650 株。国外也有草原式果园，每公顷栽植 3 000～4 500 株。房顶盆栽，1.5～2 m 摆放 1 盆。

（2）定干与整形。草原式果园或盆栽，20～30 cm 定干；土壤肥力较差，没有灌溉条件的丘陵、塬区，50～60 cm 定干；高水肥地，树势较旺的 80 cm 定干。树形采取中央领导干的多主枝纺锤形，20 cm 左右留 1 主侧枝，呈螺旋形排列，主侧枝单轴延伸，二次侧枝要进行摘心控制，主侧枝生长到1.5～2 m，再施拉枝，拉枝角度60°左右为宜。结果后由于果实重压，主侧枝加大角度自然成水平状。

（3）施肥。果实采收后（即6月份）追施以磷肥为主的复合肥。施用蚯蚓球蛋白肥料对增强树势、提高结果量和品质、防止病毒病效果较好。

（4）培土做垄。'吉塞拉8号'砧木嫁接树固土性较强，基本不存在倒伏问题。沿栽植行进行培土作成20 cm高的土垄，可防止夏秋季积水。

3. 病虫害防治

砧木和接穗都进行了脱病毒处理，防止了病毒病的发生。但应注意金龟子、卷叶蛾、天牛等食叶、蛀干害虫的防治。

# 六十七、'春晓'樱桃

**树　　种**：樱桃
**学　　名**：*Prunus avium* 'Chunxiao'
**类　　别**：优良品种
**通过类别**：审定
**编　　号**：豫 S – SV – PA – 006 – 2009
**证书编号**：豫林审证字 139 号
**培 育 者**：中国农业科学院郑州果树研究所

**（一）品种特性**

为'早红宝石'樱桃芽变品系。枝条生长健壮，干性强，无明显枝干及果实病虫害，抗性较强。果实短心形，紫红色，着色均匀一致，果面平滑亮泽；果实横径2.05 cm，纵径1.88 cm；平均单果重4.40 g，果肉紫红色，肉细，汁多，可溶性固形物含量13.2%，可食率91.57%，风味酸甜适度，无裂果，品质优良。果实坐果率高，采前落果轻，丰产性好。

果实5月初成熟。

**（二）适宜种植范围**

适宜于河南省樱桃适生区栽培。

**（三）栽培管理技术**

1. 苗木培育

（1）砧木选择。樱桃生产中常用的砧木主要包括'莱阳矮樱桃'、'马哈利'、'草樱桃'、'山樱桃'、'考特'、'吉塞拉'系列。可根据当地的土壤及气候条件进行砧木选择，如干旱、寒冷地区选用'马哈利'、'莱阳矮樱桃'，低洼潮湿的土壤可选用'考特'，而黏重的土壤最好选用'吉塞拉'作砧木。

（2）嫁接。芽接一般在生长期进行，包括带木质芽接、改良 T 字形芽接等。枝接一般在休眠期进行，也可分为劈接、切接、舌接等。

2. 定植建园

1）主栽品种的选择与配置

（1）主栽品种的选择：主栽品种应选择早熟、果个中大、肉质较硬、着色均匀美观、外观亮泽、品质优良、丰产性好、对裂果有一定抗性等品种。

（2）授粉品种的配置：授粉树的数量最低不能少于30%，栽培面积较小，授粉品种的比例还要适当加大。授粉树的定植应与主栽品种隔行栽植（平地）或每隔两株配置一株（梯田）。

2）栽植密度与栽植方式

（1）栽培密度：一般采取每公顷 660（株行距为 3 m×5 m）～1 245（2 m×4 m）株的密度。

（2）栽植时间：冬季定植一般在 11～12 月土壤封冻之前定植，冬季定植有利于缓苗，对于次年的萌发、生长有一定促进作用，但在北方天气较寒冷且干燥地区，幼苗易发生冻害或抽条，所以不宜冬季定植。春季定植宜早不宜晚，一般在温度回升、树液流动之前进行，即 3 月初左右栽植。

为了促进土壤风化，增厚活土层，最好能在冬季来临之前将定植沟（或穴）挖好，定植穴要求深、宽各 80 cm 左右。在定植前，要将底土、表土及适量的有机肥、氮磷钾复合肥混匀填入沟底，然后填平，浇一遍透水，让土壤沉实。栽植时，挖大小合适的定植穴，将苗木放入其中，在填土的过程中，可将苗木轻轻上提，促使根系与土壤密接，然后踏实。定植完成后，要再浇一遍透水，以保证幼苗成活。

3. 土肥水管理

（1）树盘覆草。树盘覆草是指在树盘周围覆盖麦秸草、玉米秆、稻草、花生秧等。果园覆草不仅有利于改善土壤理化性质，增加团粒结构，提高土壤肥力和保湿能力，而且有助于土壤微生物繁殖，防止杂草滋生，覆草能保持土壤湿度的稳定。因此，对减轻樱桃裂果也有明显的作用。

覆草时间以夏季为好，此时雨水多、温度高，土壤微生物活跃，覆盖的草类腐烂快，不易被风吹走。同时，遇到高温干旱的年份还可降低树盘温度，起到保墒护根作用。

（2）施肥。按照樱桃的生长发育特性，可将其生命周期分为三个阶段：第一个阶段为1～3年生，此时为树冠形成期，施肥应以氮肥为主，也可加入适量磷肥，主要促进其营养生长，使其尽早形成树冠。第二阶段为4～6年生树，此期为初结果期，肥料种类应以有机肥和复合肥为主，这个时期要控制氮肥、增施磷肥和钾肥，以使其从营养生长向生殖生长转化，尽快形成花芽。另外，还可在采果后，即花芽分化期适度控水，有利于花芽形成。第三个阶段为7年生以上，这个时期为樱桃的盛果期。此期由于结果较多，应注意适时适量施足基肥，并进行必要的追肥，以满足树体需要，防止树体早衰。

（3）灌溉与排水。樱桃既不抗旱，也不耐涝，在整个生长发育期间对水分的需求较为敏感。花前浇水：在萌芽到开花前（一般在3月中下旬）进行，主要满足展叶、开花等对水分的需求。硬核期浇水：一般在4月下旬至5月上旬进行。采前浇水：樱桃的果实在采收前有一个迅速生长期，此期浇水，可以促进果实的膨大，提高产量和果实品质。采后浇水：樱桃在果实采收后1～2个月期间是其花芽集中分化期，此时保持土壤的适度干旱可促进其花芽分化。采果后可结合施基肥灌一次水，水量不宜过大；如果土壤墒情较好，可以不浇水。

樱桃根系对淹水极为敏感，受淹后，轻则抑制生长，导致产量下降、品质变劣，重则大量落叶甚至死树，因此必须十分重视果园排水。

4. 树体管理

1）整形

生产上常用的丰产树形有主干疏散分层形、自然开心形、自然丛状形和变则主干形等。

（1）主干疏散分层形：干高50 cm左右，全树留5～6个主枝，第一层留3～4个主枝，主枝角度为30°左右，每个主枝留3～4个侧枝；第二层留2个主枝，主枝角度为45°，每个主枝留2～3个侧枝，第一层与第二层的层间距为50～60 cm。

主干疏散分层形的整形过程为：第一年秋后11月中下旬定植，春季萌芽后定干，高度为50～70 cm，第三年选出第一层3～4个主枝，第四年选第二层2个主枝，并在各骨干枝上培养结果枝组。以后每年在各主侧枝上饱满芽处短截，促使延长生长，扩大树冠，多留辅养枝，以增加枝叶数量，结果后树势易维持，结果部位较稳定，但要注意均衡各骨干枝的生长势。

（2）自然开心形：干高 30~40 cm，全树留 2~4 个主枝，各主枝上留 4~5 个侧枝，主枝 45°，侧枝为 50°，在各级骨干枝上培养结果枝组。

自然开心形的整形方法：第一年留 40~50 cm 定干，定干后剪口枝生长直立旺盛的可留 15~20 cm 重摘心，以后连续摘心；剪口枝生长不旺时，可选留作主枝。主枝设 3~4 个为宜，每个主枝长至 30~40 cm 时摘心，促进其二次分枝；待二次分枝长至 30~40 cm 时，留 15 cm 左右再度摘心。每个主枝上着生 4~5 个侧枝，侧枝在主枝左右错落均匀分布。当侧枝长至 30 cm 左右时，也应摘心，以促发次生枝，加快树冠形成。背上直立枝可采取短截或拉平等方法培养成结果枝组，主枝间如果夹角不合适，可通过拉枝或摘心时选择不同方向的剪口芽加以调整。第二年的冬剪和夏剪与第一年相似，若第一年树冠已基本形成，第二年春天即可进行化控，促进花芽的形成。

（3）自然丛状形：在近地面处分生出 4~5 个主枝，在主枝上直接着生结果枝组。这种树形的特点是，没有主干和中心干，成形快，骨干枝级次少，树体矮小，结果早，抗风力强，管理方便。

整形方法：定植后留 20 cm 左右定干，当年可分生出 3~5 个一级枝；生长季对一级及其延长头每生长 40~50 cm 进行摘心，留枝长度 30~40 cm，促发二级分枝；二级分枝每生长 30~40 cm，进行摘心，留枝长度 10~20 cm，培养结果枝级。第一年冬剪时，对一级分枝根据生长势进行短截，长度不足 70 cm 的枝，缓放不剪，任其生长；超过 70 cm 的枝留 20~30 cm 短截。如果质量不足，对强枝保留 20~30 cm 短截，剪口芽一律留外芽。第二年春天，只对个别旺枝进行调整，生长季节要连续摘心，增加枝量，弱枝条缓放。第二年冬天，树形可基本形成。

2）修剪

樱桃的修剪分为休眠期修剪和生长季修剪。休眠期修剪宜在春季萌芽前进行，修剪过早易引起伤口失水干枯，春天又容易流胶，影响新梢生长，流胶严重的甚至造成枝条枯死，导致树势衰弱。拉枝也宜在此时进行。此时枝条相对较软，不容易折断。

生长季修剪是指从 4 月下旬至 9 月上旬枝条生长期间进行的修剪，主要包括摘心、抹芽、拉枝、疏剪等。对直立枝、旺枝及时进行处理，可以改善冠内光照，减少无效生长。生长季修剪伤口容易愈合，因此又可避免或减轻流胶病的发生。

5. 花果管理

（1）提高坐果率的辅助措施。樱桃一般自花不能结实，除在定植时要合理搭配授粉品种外，还可在花期对其进行辅助授粉以提高其坐果率，主要措施为人工授粉或放蜂。

一般在开花后 1~4 天内进行人工授粉，具体方法是：将授粉品种的花药采集放在 25 ℃左右的温箱或干燥通风的室内，注意不可放在阳光下晒干，烘出花粉，再以 1 份花粉、10 份滑石粉或淀粉 3~4 份混合，在盛花期用小橡皮头或干毛笔沾上花粉授在柱头即可。另外，还可直接用干毛笔在授粉树及被授粉树的花朵之间进行涂抹授粉。

可利用蜜蜂或壁蜂。蜜蜂可每公顷放 3 箱。但应注意在放蜂期间不能喷施广谱性的杀虫剂，以保证蜜蜂安全。

近几年的研究表明，花期前后喷施硼等微量元素和生长调节剂对促进坐果有一定的效果。具体措施有：在花期往花蕾上喷布 5% 的糖水，或往树体上喷布 0.3% 尿素 +0.3% 硼砂 +600 倍液磷酸二氢钾 2 次，可显著提高坐果率。

（2）疏蕾、疏果。疏蕾是指在樱桃开花之前，将发育不良及弱小的花蕾摘去。疏花蕾一般在 3 月下旬至 4 月下旬进行，每个花束状果枝可留 2~3 朵花。疏果是在果实发育过程中疏除过密的果实及发育不良、有病虫害的果实等，以促进果实的进一步膨大。疏果一般在生理落果后进行，每花束状果枝留 3~4 个果。

6. 主要病害防治

（1）褐斑病（叶片穿孔病）。发病初期在叶片上形成针头大的紫色小斑点，以后逐渐扩大，有的相互连接成圆形褐色病斑，上面有黑色的小点，最后病斑干枯，形成穿孔。

防治方法：加强综合管理，增强树势，提高树体抗病性是减轻病害的基础。冬季清园，将枯枝落叶集中深埋或烧毁，以消灭越冬病源。

生长期分别在谢花后和采果前喷 1~2 次 70% 代森锰锌 600 倍液或 75% 百菌清 500~800 倍液，采果后，喷 2~3 次 180~200 倍波尔多液。

（2）流胶病。流胶病一般发生在生长季，其表现为在枝干伤口或分枝处流出透明状的胶体。流胶后，皮层及木质部变褐腐朽，易感染其他病菌，日久引起树势衰弱，严重时导致枝干枯死，甚至全株死亡。

防治方法：加强果园的综合管理，尽量减少病虫害的发生。

修剪时尽量减小伤口，对于大的伤口及已发病的枝干最好能涂上保护剂，保护剂可用生石灰10份、石硫合剂1份、食盐2份、植物油0.3份加水调制而成；进行树干涂白，预防日灼。

（3）根癌病。根癌病主要为害根颈部、根系，被害处形成瘤状物，并可逐渐长大，表面变为褐色或黑褐色。根癌病为害后，根部吸收能力严重受阻，易导致树体衰弱，甚至死亡。

防治方法：避免在有根癌病菌的土壤上种植樱桃，另外，在碱性土壤上种植樱桃也易发生根癌病，应尽量避免。严把苗木关，防止从苗圃带入病菌。为防止其传播，可在定植前用石灰乳（石灰1份＋水5份）蘸根或用80～100倍硫酸铜溶液浸根5 min，然后用清水冲洗后再定植。在定植时用K84菌株蘸根，对根癌病也有一定的防治作用。

对发病严重的病株要及时刨掉烧毁；对于病部，可将根瘤剪掉，并用50%代森铵溶液灌根。

（4）褐腐病。褐腐病又叫菌核病、灰腐病、实腐病。此病在河南分布较广，以温度、湿度大的江淮地区发病重。主要为害核果类果树，主要有樱桃、桃、杏、李等，对苹果、梨等也有为害。

防治方法：在果实采收后，彻底清除树上和地面上残留的病僵果，深埋或烧掉，同时剪除病枝及时烧掉。

在发芽前喷5波美度石硫合剂。在花后10天左右喷一次65%代森锌500倍液或50%甲基托布津600～800倍液均可防治褐腐病。

（5）病毒病。感染樱桃的病毒有几十种之多，我国常见的包括樱桃黑色溃疡病、樱桃烈性溃疡病、樱桃小果病、樱桃斑叶病、樱桃坏死线纹斑病、樱桃（李属）坏死环斑病、樱桃皱缩花叶病等。

防治方法：病毒一旦侵染植株，便终生不能免除，因此应根据病毒病的侵染、发病特点，抓住隔离病源和中间寄主、防治和控制传毒媒介、利用和栽植无病毒苗三个环节进行防治。

①隔离病源和中间寄主：如果发现有病株，应立即进行隔离或刨掉焚毁。对其周围的野生寄主（如苦樱桃、樱花等）也要一起处理。

②防治和控制传毒媒介：一是要绝对避免用带病毒砧木和接穗来嫁接繁育苗木，防止嫁接传毒。二是不要用带毒树上的花粉来进行授粉，因为有些病毒可以通过花粉进行传播。同时，也不要用带毒的种子来培育实生苗。三是要加强防治能传播病毒的昆虫、线虫等，如苹果粉蚧、某些叶螨、线虫等。

③利用和栽植无病毒苗：这是目前预防樱桃病毒病的最重要、最有效的方法。在进行樱桃苗木繁育时，用建立隔离的无病毒根砧圃、无病毒的采穗

圃和嫁接繁殖圃,以保证品种纯正,不带病毒。

7. 主要虫害防治

(1) 黄刺蛾。主要是幼虫为害。幼虫体长 25 mm 左右,黄绿色,两端大,中间细处有紫褐色斑块。全身布满枝刺,并带毒,与人体接触后产生局部痛痒,后出现红色肿块。

防治方法:在修剪时,将虫茧摘下集中烧掉。保护天敌,还可放赤眼蜂防治。

用黑光灯诱杀成虫。

在幼虫期喷布微生物农药青虫菌或杀螟杆菌等,每克含孢子 0.5 亿~1 亿个,或喷 1 500 倍 50% 敌敌畏液,均有良好防治效果。

(2) 桑白蚧。桑白蚧雌成虫为橙黄色,长约 1.3 mm,呈宽卵圆形,盾壳灰白色,长 2~2.5 mm,近圆形。雄成虫橙色或橘红色,体长 0.65~0.7 mm,介壳灰白色,长约 1 mm,呈长盾形。

防治方法:休眠期采用人工刮刷越冬雌成虫进行防治;在春季萌芽前喷 5 波美度石硫合剂,或 3% 柴油乳剂。

注意保护天敌红点唇瓢虫和日本方头甲虫等以消灭介壳虫。

在 5 月上旬第一代若虫孵化期和 6 月上旬第一代雄成虫羽化期,进行药剂防治,因这两个时期虫口集中,杀虫效率高。可喷施 5% 马拉松乳剂1 000 倍液或 0.2~0.3 波美度石硫合剂或 5% 西维因 400 倍液。待 7 月下旬至 8 月上旬再喷一次。

(3) 褐卷叶蛾。幼虫体长 18~20 mm,绿色,头淡绿色,前胸背板绿色,臀栉 4~5 根。在河南一年发生 4 代,往北代数减少。以小幼虫在树皮缝内结成白色薄茧越冬。

防治方法:结合冬剪,彻底清除树干上的干橛,以减少虫源;早春刮树皮,刮下的树皮要烧毁,以消灭越冬幼虫。

利用成虫的趋化性,在成虫发生期,在树上挂糖醋碗诱杀越冬成虫;也可利用黑光灯诱杀成虫,也能控制幼虫的为害。

在萌芽前,喷 5 波美度石硫合剂,消灭出蛰幼虫,并兼治其他害虫。生长期喷药,可喷布 25% 溴氰菊酯乳油 5 000 倍液、50% 辛硫磷 2 000 倍、25% 丰收菊酯 2 500 倍或 50% 杀螟松 1 500 倍等药剂,喷 1~2 次,均有较好效果。

(4) 小蠹虫。又叫小蛀虫,在北方地区的河北、河南等果园均有发生,被小蛀虫为害后,易造成树体大量流胶至整枝或整树死亡,甚至全园被毁。

成虫体长约 4 mm，黑色，胸背及翅鞘密布纵列刻点。幼虫乳白色，长 4 ~ 5 mm，肥胖弯曲。

防治方法：应经常检查园内是否有小蠹虫为害症状，若发现要及时剪掉虫枝烧毁，或整株刨掉烧毁。

在成虫发生期（5 ~ 6 月）喷功夫菊酯、速灭杀丁或灭扫利等 2 000 倍液加入辛硫磷等 1 000 倍液。

（5）红颈天牛。在全国大部分地区均有发生。也为害桃、杏、李、梅等树种。幼虫蛀食枝干皮层和木质部；蛀道呈不规律的弯曲，从虫孔排出红褐色木屑状的虫粪，排粪孔常往外流胶，被害植株生长势衰弱，甚至造成死树。

防治方法：在 6 ~ 7 月成虫发生期，于中午或下午用人工捕捉成虫。在 9 ~ 10 月检查枝干有新鲜虫粪时，应立即用刀或剪刀将皮下小幼虫挖出来消灭，效果最好。

在成虫发生前，在树干和主枝上涂白防止成虫产卵；涂白剂：用 10 份生石灰 + 1 份硫黄粉 + 10 份水 + 少许食盐。

在每个蛀道口塞入氧化铝片（含 0.075 g）或敌敌畏棉球（20 倍），然后用黄泥封死，以熏死幼虫。

# 六十八、‘红宝’樱桃

**树　　种：** 樱桃
**学　　名：** *Prunus avium* ‘Hongbao’
**类　　别：** 优良品种
**通过类别：** 认定（有效期 5 年）
**编　　号：** 豫 R – SV – PA – 022 – 2009
**证书编号：** 豫林审证字 155 号
**培 育 者：** 三门峡市林业工作总站、鼎原樱桃合作社

**（一）品种特性**

该品种为芽变品种。树体矮化开张，枝条生长健壮，干性强。无明显干枝及果实病虫害，抗性较强。果实心脏形，紫红色，有光泽；着色均匀一致，果面平滑亮泽。果实横径 2.65 cm，纵径 2.38 cm；平均单果重 9 g。果肉紫红色，肉细、汁多，可溶性固形物含量 15.2%，可食率 92.57%，风味酸甜适度，裂果轻，品质优良，耐运输。坐果率高，丰产性好。三门峡地区

成熟期为 5 月上旬。自花不实，需配置授粉树。

**（二）适宜种植范围**

适宜于河南省樱桃适生区栽培。

**（三）栽培技术要点**

采用矮化砧木，株行距为(2～2.5)m×(3～4)m。该品种早果性强，采用细长纺锤形整形，一年生枝拉平以后即可形成花芽，生产上主要采用低干矮冠、结构紧凑的改良纺锤形。幼树期应采用轻剪，缓放，同时配合支、拉等人工方法。开张角度 90°，枝条半木质化时即用牙签开角，木质化以后即用线绳拉枝。整个生长季要不断移动拉枝的部位，使枝条平展。树高控制在 2.5～3 m，在中心干上间隔 15～20 cm 轮生 20～30 个大型结果枝组。在生长期进行 1～2 次摘心，缓和生长势，3 年即可结果。4～5 年达到丰产。为了缓和树势，促进结果，应重视夏季修剪。夏季修剪主要调节生长量、均衡树势、调整树体结构、改善通风透光条件。

其他栽培管理技术参考'春晓'樱桃。

# 六十九、'万寿红'樱桃

**树　　种：**樱桃

**学　　名：***Prunus avium* 'Wan Shou Hong'

**类　　别：**优良品种

**通过类别：**审定

**编　　号：**豫 S－SV－PA－008－2010

**证书编号：**豫林审证字 178 号

**培 育 者：**西峡县经济林试验推广中心

**（一）品种特性**

为中国樱桃芽变品系。树势强健，自花结实能力强。果实鸡心形，平均单果重 2.5 g，最大单果重 3.4 g，可溶性固形物含量 20.2%，可食率 94%；果皮鲜红色至紫红色，色泽艳丽，富有光泽，皮稍厚，核小，果柄与核微连，成熟时不宜脱落；果肉粉红色，较硬，风味香甜。耐贮性强。

果实 4 月下旬成熟。

**（二）适宜种植范围**

适宜于河南省樱桃适生区栽培。

**（三）栽培技术要点**

选择交通便利、背风向阳、水源充足、排灌方便、土层深厚的缓坡地建园。株行距 3 m×4 m 或 4 m×5 m。采用自然开心形、改良纺锤形、小冠疏层形整枝。采用改良纺锤形整枝，早实、丰产；采用小冠疏层形整枝，树架牢固，后期产量高，果实个头大。进入盛果期应及时进行回缩更新修剪，防止坐果太多，树势衰弱。肥水管理以有机肥为主，幼龄园每 666.7 m² 施有机肥 2 000～3 000 kg，成龄园 4 000～5 000 kg。发芽前、谢花后、果实膨大期和采果后 4 个时期各追肥一次。每次施肥后要及时浇水，要保证硬核期的水分供应。

其他栽培管理技术参考'春晓'樱桃。

# 七十、'红樱'樱桃

**树　　　种：** 樱桃
**学　　　名：** *Prunus avium* 'Hong Ying'
**类　　　别：** 引种驯化品种
**通过类别：** 审定
**编　　　号：** 豫 S - ETS - PA - 009 - 2010
**证书编号：** 豫林审证字 179 号
**培 育 者：** 三门峡市林业工作总站

**（一）品种特性**

为日本引进品种。树势比较旺盛，萌芽力、成枝力较强。果实阔心脏形，果柄较长，约 2.8 cm。果肉纯红色，果皮较厚，果个整齐，果色艳丽美观。果实横径 2.1 cm、纵径 2.3 cm，平均单果重 3.1 g。果实可食率达 92.38%。果实初熟期果面着鲜黄红色，逐渐变为纯红色。果面蜡质层厚，晶莹光亮有透明感。汁多味美，酸甜可口，可溶性固形物含量 16.3%。核圆形，中大。畸形果少，成熟期集中，耐贮运。

果实 5 月上中旬成熟。

**（二）适宜种植范围**

适宜于河南省樱桃适生区栽培。

**（三）栽培技术要点**

该品种早果性强，1 年生枝拉平以后即可形成花芽，故生产上主要采用低干矮冠、结构紧凑的改良纺锤形。幼树期应采用轻剪技术，多缓放，同时配合支、拉等人工方法。开张角度90°，枝条半木质化时即用牙签开角，木质化以后即用线绳拉枝。整个生长季要不断移动拉枝的部位，使枝条平展。树高控制在 3～4.3 m，在中心十上间隔 15～20 cm 轮生 20～30 个大型结果枝组。在生长期进行一二次摘心，缓和生长势，3 年即可结果，4～5 年达到丰产。为了缓和树势，促进结果，应重视夏季修剪。夏季修剪主要调节生长量、均衡树势、调整树体结构、改善通风透光条件。应加强肥水管理和病虫害防治。'红樱'病虫害较轻，在果实采收后喷 2 次 200 倍波尔多液保护叶片。重点防治介壳虫和红蜘蛛。

其他栽培管理技术参考'春晓'樱桃。

# 七十一、'红锦'樱桃

**树　　种：** 樱桃
**学　　名：** *Prunus avium* 'Hong Jin'
**类　　别：** 引种驯化品种
**通过类别：** 审定
**编　　号：** 豫 S－ETS－PA－010－2010
**证书编号：** 豫林审证字 180 号
**培 育 者：** 三门峡市林业工作总站

**（一）品种特性**

为日本引进品种。树势比较旺盛，萌芽力、成枝力较强。果实正红色，近心形，略显扁平，果柄中长，果肉纯红色，果皮较厚，果个整齐，果实横径 2.3 cm，纵径 1.9 cm，平均单果重 3.3 g，果实可食率达 94.34%。果面蜡质层厚，晶莹光亮，有透明感。汁多味美，酸甜可口，可溶性固形物含量 16.7%。核圆形，中大。畸形果少，成熟期集中，耐贮运。雨天果不裂口。无明显病虫害。

果实 5 月中下旬成熟。

**（二）适宜种植范围**

适宜于河南省樱桃适生区栽培。

**（三）栽培技术要点**

采用低干矮冠、结构紧凑的改良纺锤形。幼树期应采用轻剪技术，多缓放，同时配合支、拉等人工方法。开张角度90°，枝条半木质化时即用牙签开角，木质化以后即用线绳拉枝。整个生长季要不断移动拉枝的部位，使枝条平展。树高控制在 3 ~ 4.5 m，在中心干上间隔 15 ~ 20 cm 轮生 20 ~ 30 个大型结果枝组。在生长期进行一二次摘心，缓和生长势，3 年即可结果。4 ~ 5 年达到丰产。为了缓和树势，促进结果，应重视夏季修剪。夏季修剪主要调节生长量、均衡树势、调整树体结构、改善通风透光条件。

其他栽培管理技术参考'春晓'樱桃。

# 七十二、'春绣'樱桃

**树　　　种：**樱桃

**学　　　名：***Prunus avium* 'Chun Xiu'

**类　　　别：**优良品种

**通过类别：**审定

**编　　　号：**豫 S – SV – PA – 022 – 2011

**证书编号：**豫林审证字 239 号

**培　育　者：**中国农业科学院郑州果树研究所

## （一）品种特性

树体中庸健壮。盛果期树以中果枝和花束状果枝结果为主。花期中晚，不易受晚霜危害，自然结实率高，连续丰产性强。果肉硬、脆，酸甜适口，含红色素高，畸形果率很低，不易裂果。

果实 5 月底成熟。

## （二）适宜种植范围

适宜于河南省樱桃适生区栽培。

## （三）栽培技术要点

'春绣'樱桃嫁接在半矮化砧木上，适宜采用（1.5 ~ 2.5）m ×（3 ~ 4）m 的株行距定植，采用细长纺锤形、直立丛枝形整形；在乔化砧上则以 2.5 m ×（4 ~ 5）m 的株行距定植，采用自由纺锤形整形。幼树应注意及时对侧枝拉枝开张角度，但基角和梢角不要小于 70°。冬季修剪多缓放、适量短截。盛果期树冬季修剪及时回缩复壮，加大施肥量，防止因结果过多而变弱。

其他栽培管理技术参考'春晓'樱桃。

# 七十三、'春艳'樱桃

**树　　种：**樱桃

**学　　名：**_Prunus avium_ 'Chun Yan'

**类　　别：**优良品种

**通过类别：**审定

**编　　号：**豫 S – SV – PA – 023 – 2011

**证书编号：**豫林审证字 240 号

**培 育 者：**中国农业科学院郑州果树研究所

## (一) 品种特性

为'雷尼尔'樱桃实生后代。树势强健，树冠紧凑，具较强的抗病虫能力。果实橘形，青色，有圆形突出果脐，果较小，平均单果重 13.2 g，鲜果出籽率 36.39%，鲜籽出仁率 73.88%。

果实 5 月中旬成熟。

## (二) 适宜种植范围

适宜于河南省樱桃适生区栽培。

## (三) 栽培技术要点

'春艳'樱桃嫁接在半矮化砧木上，适宜采用(1.5 ~ 2.5)m × (3 ~ 4)m 的株行距定植，采用细长纺锤形、直立丛枝形整形；在乔化砧上则以 2.5 m × (4 ~ 5)m 的株行距定植，采用自由纺锤形整形。幼树应注意及时对侧枝拉枝开张角度，冬季修剪多缓放、适量短截和疏枝。盛果期树冬季修剪及时回缩复壮，加大施肥量，防止因结果过多而早衰。

其他栽培管理技术参考'春晓'樱桃。

# 七十四、'赛维'樱桃

**树　　种：**樱桃

**学　　名：**_Prunus avium_ 'Sylvia'

**类　　别：**引种驯化品种

**通过类别：**审定

**编　　号：**豫 S – ETS – PA – 024 – 2011

**证书编号：**豫林审证字 241 号

**培 育 者：**中国农业科学院郑州果树研究所

**（一）品种特性**

为引进品种。树体中庸健壮，树体紧凑，明显矮化。花期晚于先锋6天左右，不易受晚霜危害，花芽量大、密集，自然结实率高，连年丰产。盛果期树以花束状果枝结果为主。果肉较硬，酸甜适口，畸形果率很低，抗裂果。S基因型S1S4，自花不实。

果实5月底成熟。

**（二）适宜种植范围**

适宜于河南省樱桃适生区栽培。

**（三）栽培技术要点**

'赛维'樱桃嫁接在半矮化砧木上，适宜采用$(1.5 \sim 2)$ m $\times (3 \sim 4)$ m的株行距定植，采用细长纺锤形、直立丛枝形整形；在乔化砧上则以2 m $\times (4 \sim 5)$ m的株行距定植，采用细长纺锤形整形。适宜温室栽培。幼树应注意扶持主干生长，及时拉枝开张角度，冬季修剪适量多短截，促发1年生枝。盛果期树冬季修剪及时回缩复壮，少疏1年生枝，适量短截，加大施肥量，防止因结果过多而变弱。

其他栽培管理技术参考'春晓'樱桃。

# 七十五、'密刺'皂荚

**树　　　种：**皂荚

**学　　　名：**_Gleditsia sinensis_ 'Mi Ci'

**类　　　别：**优良种源

**通过类别：**审定

**编　　　号：**豫S – SP – GS – 027 – 2012

**证书编号：**豫林审证字288号

**培 育 者：**河南省林业科学研究院

**（一）品种特性**

为乡土树种。树体生长旺盛，分枝角度60° ~ 70°，节间较短，树冠圆柱，刺长而密、圆锥状、红棕色，多年生枝上刺长20 ~ 30 cm，平均粗0.57 cm。

**（二）适宜种植范围**

适宜于河南省皂荚适生区栽植。

### (三) 栽培管理技术

**1. 苗木培育**

(1) 采种。选择树干通直、生长较快、发育良好、种子饱满的 30 ~ 100 年生盛果期的壮龄母树,于 10 月中下旬采种。采收的果实要摊开暴晒,干后将荚果砸碎或碾碎,去果皮,风选,即得净种,种子阴干后装袋干藏。

(2) 种子处理。皂荚种皮较厚,发芽慢且不整齐,播种前,须进行催芽处理。皂荚种子采用浓硫酸溶液处理 15 h 发芽率会提高;采用 1∶(4 ~ 5) 碱水 48 h 浸泡,再用清水泡 24 h,发芽率可达 80% ~ 92%。也可在秋末冬初,将净选的种子放入水中,待其充分吸水后,捞出混合湿沙贮藏催芽,次春种子裂嘴后,进行播种。

(3) 育苗。苗地应选择土壤肥沃、灌溉方便的地方,进行细致整地,每 667 m² 施有机肥 3 000 ~ 5 000 kg,筑成平床或高床。采用条播,条距 20 ~ 25 cm,每米长播种沟播种 10 ~ 15 粒,播后覆土 3 ~ 4 cm 厚,并经常保持土壤湿润。苗高 10 cm 左右时,间苗、定苗,株距 10 ~ 15 cm,当年苗高可达 50 ~ 100 cm。若培育 2 年生大苗,于秋末苗木落叶后,按 0.5 m × 0.5 m 的行株距进行换床移植。

**2. 栽植**

春秋两季均可栽植,以秋冬季栽植为好。栽植穴规格为 30 cm × 30 cm × 20 cm,株行距 1.0 m ×(1.0 ~ 1.5)m。栽植时要深栽踩实不露根。雨季雨量较多时,也可利用当年苗进行雨季栽植,要求苗高 20 cm 以上。半木质化小苗,效果也很好。

**3. 主要虫害防治**

(1) 皂荚豆象。成虫体长 5.5 ~ 7.5 mm,宽 1.5 ~ 3.5 mm,赤褐色,每年发生 1 代,以幼虫在种子内越冬,来年 4 月中旬咬破种子钻出,等结皂荚后,产卵于荚果上,幼虫孵化后,钻入种子内为害。

防治方法:可用 90 ℃ 热水浸泡 20 ~ 30 min,或用药剂熏蒸,消灭种子内的幼虫。

(2) 皂荚食心虫。以幼虫在果荚内或在枝干皮缝内结茧越冬,为害皂荚。每年发生 3 代,第一代 4 月上旬化蛹,5 月初成虫开始羽化;第二代成虫发生在 6 月中下旬,第三代在 7 月中下旬。

防治方法:秋后至翌春 3 月前,处理荚果,防止越冬幼虫化蛹成蛾,及时处理被害荚果,消灭幼虫。

# 七十六、'硕刺'皂荚

**树　　种：**皂荚

**学　　名：**_Gleditsia sinensis_ 'Shuo Ci'

**类　　别：**优良种源

**通过类别：**审定

**编　　号：**豫 S – SP – GS – 028 – 2012

**证书编号：**豫林审证字 289 号

**培 育 者：**河南省林业科学研究院

**（一）品种特性**

为乡土树种。树体生长旺盛，分枝角度 70°~90°，树冠圆形，刺长而密、圆柱状、浅（黄）棕色，多年生枝上刺长 25~33 cm，平均粗 0.72 cm。

**（二）适宜种植范围**

河南省皂荚适生区。

**（三）栽培技术要点**

选择土壤肥沃湿润的地方造林。株距 3~5 m，栽植穴一般采用 0.7~1 m 的大穴较好，栽后及时灌水，确保成活。2~3 年后，每年冬季浇尿素，春季解冻后追土杂肥。每株施土杂肥量：初结果的小树为 2.5~5 kg；大树 10~30 kg，并加追尿素 1~2 kg 与土杂肥拌匀。从第二年起每年要进行整形修剪，树形以疏散分层形为好，修去裙枝、下垂枝、重叠枝、竞争枝。危害皂荚的虫害主要有草履介壳虫、红蜘蛛及桑天牛等，要及时防治。

其他栽培管理技术参考'密刺'皂荚。

# 七十七、'林州红'花椒

**树　　种：**花椒

**学　　名：**_Zanthoxylum Bungeaum_ 'Linzhouhong'

**类　　别：**优良品种

**通过类别：**审定

**编　　号：**豫 S – SV – ZB – 014 – 2008

**证书编号：**豫林审证字 123 号

**培 育 者：**林州市林业局、林州市林业科学研究所

## (一) 品种特性

树冠为圆头开心形。当年生新梢褐紫色、枝条硬、直立、节间短、果枝粗壮。果实球形，直径 5~6 mm，果穗密集、丰产性强，一般有 30~60 粒，多可达 113 粒，千粒重 100 g，果柄较短。成熟的果实为大红色，疣状突起明显，有光泽，少数果粒开裂。果粒大、果皮厚，味浓、营养丰富，抗逆性强、适生范围广。

果实 8 月中下旬成熟。

## (二) 适宜种植范围

适宜于河南省太行山区及其周边地区栽培。

## (三) 栽培技术要点

造林密度以 2 m×4 m 为宜。春秋两季结合整地进行施肥，开花前以氮肥为主，花后施肥以磷钾肥为主。每年上冻前深翻改土一次，在树的根颈部覆盖高 20 cm、直径 40 cm 的土堆防寒，春季将土堆推平利于施肥浇水。生产中多选用多主枝开心形、小骨架疏散分层形及多主枝丛状圆头形。定植后，留 40~50 cm 高定干；选 3~4 个方位好、开张角度好的枝作为主枝培养。主枝上，每隔 40~50 cm 选 2~3 个斜生枝作侧枝；幼龄树注意开张主枝角度，夏季及时抹芽，疏除徒长枝；盛果期重点搞好永久性结果枝组培养，配齐三套枝；衰老期树以更新复壮树势为主，利用壮枝、徒长枝及背上枝及时更新复壮，疏除瘦弱枝、病虫枝，回缩过长枝，延长结果年限。3 月上中旬，喷一次 0.3~0.5 波美度石硫合剂，防治红蜘蛛、蚜虫；5 月中下旬，喷一次 1 000~2 000 倍吡虫啉农药防治红蜘蛛、蚜虫和花椒跳甲；6 月中旬、8 月上旬各喷一次 1∶1∶100 倍波尔多液或 50% 退菌特 800 倍液防治早期落叶病和花椒煤烟病。

(栽培管理技术参考《河南林木良种》2008 年 10 月版，大红袍花椒)

# 七十八、'中豫 1 号' 文冠果

树　　种：文冠果

学　　名：*Xanthoceras sorbifolia* 'Zhong Yu 1'

类　　别：优良品种

通过类别：审定

编　　号：豫 S–SV–XS–018–2012

证书编号：豫林审证字 279 号

**培 育 者：**河南省林业技术推广站

**（一）品种特性**

为实生选育品种。多为开心形和多主枝丛生形，树皮灰褐色，分枝角一般在 35°左右，小枝粗短。顶芽饱满，叶片大，为广披针形。总状花序，单瓣，花瓣 5 枚，基部由黄色逐渐变为浅紫色，上部白色。果实呈圆球形，顶端稍平坦，但凸起小尖，果蒂处陷入颇深，果轴果梗紫红色。纵径与横径基本一致。果实多为 3 室，少数 4 室，平均每果 18.1 粒种子。

果实 7 月初成熟。

**（二）适宜种植范围**

河南省文冠果适生区。

**（三）栽培管理技术**

1. 苗木培育

1）播种育苗

（1）采种：采种应从树势健壮、连年丰产和抗性强的树上采集充分成熟、种仁饱满的种子。采种一般在 6 月下旬至 7 月上旬开始，当果皮由绿色变为黄褐色、由光滑变为粗糙，种子由红褐色变为黑褐色、全株约有 30%以上的果实果皮开裂时即可进行采种。采下的果实要放在阴凉通风处，经常翻动防止霉烂，待自然开裂后除掉果皮，晾干种子，然后装入容器备用。

（2）种子催芽：播种前要进行种子催芽，一般用沙藏法，或用温水催芽法。

沙藏法：在土壤结冻前，选背风向阳、地下水位不高的地方，挖深 1 m、宽 1 m 的平底坑，坑的长度可根据种子数量而定。先在坑底铺设 20 cm 左右厚度的湿沙层，再在其上以一层湿沙、一层种子层积，距坑口 20 cm 时，上盖一层湿沙，然后加盖 30 cm 厚土层。每 1 m 左右加通风草束一个。沙藏期 2 个月。春季播前 10 天左右将种子挖出。发芽率达到 20%，就及时播种。若发芽率没有达到播种指标，可以在小阳畦内催芽。经过催芽的种子有 20%左右裂嘴时播种。

温水催芽法：采用阳畦或小弓棚。播种前 7 天左右，将选出的种子用 45 ℃温水浸泡后任其自然冷却，每天换水。经 3 天后捞出，将种子混以 3 倍湿沙平铺在阳畦内，厚度 15 cm 左右，及时覆盖农膜保湿增温。每天翻动 2 次，检查干湿、观察发芽情况，及时补充水分。待种子有 2/3 裂嘴时进行播种或选出裂嘴的种子分期播种。

（3）圃地选择和整地：育苗地以地势平坦、土质肥沃、土层深厚、灌水方便、排水良好的沙壤土最好。沙土和黏土作育苗地，要适当增施腐熟堆肥和厩肥。前一年秋深翻 25 cm，早春浅翻 20 cm，随翻随耙，粉碎土块，整平圃地。每 667 m$^2$ 施农家肥 2 000 ~ 2 500 kg，结合春耕翻入土内。

（4）播种：春播一般在 3 月上旬到中旬，播种量 225 ~ 300 kg/hm$^2$。开沟条播，一般行距 30 ~ 35 cm，株距 10 ~ 15 cm，播后覆土 3 ~ 4 cm，再稍加镇压。播后如土壤干旱需灌水，等床面稍干时要及时松土除草。幼苗出土后浇水量须掌握好，防止土壤湿度过大造成根茎腐烂、幼苗倒伏。全年一般中耕除草 3 ~ 4 次。

文冠果也可秋播，但要注意防治鼠兽害，土地封冻前播种。播后灌水。秋播量为 300 ~ 450 kg/hm$^2$。

（5）苗期管理：一般情况，播种后 15 ~ 20 天幼苗开始出土，在半个月内发芽率达 50% ~ 60%，占全部能发芽种子的 70% ~ 80%，此时应进行第一次松土除草。以后每隔 20 天或下雨后，再中耕除草一次，每次耕锄可适当加深，待 7 月中下旬苗木封垄，停止中耕。若土壤水分过多，苗木群体内湿度过大时容易染病，因此应注意排水，尽量避免圃地积水。

（6）苗木出圃：文冠果一年生苗即可出圃栽植。挖苗前灌一次透水。挖苗时，要尽量保持主根和侧根根系的完整，根幅在 20 cm 以上。运输时，必须用泥浆蘸根，然后用塑料包好，保持根部湿润。运到栽植地后，不能立即栽植时要认真假植。苗木长途运输时可截干，主干留 50 cm 按要求包装，并应在中途每隔 2 日浇水一次。

2）无性繁殖育苗

（1）嫁接育苗：春季枝接在 3 月初至 4 月上旬进行。接穗应在 2 月中下旬剪下，用潮湿干净的细沙埋藏在地窖内备用。选用 1 ~ 2 年生的苗木作砧木。枝接时在距地面较低部位剪断砧木，接穗保留 3 个芽进行劈接，接穗顶端要用塑料薄膜包裹以防失水。

嫁接 15 天后检查接芽成活情况。在大风地区，接芽长到 15 cm 左右时，要立柱绑苗，以防风折断新梢。嫁接后要及时除去接口以下砧木萌蘖，以集中水分和养分，供接口愈合和新梢生长。

嫁接一个月后要及时除掉塑料包扎条，防止束缚苗木，出现"细腰"。

（2）插根育苗：在 3 月中旬挖出文冠果一年生苗木的残留根，或挖取部分母树的根，截成长 10 ~ 15 cm 的根段，粗度 0.4 cm 以上，作为插根。苗床扦插前深耕 20 ~ 25 cm，施足基肥。株行距为 10 cm × 40 cm。开窄缝，将根段垂直插入缝中，顶端低于地表 1 cm，灌水后插根上端基本与地面平。

待表土晾干后进行松土，插根 15～20 天开始萌芽出土。一般有 3～4 个萌蘖，选留一个健壮芽，其余全部抹除。一般扦插成活率可达 70%～80%。

2. 造林

1）造林地选择

文冠果为喜光深根性树种，最忌背阴，因此山区应选择向阳的梯田、缓坡地建园。文冠果对土壤要求不严，含有少量砾石的土地也可栽培。山地可以采取挖坑换土的办法栽植。

2）整地和施肥

平地、梯田可以机深翻全面整地，耕翻深度 30 cm。缓坡地以挖带状沟为好。坡度较大的地块采用修筑返坡梯田的方法整地。返坡梯田内每 2～3 m 打一隔断，以防山洪在田内流动积聚，冲毁田埂。坡度大于 25°山地，可采用鱼鳞坑方法整地。

结合回填定植坑，每穴施用农家肥 5 kg、尿素 50 g、过磷酸钙 100 g，与表土混合均匀，填入后适当踩实。

3）合理密植

文冠果园旱地条件下，可按 2 m×2 m 定植，每 667 m² 170 株左右；也可按 3 m×2 m 定植，每 667 m² 111 株。有灌溉条件的地块，可按 3 m×3 m 定植，每 667 m² 70～80 株。为了增加早期效益，初期可按 3 m×1.5 m 定植，养成大苗后移栽，保留 3 m×3 m 的密度。

4）适时定植

文冠果既可秋栽，也可春栽。春季早栽是提高成活率的关键，土壤解冻后就可栽植。秋季栽苗在文冠果落叶后进行。秋季栽苗要全埋越冬，栽后及时定干，直立全埋，翌年只将顶端刨开，剩余部分到 7 月雨水增多季节再全刨开，不会影响主枝、侧枝发育，效果非常好。

5）土肥水管理

文冠果园一般栽植密度比较大，穴内杂草必须清除干净。若覆盖地膜，则必须严格清除膜下杂草。一般在 4～7 月锄草 3 次。

在秋季树叶脱落后进行施肥。4 年生以下幼树一般每株施用农家肥 5 kg、过磷酸钙 150 g，深度 40～50 cm。大树按树盘面积估计施肥量。一般每平方米施用尿素 50 g，按尿素的 2 倍施过磷酸钙。农家肥按尿素的 20～50 倍施入。在盛花期一般只用速效氮肥，用量按树盘面积确定，每平方米用尿素 50 g，加水 50 倍均匀灌入，深度 50 cm。

每年干旱季节灌水 1～2 次。多雨季节及时排水、防涝。

6) 树体管理

幼树整形修剪：萌芽前及时定干，定干高度 80 cm 左右，选留顶部生长健壮、分布均匀的 3~4 个主枝，其余摘心或剪除。夏季修剪主要包括抹芽、除萌、摘心、剪枝（疏去内膛过密枝、疏除树冠上部的直立枝）、扭枝（对生长强旺的直立枝进行扭枝）。冬季修剪主要是修剪骨干枝和各类结果枝，疏去过密枝、重叠枝、交叉枝、纤弱枝和病虫枝等，促使林木早结果，丰产稳产，提高文冠果的产量和质量。

结果树修剪：结果树每年进行一次重修剪，除去一部分老枝、重叠枝、细弱枝和病虫枝，增加通透光，减少病虫害，促进开花结果。以增加第二年生伸长枝条，即增加结果枝。

文冠果是顶花芽开花树种，修剪中不能见头就剪，要留足花芽。以夏季修剪为主。注意留好二层主枝，控制横向生长，防止树冠郁闭。

文冠果幼树落花十分严重，有"千花一果"之说。加强果园管理，合理施肥，防治病虫鼠害，增强树势，盛花期喷洒 50 mg/L 萘乙酸，均可显著提高坐果率。

**（四）主要病虫害防治**

1. 主要病害防治

1) 煤污病

煤污病病菌以菌丝体、分生孢子、子囊孢子在病部及病落叶上越冬，翌年孢子由风雨、蚧、蚜虫等传播。高温多湿、通风不良、蚜虫、介壳虫等均能加重发病。每年有春、夏两个盛发期，以菌丝体及闭囊壳在叶片及枝条上越冬。病害在叶片上发生，有时也在嫩梢上发生，严重时叶面布满黑色煤尘状物，大多在叶片的正面。

防治方法：合理密植，适当修剪，改善通风透光条件，降低林内湿度。冬季休眠期或春季发芽前，树冠喷洒 3~5 波美度石硫合剂，消灭越冬病源。

该病的发生与分泌蜜露的昆虫关系密切，喷药防治蚜虫、介壳虫等是减少发病的主要措施。适期喷用 40% 氧乐果 1 000 倍液或 80% 敌敌畏 1 500 倍液，或用 10~20 倍松脂合剂、石油乳剂防治蚜虫、介壳虫。

对于寄生菌引起的煤污病，发现期可喷用代森锌 500~800 倍、灭菌丹 400 倍液。

2) 根腐病

根腐病主要危害幼苗，幼树及大树也能发病。发病初期，仅仅是个别支根和须根感病，并逐渐向主根扩展，主根感病后，早期植株不表现症状，后随着根部腐烂程度的加剧，吸收水分和养分的功能逐渐减弱，地上部分因养分供不应求，在中午前后光照强、蒸发量大时，上部叶片出现萎蔫，但夜间又能恢复。病情严重时，萎蔫状况夜间也不能再恢复。此时，根部受病菌浸染而变黑、发霉，并与髓部分离，叶部发褐，严重时全株枯死。病菌在土壤中和病残体上过冬，一般多在 3 月下旬至 4 月上旬发病，5 月进入发病盛期，其发生与气候条件关系很大。苗床低温高湿和光照不足，是引发此病的主要环境条件。育苗地土壤黏性大、易板结、通气不良致使根系生长发育受阻，也易发病。

防治方法：播种前，种子可用种子质量 0.3% 的退菌特或种子质量 0.1% 的粉锈宁拌种，或用 80% 的 402 抗菌剂乳油 2 000 倍液浸种 5 h；插穗基部也可用同样浓度药液浸 1 h 后扦插。

苗床每平方米用 50% 多菌灵 1.5 g 撒于地表翻入土中，可兼治猝倒病、立枯病。

发病时，可用 40% 根腐宁 1 000 倍液喷雾或浇灌病株；或 80% 的 402 乳油 1 500 倍液灌根。

减少苗期灌水量，避免土壤过湿；及时防治地下害虫和线虫的危害。

3）根结线虫病

根结线虫在文冠果根部活动为害形成根瘤，根瘤开始较小，白色至黄白色，以后根皮继续膨大，呈节结状或鸡爪状，黄褐色，表面粗糙，易腐败。发病植株的根较健康植株的根短，侧根和须根很少，发育差。地上部分，染病较轻的一般症状不明显，较重的叶片黄瘦，枝叶缺乏生机，似缺肥状，长势差或极差，引起苗木叶片黄化。病苗根部有 0.5～2 cm 大小的柔软圆瘤，切开有白色粒状物，即为线虫。

防治方法：加强栽培管理，苗圃、林地要进行轮作，不要连作。秋冬季要及时清扫落叶和杂草，及时拔除病株并集中烧毁，消灭病原。对苗棚和移栽棚土壤进行高温消毒，或用溴甲烷消毒土壤。

药物防治可选用 98%～100% 必速灭微粒剂 75～120 kg/hm²，均匀撒施或沟施于 20 cm 表层土内，施药后立即覆土，洒水封闭或盖膜 7～12 天后，松土放气 3～10 天再播种或定植。

2. 主要虫害防治

1）黑绒金龟子

该虫 1 年发生 1 代，以成虫在土中越冬。一般在 4 月下旬至 5 月上旬以成虫蚕食文冠果嫩芽为害，一般在 5 月上旬无风的傍晚为害最为严重。成虫一般15～16时开始出土为害苗叶，17～20时最多，20时以后逐渐入土，潜伏于表土层2～5 cm深处。5月下旬6月上旬成虫入土约在10 cm土层内产卵，卵零星或10余粒集中于一处。幼虫以植物根及腐殖质为食，7月下旬至8月间作土穴化蛹，8月下旬至9月化为成虫在土内越冬。

防治方法：根据成虫出土后几天不飞翔的习性喷药杀灭，可在虫口密度大的田块、地埂喷施2.5%敌杀死、5%来福灵乳油3 000倍液或喷施4.5%瓢甲敌（氰戊菊酯类或氯氰菊酯类）乳油1 500倍液，防治效果均在90%以上；也可用80%敌敌畏乳油100倍或50%杀螟松乳油1 000倍液喷叶，防治效果也很好。

根据成虫先从地边为害的习性诱杀成虫，于下午成虫活动前，将刚发叶的榆树、杨树枝用2.5%敌杀死乳油1 500倍液或80%敌敌畏、40%氧化乐果乳油100倍液浸泡后放在地边，每隔2 m放1枝，诱杀效果较好。在同一块田地里同时用4%敌马粉37.5 kg/hm²，干细土600 kg，混匀后撒施，效果更佳。

药物防治在6月上旬进行，如林分等能灌水的林地，随水灌药，用40%辛硫磷乳油稀释一定倍数，放在畦口随浇水均匀滴入流水中进行防治；或用50%辛硫磷乳油3.75 kg/hm²，制成土颗粒剂或毒水，毒杀幼虫。

2）沙枣木虱

沙枣木虱1年生1代，以成虫在落叶、杂草、树皮缝及树干上枯卷叶内越冬。翌年3月气温达6 ℃时开始活动。4月上旬至6月上旬交配产卵，交配产卵多在早晨和傍晚。萌芽期卵各产于芽上，数粒在一起；展叶后多产于叶背，卵一端插入叶肉内。5月上旬开始孵化，下旬为盛期。若虫期45～50天，5龄若虫为害最重，虫口密度大时，排出的蜜露使枝叶发亮。6月中旬至7月羽化。成虫寿命长达一年左右，白天群集叶背为害，至10月下旬气温达0 ℃以下时，始进入越冬。

防治方法：秋后彻底清除林下枯枝落叶、杂草，集中处理，破坏其越冬场所。或冬季进行1～2次冬灌，可消灭在枯枝落叶下、杂草间越冬的成虫，以减少虫源。

沙枣木虱天敌种类主要有花蝽、瓢虫、草蛉、蓟马啮小蜂、丽草蛉、大草蛉、异色瓢虫、白条逍遥蛛等，应加强保护和利用。

对郁闭度0.5以上、面积在3.33 hm²以上的林分，选用敌马烟剂等烟雾剂施放进行防治。

　　农药防治可用溴氰菊酯、吡虫啉或啶虫脒等与农用柴油1∶1混合进行超低容量喷雾，防治沙枣木虱；或用溴氰菊酯、吡虫啉或啶虫脒等化学农药进行常规喷雾防治。

# 七十九、'中豫2号'文冠果

**树　　种：** 文冠果

**学　　名：** *Xanthoceras sorbifolia* 'Zhong Yu 2'

**类　　别：** 优良品种

**通过类别：** 审定

**编　　号：** 豫 S–SV–XS–019–2012

**证书编号：** 豫林审证字280号

**培 育 者：** 河南省林业技术推广站

**（一）品种特性**

　　为实生选育品种。多为开心形和多主枝丛生形，顶芽饱满，叶片大，为广披针形。总状花序。果实呈圆柱形，顶端稍平坦，但凸起小尖，果蒂处陷入颇深，果轴果梗紫红色。果实多为3室，少数4室，平均每果16粒种子。

　　果实7月初成熟。

**（二）适宜种植范围**

　　河南省文冠果适生区。

**（三）栽培技术要点**

　　建园应选择土层深厚的向阳缓坡或中等坡度宜林地为宜。旱地条件下，可按3 m×2 m定植，也可按2 m×2 m定植。有灌溉条件的地块，可按3 m×3 m定植。春栽在土壤解冻后，苗木萌芽前；秋栽在苗木落叶后，土壤上冻前。文冠果耐贫瘠、耐干旱和寒冷，管理相对简单。为取得丰产和高产，园地应在栽植前施足腐熟基肥。栽后要及时浇透水。可平茬提高成活率。雨季注意排涝，防止水淹。文冠果丰产树形宜以开心形和多主枝丛生形为主。每年11月至次年1月，即冬季落叶至早春萌芽前进行修剪整形，一是定干，构建树体骨架，一般定干高度为1 m，保留4~6个主枝培养多主枝丛生形树体。二是疏枝，按照"因树修剪，疏放结合，保持通透，促进丰产"的原则进行修剪，留壮枝结果，对弱枝缩剪更新，改善通风透光条件，通过修剪使树冠外围和内膛合理分布足够数量的花芽。三是疏花疏果。在春季树木萌芽时将弱枝、强枝上多余的花序摘除，以减少营养消耗；在 4 月上旬开花时中度疏花一次，对不孕花及时疏花，保证果实营养；5 月下旬将花梗基部生出的新芽抹去，促进营养向果实集中。在花后果实膨大期前进行疏果，每个果序上保留 1~4 个果，将多余的果摘除。

其他栽培管理技术参考'中豫 1 号'文冠果。

# 八十、'新郑早红'枣

**树　　　种**：枣
**学　　　名**：*Zizyphus jujuba* 'Xinzhengzaohong'
**类　　　别**：优良品种
**通过类别**：审定
**编　　　号**：豫 S – SV – ZJ – 012 – 2008
**证书编号**：豫林审证字 121 号
**培 育 者**：河南省林业科学研究院

**（一）品种特性**

树体中等大，树姿半开张，树冠多自然半圆形。不易落果，易形成"吊红枣"。果实中等偏大，卵圆形或短椭圆形，纵向微歪斜。果面平整光洁，平均纵径 3.026 cm，平均横径 2.576 cm。平均果重 10.56 g，最大果重 18.60 g，大小较整齐。果肩较圆，平整无纹沟，梗洼广浅，环洼浅平。果顶圆，先端略凹下。果柄中粗，长 0.2~0.4 cm。果面较平整，具光泽，果皮薄，脆熟期时枣果为橙红色。果点小，圆形，稀疏。果肉白绿色，质地细脆，多汁，甜味浓，略酸，着色后含可溶性固形物 29.1%~31.3%，完熟期含可溶性固形物 31.0%~33.4%，可食率 97.67%，鲜食品质上等。果核小，纺锤形，顶端尖长，柄端尖短，纵径 1.57 cm，横径 0.61 cm，平均核重 0.252 g，核纹浅，纵条纹，核内大多无种子。

果实 8 月中下旬成熟。

**（二）适宜种植范围**

适宜于河南省黄河流域及黄河以北地区栽培。

**（三）栽培技术要点**

栽培密度一般为株距 2 m，行距 3 m 或 4 m，每 667 m² 栽 83~111 株；树形采用小冠疏层形，这种树形冠形小而紧凑，骨架牢固，成形快，光照条件好，便于管理和手摘采收，适用于早实丰产性强的鲜食品种。幼树整形修剪原则是促进分枝，选留强枝；开张角度，扩大树冠；培养枝组，使其形成合理牢固的树体结构。

（栽培管理技术参考《河南林木良种》2008 年 10 月版，新郑灰枣）

# 八十一、'中牟脆丰'枣

**树　　　种：**枣

**学　　　名：**_Ziziphus jujuba_ 'Zhongmoucuifeng'

**类　　　别：**优良品种

**通过类别：**审定

**编　　　号：**豫 S – SV – ZJ – 008 – 2009

**证书编号：**豫林审证字 141 号

**培　育　者：**河南农业大学

## （一）品种特性

为枣树资源普查时发现的优良单株。树势中庸，树姿开张，树冠呈自然半圆形。树干灰褐色，枣头赤红褐色，皮裂纹中等深。果实倒卵圆形，整齐。平均纵径 2.83 cm，横径 2.05 cm。果肩平，梗洼深，中广。果顶平圆，有尖凸。平均单果鲜重 5.91 g，最大单果鲜重 7.02 g。果核纺锤形，先端锐尖，平均核重 0.42 g，可食率 92.89%。味酸甜，风味浓郁，肉质细，宜鲜食。

果实 9 月 20 日左右成熟。

## （二）适宜种植范围

河南省枣产区均可栽培。

## （三）栽培技术要点

枣粮间作、矮化密植均可，亦适合城郊采摘型枣园栽植；间作型枣园采取（4~6）m×（8~12）m 的株行距，密植枣园可采取（2~3）m×（3~4）m 的株行距；幼树期要按照"因树整形、因枝修剪、冬夏结合、夏剪为主"的原则进行整形修剪，促其早成形、早结果；盛果期要注意肥水管理和病虫害防治，改善树体营养水平，通过修剪调节营养分配，夏季注意及时抹芽、摘心，减少养分消耗；冬季多采取轻剪长放，以缓和树势。

（栽培管理技术参考《河南林木良种》2008 年 10 月版，新郑灰枣）

# 八十二、'蜂蜜罐'枣

**树　　种**: 枣

**学　　名**: *Ziziphus jujuba* 'Feng Mi Guan'

**类　　别**: 引种驯化品种

**通过类别**: 审定

**编　　号**: 豫 S – ETS – ZJ – 012 – 2010

**证书编号**: 豫林审证字 182 号

**培 育 者**: 陕县崤陵枣业专业合作社

## (一) 品种特性

为国内引进品种。树势中庸,枣头抽生力中等,果实中大,短柱形或长圆形。平均单果重 8.5 ~ 13 g,最大单果重 28 g,大小均匀,较为整齐。果肩较窄小,平圆略歪斜。果面不平整,有隆起,果皮薄,鲜红色,有光泽,果点小,圆形密布,果肉绿白色,质地致密,细脆,汁液较多,可溶性固形物含量旱地阳坡高达 36% ~ 38%,旱地阴坡和水浇地为 32% ~ 34%,果味醇甜。果核中大,倒卵形,平均核质量 0.74 g,可食率达 92.5%。自花授粉结实能力强。

8 月下旬果实着色开始脆熟,9 月中旬全红完熟。

## (二) 适宜种植范围

河南省枣产区均可栽培。

## (三) 栽培技术要点

枣粮间作、矮化密植和荒坡荒沟就地改造建园均可。土肥条件和管理水平及栽培模式不同,密度也不一样。间作型枣园株行距一般为(2 ~ 4) m ×(8 ~ 10) m,矮化密植园选用(1.5 ~ 2) m ×(3 ~ 4) m 的株行距,荒坡荒沟改造建园的可选用每 667 m² 500 ~ 600 株的密度。幼树期要按照"因地制宜,因树修剪,有形不死,无形不乱"的原则,培养合理的树体结构,科学运用"撑、拉、剪、扎、抹、摘、扭、别"等手法,促使早成形、早结果。盛果期按照"因树修剪、因枝定剪、冬夏结合、夏剪为主"的原则,综合运用短截、回缩、摘心、抹芽、环割、敲击等技术措施,调节营养分配,维持生长和结果平衡。同时要注意肥水管理和病虫害防治,改善树体营养水平,最大限度地延长结果年限,保证丰产、稳产。

(栽培管理技术参考《河南林木良种》2008 年 10 月版,新郑灰枣)

# 八十三、'灰枣新1号'枣

**树　　种：**枣

**学　　名：**_Ziziphus jujuba_ 'Hui Zao Xin 1'

**类　　别：**优良品种

**通过类别：**审定

**编　　号：**豫 S－SV－ZJ－006－2012

**证书编号：**豫林审证字 267 号

**培　育　者：**河南省林业科学研究院

## （一）品种特性

从灰枣自然群体中选育而成。结果能力强，不用开甲。对生长激素的依赖性不强。当年生枣头结果能力强，果实整齐度高，果面平整，较抗枣缩果病、枣裂果病。

果实 9 月中旬成熟。

## （二）适宜种植范围

沿黄流域及黄河以北适宜灰枣种植区域均可栽培。

## （三）栽培技术要点

该品种枣粮间作、矮化密植均可。根据土肥条件和管理水平，间作型枣园采取(4～6)m×(8～12)m 的株行距，矮密植可选用 2 m×3 m、3 m×3 m 或 3 m×4 m 的株行距。树形可采用小冠疏层形、主干分散疏层形、多主枝纺锤形等树形。幼树结果期要按照"因树整形，因枝修剪，冬夏结合，夏剪为主"的原则，科学运用"撑、拉、剪、扎、抹、摘、曲、扭"等手段，促其早成形、早结果。盛果期要注意肥水管理和病虫防治，改善树体营养水平，通过修剪调节营养分配，夏季注意及时抹芽、摘心，减少养分消耗，冬剪多采取轻剪长放，以缓和树势，保证丰产、稳产。

（栽培管理技术参考《河南林木良种》2008 年 10 月版，新郑灰枣）

# 八十四、'尖脆'枣

**树　　种：**枣

**学　　名：**_Ziziphus jujuba_ 'Jian Cui'

**类　　　别：** 优良品种

**通过类别：** 审定

**编　　　号：** 豫 S – SV – ZJ – 007 – 2012

**证书编号：** 豫林审证字 268 号

**培 育 者：** 好想你枣业股份有限公司

**（一）品种特性**

为选择育种品种。果实长锥形，果顶尖，果肩平圆，梗洼、环洼较浅，果形奇特，形似辣椒，具有观赏价值；果面较平整，紫红色具光泽。平均果径 1.7 cm，平均果长 5.0 cm，最大果径 2.2 cm，最大果长 5.9 cm，果实大小整齐。

果实 8 月下旬至 9 月上旬成熟，为早熟鲜食品种。

**（二）适宜种植范围**

沿黄流域及黄河以北各枣区均可栽培。

**（三）栽培技术要点**

栽培密度一般为株距 2 m，行距 3 m 或 4 m，每 667 m² 栽 83 ~ 111 株。树形采用开心形，树体通风透光好，树冠内不会光秃，结果多，着色好，树形培养较快，适合于密植，便于采收和管理。

（栽培管理技术参考《河南林木良种》2008 年 10 月版，新郑灰枣）

# 八十五、‘抗砧 3 号’葡萄

**树　　　种：** 葡萄

**学　　　名：** *Vitis riparia* ‘Kangzhen 3’

**类　　　别：** 优良品种

**通过类别：** 审定

**编　　　号：** 豫 S – SV – VR – 011 – 2009

**证书编号：** 豫林审证字 144 号

**培 育 者：** 中国农业科学院郑州果树研究所

**（一）品种特性**

为 *V. berlandieri* × *V. riparia* 杂交品种。能显著促进地上部生长，与我国常用砧木贝达和自根苗相比，根系粗且长，无葡萄根瘤蚜、根结线虫危害症状，表明该砧木品种具有抗葡萄根瘤蚜和根结线虫等特性。嫁接于‘抗砧 3 号’砧木与对照砧木（贝达）的郑黑葡萄在平均穗重（分别为 501.9 g 和

495.3 g)、可溶性固形物（14.3% 和 14.7%）和果实风味等方面无明显区别。

该品种与常见葡萄品种嫁接亲和性良好，但有"小脚"现象。

**（二）适宜种植范围**

适于河南省葡萄产区栽培。

**（三）栽培技术要点**

在瘠薄地建园时以产插条为主，可采用 2.0 m×2.5 m 株行距；肥沃良田建园，可采用 2.2 m×3.0 m 株行距。宜采用单臂篱架，头状树形栽培。定植当年选择一健壮新梢作为主蔓进行培养，该新梢只管向上引绑生长，萌发的副梢，一道铁丝以下的全部"单叶绝后"处理，一道铁丝以上的全部保留。待新梢到达架顶后再摘心，摘心后保留所有副梢任其生长。冬季主蔓上所有的枝条全部留 2~3 个芽短截。对于当年未到达架顶植株，冬季在蔓粗 1.0 cm 处剪截，蔓上的枝条留 2~3 个芽短截，来年萌芽后在剪口处选一健壮新梢按照第一年的方法继续培养。春季萌发出的新梢全部保留，不进行抹芽定枝和摘心，只有当新梢下垂到地面时，顺行向引绑一次即可，整个生长季任其生长。冬季则在主蔓上选择 8~10 个一年生枝条留 2~3 个芽短截，其他枝条全部打下，生产种条。为增加产条量和枝条成熟度，应在每年的 10 月秋施基肥（每 667 m² 施 4 000 kg 有机肥）。为促进养分回流，增加枝条成熟度，减少用工量，枝条应在叶片自然脱落后进行采收。

（栽培管理技术参考《河南林木良种》2008 年 10 月版，郑州早玉葡萄）

# 八十六、'抗砧 5 号'葡萄

**树　　种：**葡萄

**学　　名：**_Vitis riparia_ 'Kangzhen 5'

**类　　别：**优良品种

**通过类别：**审定

**编　　号：**豫 S – SV – VR –012 –2009

**证书编号：**豫林审证字 145 号

**培 育 者：**中国农业科学院郑州果树研究所

**（一）品种特性**

为 _V. berlandieri_ × _V. riparia_ 杂交品种。在促进接穗生长方面，具有显著的优势。'抗砧 5 号'砧木的根系木质化程度高，粗且长，光滑顺直，主根数为 25 条,平均粗度为 0.5 cm,无葡萄根瘤蚜、根结线虫危害症状,具有抗葡萄根瘤蚜和根结线虫特性。嫁接于'抗砧 5 号'砧木与对照砧木(贝达)的'红地球'葡萄在平均穗重、果粒重、可溶性固形物和果实风味等方面无明显区别。

与常见品种嫁接亲和性良好,但偶有"小脚"现象。

### (二) 适宜种植范围

适于河南省葡萄产区栽培。

### (三) 栽培技术要点

在瘠薄地建园时以产插条为主,可采用 2.0 m × 2.5 m 的株行距;肥沃良田建园,可采用 2.2 m × 3.0 m 的株行距。采用单臂篱架,头状树形。定植当年选择一健壮新梢作为主蔓进行培养,该新梢只管向上引绑生长,萌发的副梢,一道铁丝以下的全部"单叶绝后"处理,一道铁丝以上的全部保留。待新梢到达架顶后再摘心,摘心后保留所有副梢。冬季主蔓上所有的枝条全部留 2~3 个芽短截。对于当年未到达架顶植株,冬季在蔓粗 1.0 cm 处剪截,蔓上的枝条留 2~3 个芽短截,来年萌芽后在剪口处选一健壮新梢按照第一年的方法继续培养。春季萌发出的新梢全部保留,不进行抹芽定枝和摘心,只有当新梢下垂到地面时,顺行向引绑一次即可,整个生长季任其生长。冬季则在主蔓上选择 8~10 个一年生枝条留 2~3 个芽短截,其他枝条全部打下,生产种条。在每年的 10 月施基肥(每 667 m² 施 4 000 kg 有机肥)。枝条应在叶片自然脱落后进行采收。

(栽培管理技术参考《河南林木良种》2008 年 10 月版,郑州早玉葡萄)

# 八十七、'夏至红'葡萄

**树　　　种**:葡萄

**学　　　名**:*Vitis vinifera* 'Xiazhihong'

**类　　　别**:优良品种

**通过类别**:审定

**编　　　号**:豫 S - SV - VV - 007 - 2009

**证书编号**:豫林审证字 140 号

**培 育 者**:中国农业科学院郑州果树研究所

**（一）品种特性**

为'绯红'בּ'玫瑰香'杂交后代选育品种。树势中庸偏强，幼嫩枝条绿色具紫红色条纹，成熟枝条红褐色。果穗圆锥形，果穗上果粒着生紧密。果粒圆形，紫红色到紫黑色，着色一致。果梗短，抗拉力强。果皮中等厚，无涩味，果粉多。果肉硬度中等，无肉囊，果汁绿色，汁液中等。平均单穗重 408 g，最大穗重 612 g，平均果粒重 4.3 g，可溶性固形物含量12.4%。具轻微玫瑰香味。丰产性能良好。

果实 7 月初成熟。

**（二）适宜种植范围**

适于河南省葡萄适生区栽培。

**（三）栽培技术要点**

选择土壤肥力较好，排水条件良好的地方建园。栽培架式和株行距为：篱架 1 m×2 m，小棚架 1 m×4 m；高宽垂架式 1.5 m×3 m。注意防止后期的霜霉病危害。进入盛果期后，要进行配方施肥。施肥的具体比例为：前期N∶P∶K＝1.2∶1∶1，后期 N∶P∶K＝1∶1∶1.5，以利于果实品质的提高。施肥以有机肥为主。

该品种的冬芽易萌发，要注意夏季的修剪方式。保护地栽培时注意低温休眠和发芽问题。合理控制负载，一般每个结果枝条上留一穗果，产量控制在 30 000 kg/hm² 左右。

（栽培管理技术参考《河南林木良种》2008 年 10 月版，郑州早玉葡萄）

# 八十八、'蜜宝2号' 美味猕猴桃

**树 种：**猕猴桃

**学 名：***Actinidia deliciosa* 'Mi Bao 2'

**类 别：**优良品种

**通过类别：**审定

**编 号：**豫 S－SV－AD－015－2012

**证书编号：**豫林审证字 276 号

**培 育 者：**焦作市林业工作站、焦作市山阳区神州猕王种植专业合作社

**（一）品种特性**

该品种为实生选育品种。树势稳健，结果枝短，结果量大。以中、长果

枝结果为主。果实为椭圆柱形,平均单果重 102.1 g,果皮较厚,易剥离。果肉翠绿色,果心小、呈宝葫芦状,乳白色微黄,种子少、呈放射状,肉质细,汁液多,味香甜、微酸。

果实 8 月下旬、9 月上旬成熟。

**(二) 适宜种植范围**

适宜于河南省猕猴桃适生区栽培。

**(三) 栽培技术要点**

栽植密度 3 m×3.5 m,一般在落叶后至早春栽植,最迟在 3 月下旬以前栽完。栽式以 T 架最好。冬季修剪时,长枝留 12~14 个芽,中枝 8~10 个芽,短枝 5~6 个芽。干旱时及时浇水,雨季及时排涝。栽植时需配置授粉雄株,雄株应均匀地散布在果园,雌雄株配置比例为 (6~8):1。冬季整形修剪时,要注意适当增加中下部的留枝量,抑上促下。同时要注意绑蔓,通过改变枝条生长极性位置,调节生长势及促进芽的萌发。中庸枝缓放,强旺枝适度短截,以促进中下部芽萌发成枝。对瘦弱枝及位置不当的徒长枝要及时疏除,并适当回缩先年结果母蔓。由于'蜜宝 2 号'枝条自然封顶,因此无需进行夏季修剪和打顶,但应根据情况适当进行春剪。幼年树在施足基肥的同时,于每次抽梢前追施 1 次速效肥,并结合叶面喷肥,促进枝梢生长。成年树则着重基肥与壮果肥的施用。基肥重施有机肥,壮果肥施以钾肥为主的复合肥。同时注意雨季及时排水防渍,旱季及时灌水防旱。

(栽培管理技术参考《河南林木良种》2008 年 10 月版,豫猕猴桃 1 号(华美 1 号))

# 八十九、'豫油茶 1 号'油茶

**树　　种:**油茶

**学　　名:***Camellia oleifera* 'Yuyoucha 1'

**类　　别:**优良品种

**通过类别:**认定(有效期 5 年)

**编　　号:**豫 R – SV – CO – 031 – 2009

**证书编号:**豫林审证字 164 号

**培育者:**河南省林业科学研究院

**(一) 品种特性**

为选育品种。树姿开张,圆头形,树皮灰黄色,叶片卵形,平均长

5.28 cm，平均宽 3.00 cm，平均厚度 0.07 cm，叶柄平均长 0.44 cm；果皮灰绿色，果实圆形，鲜果平均单果重 28.23 g，平均纵径 3.83 cm，平均横径 3.60 cm，盛果期每公顷产鲜果 13 545 kg，鲜果出籽率 33.51%，鲜籽出仁率 69.18%。对干旱、霜冻及油茶炭疽病等均有较强的抗性。

**（二）适宜种植范围**

适于河南省南部大别山、桐柏山低山丘陵区、淮南垄岗区和伏牛山南坡低山丘陵区栽培。

**（三）栽培管理技术**

1. 苗木培育

1）播种育苗

（1）苗圃地整理：苗圃地一般要求地势高燥平坦，地下水在 1 m 以下，土壤呈酸性或微酸性，质地疏松而肥沃，靠近水源但又不低洼涝渍，避风向阳，交通方便的地方。切忌使用种植过烟、麻和蔬菜地。每 667 m² 施腐熟的厩肥或堆肥 1 500 kg 左右，过磷酸钙 25～30 kg。先全面深耕，一般深耕 25 cm。耕后做畦，一般畦面宽为 1 m，畦高一般 15～18 cm，畦长 5～10 m。畦沟面宽约 30 cm，沟底宽约 33 cm。

（2）播种：播种前对种子进行催芽。将选好的种子，用 25～30 ℃ 的温水浸 4～5 天，每天换 1～2 次清水，再用湿沙混放在竹箩内，上面用稻草覆盖，放在温房内，温度保持在 25 ℃ 左右，每天洒水一次，保持沙子湿润，有半数种子破嘴或稍露胚根时，就可以进行播种。催芽前，先用 1% 的高锰酸钾或漂白粉溶液浸种 30 min，进行种子消毒。

油茶播种最好在采收后冬播，既节省储藏人工费用，又比春播早出土 10～15 天。在冬季劳力不足的情况下，也可在次年 2 月中旬到 3 月下旬进行春播。播种的深度一般为 3～5 cm，以不见种子为度。

播种方式有条播和点播两种。条播是在畦面横向每隔 18 cm 行距开 3～5 cm 深的浅沟，在沟中播种。点播是一般每穴播优质种子 1～2 粒，这样幼芽容易破土出苗。

（3）苗圃管理：在幼苗开始出土到全部出齐时，分别松土除草一次。苗期应薄肥勤施，一般第一年第一次追肥可从 6 月开始。在春季或夏季常发生干旱时，应及时浇水。

2）扦插育苗

（1）苗圃地的选择和整理：一般选择土层深厚，土质比较肥沃，地势平坦，水源充足和排水良好，地下水位较低的酸性红壤或沙壤土作苗圃。圃地选好后，要全面深耕。深耕后做床，床面宽 1 m，高 15 ~ 18 cm。做床时还要根据土壤肥力程度，施用足够的基肥。扦插前，床面要均匀铺 2 ~ 3 cm 厚的黄心土，并整平压实，以免因底层透风而影响成活。

（2）扦插时间：3 月中上旬 4 月初，6 月中下旬 7 月初，8 月底 9 月上旬均可。以春插为好。

（3）扦插方法：选择油茶优树树冠中上部，受光充分，春梢生长旺盛和充分木质化，而且腋芽饱满的健壮枝条做插穗。插穗长 5 ~ 7 cm，基部略斜，留一叶，上方剪口离节 0.5 cm，剪后随即扦插。为了促进愈合生根，扦插前可用激素处理，以萘乙酸和吲哚丁酸为好。扦插时按照 5 cm×20 cm 的株行距，把枝条插入土中，入土深 2 cm 左右，基部斜口向下，插穗的叶片不能折损，叶柄不要埋入土内，插穗入土后，用手指略压土，使土壤与插穗密接，并浇透水。

灌溉是促进插穗生根成活的主要环节。在插穗假活和发根期间，水分管理要掌握勤浇少浇，以保持土壤湿润而又通气。在苗木生长旺盛期内，可在傍晚或夜间进行侧方沟灌。发根前，可在叶面喷 0.1% 的尿素 1 ~ 2 次。发根后应及时追肥，追肥应做到薄肥勤施，由稀到浓，每隔 15 ~ 20 天追施一次。

2. 造林

1）造林方法

（1）直播造林：直播造林可分为冬播、春播两个时期。冬播在 11 ~ 12 月，春播在 2 ~ 3 月。冬播发芽整齐，出苗率高，又能减少贮藏种子的手续，还可提早一年结实，但冬播易遭兽害。春播兽害少，但发芽率差，且不整齐，所以在播种前应进行种子催芽。在已经整好的造林地上挖穴，穴深 3 ~ 6 cm，播后稍加踏实。冬播覆土 4 ~ 5 cm，春播覆土 3 cm 左右。播种以后，通常都在穴上插一树枝或竹竿作标志，以防间作时误伤幼苗。如果点播种子全部出苗，一穴数株，可在第二年进行间苗，每穴留健壮苗 1 ~ 2 株。

（2）植苗造林：冬春两季都可栽植。冬季栽植可在 12 月进行。春季栽植从 2 月中旬开始。掘苗后，按苗高和根茎，冠根之比值，进行分级、分类，在整理好的林地上挖穴栽植。植苗穴的深度一般为 12 ~ 15 cm，要求根系舒展，栽后把填土分层打实。

2）造林密度

土壤条件好，长期进行林粮间作的，宜采用每公顷 450 ~ 600 株；土壤条件好，不长期间作的，每公顷 750 ~ 900 株；条件较差，不搞林粮间作的，每公顷 1 125 ~ 1 350 株。也可根据油茶幼树的耐阴性，造林密度适当增大，即每公顷 1 605～2 130 株，以后根据树冠的生长发育情况，进行间伐。既要保证光照充足，又要合理利用地力。

3. 土肥水管理

1）垦复

垦复的作用是消除杂草、灌木，疏松、改良土壤，增加抗旱能力，改善林地环境，减少病虫害，促进生长发育，提高油茶产量。在地势平坦，坡度在 15°以下，搞林粮间作或荒芜的茶山，可用全垦。在 15°～30°坡度和不搞林粮间作的茶山，用带垦或穴垦。超过 30°容易引起水土流失的油茶林，可修山砍除杂草、灌木。

垦复的深度应根据情况灵活掌握，做到冬春稍深，夏季稍浅；荒山稍深，熟山稍浅；成林稍深，幼林稍浅；平地稍深，坡地稍浅；冠外稍深，冠内稍浅。三年一深挖，一年一浅锄。

2）施肥

施肥要做到因时制宜，按需搭配，一般要求大年多施氮肥、磷肥，以促进保果、长油和抽梢，小年多施钾肥、磷肥，以固果和促进花芽分化。就一年来说，春季为了促进油茶抽梢、发叶和多长花芽，应施化肥、火土灰等土杂肥；夏季为了防止落果，提高出油率，应多施磷肥、钾肥；秋季为使油茶多吸收水分，防止干旱和落果，可施硫酸铵、过磷酸钙等氮肥、磷肥；冬季为保持土温，促进开花和为明年抽梢、发叶打好基础，应全面施肥，做到氮肥、磷肥、钾肥合理搭配。

在油茶行间或树冠下种植绿肥，既能改善林地土壤条件，增加油茶营养，又能培肥土壤，增加有机质和全氮。油茶林地套种的绿肥，一般以豆科、低矮植物为主。

3）水分管理

油茶生长最适宜的土壤水分含量为最大持水量的 50%～80%，在沙壤土中，以土壤最大持水量的 55%～60%对油茶生长较为适宜。在油脂形成过程中，只要有足够的水分，含油量就显著提高，碘价也增加，因为水分直接参与碳水同化作用，也就是参与光合作用形成产物——糖，它是油脂合成的原料。因此，水分含量的多少，既影响光合作用，也影响油脂的合成。

4. 树体管理

1）修剪的时间

修剪的时间一般在冬季开始一直到春季萌动前均可进行。冬季修剪采用疏枝修剪，主要使树冠内透光良好，增加结果面积，除了剪除大枝外，一般可将连续对称萌发的侧枝交错剪去一半。短截修剪时,应修剪到有侧枝分生的位置,不能将一枝条上的侧枝在短截时一起截去,这样会萌生许多新枝。夏季修剪是冬季修剪的一种补充,主要是抹芽、除梢、曲枝等办法来调节枝条的生长,这样既可节约养分,又可提高冬春修剪的效果。

2)修剪方法

丰产的植株必须具有丰产的树冠,而丰产的树冠必须从幼树开始采用修剪的方法进行培育。修剪时还要因树制宜,掌握"剪密留疏、去弱留强、弱树重剪、强树轻剪"的原则,按照树冠各部枝条分布及生长情况决定修剪方法。为了促使树体的生长发育,形成饱满的分枝、均匀的树冠,最好控制油茶的早期结果,促使养分集中用于抽发新枝,扩大树冠;4~5年以后,中下部内膛枝条,可让其着生适量的果实,把上部花芽摘去,以减少养分的消耗。

5. 大树嫁接换种

利用优良无性系或新品种的枝条作接穗,对进入结果年龄的低产油茶进行嫁接换种,是油茶低产林改造的重要方法。

1)砧木选择

选择长势旺盛的10~15年生油茶作砧木,每株有3~6个开张形主枝。砧木林地肥沃,株行距整齐、密度中等。

2)接穗选择

选择优良无性系、新品种母树树冠中上部、发育健全、无病虫害、粗度0.2~0.3 cm的木质化或半木质化枝条作接穗。接穗剪取后立即用湿毛巾分株系包扎保湿。

3)嫁接方法

嫁接方法主要有切接、插皮接、皮下枝接和嵌芽接等。前两种方法是断砧后再嫁接,后两种方法是嫁接成活后再断砧。这些嫁接方法都具有操作简便、容易掌握、成活率高、接穗生长快等特点。

4)嫁接时间

油茶嫁接宜在春梢、夏梢萌发的前15天进行。具体时间因嫁接方法而有所不同。一般5~6月形成层活动最为强烈,利于愈合,容易成活。嫁接部位距地面高度视接口处砧木的粗度而定,一般以保持接口处砧木的粗度2~4 cm为宜。因此,大砧木嫁接部分可高些,小砧木嫁接部位可低些,以有利于接穗的接口愈合为准。

6. 主要病害防治

1）油茶炭疽病

油茶炭疽病是油茶产区的主要病害，在油茶整个生育期内侵染危害油茶地上部分各个器官，引起落花、落果、落叶、落蕾，枝梢枯死，严重的枝干枯死，整株死亡。特别是危害油茶的果实，造成大量的落果。

防治方法：油茶中的历史病株，必须在冬春进行清除和改造。严重病区应全部清除病源物，最大限度地控制和消灭病源。

根据病害发生的特点，定期喷射赛力散、波尔多混合液（在1%波尔多液中加入0.5%的赛力散）3~4次，即在春季新梢生长后喷一次，病害中期（6月）一次，盛发期（8~9月）每隔半月喷一次，连喷两次。药液中加入1%茶枯水能增加黏性。喷药要匀、细、透。水源缺乏时可改用赛力散、消石灰粉（1:10）喷撒。

2）油茶软腐病

油茶软腐病危害油茶的叶片和果实，引起大量落叶、落果，甚至叶果落光，影响芽的形成；干旱季节枝干枯死，并有植株死亡。

防治方法：冬季清除病叶、病果，消灭过冬病菌。生长过密的油茶林要进行整枝修剪，使林内通风透光。苗圃地应选择排水良好的地方，并做好田间管理工作。

严重发病的林分，在病害高峰之前（一般5月下旬）喷1%的波尔多液，或喷50%可湿性退菌特600~800倍液和500倍液的多菌灵液。水源缺乏的地方，可撒施1:1的赛力散、石灰粉。

7. 主要害虫防治

1）油茶毛虫

油茶毛虫又名茶辣子、毛毛虫、摆头虫，鳞翅目毒蛾科，是油茶产区主要害虫之一。幼虫咀食油茶叶片，咬成残缺，甚至食尽叶片后咬食茎皮、花和嫩果，整株被害光秃。虫体有毒毛，人体触及引起皮肤红肿奇痒。

防治方法：摘除卵块。主要是摘除越冬卵块，可于11月至翌年3月间进行。首先应将向阳较暖和长势郁蔽的油茶林作重点，逐株检查中下部老叶背面，发现卵块连叶摘除。幼龄幼虫群集安定，被害叶易发现，应及时剪下有虫枝叶，就地处死或放入盛有农药或肥皂水的容器中。油茶毛虫盛蛹期，结合中耕根际培土5 cm左右，可阻止变蛾出土。及时清除或深埋根际附近的落叶，消灭部分蛹。

发蛾期可于夜晚点灯诱杀。用未交尾的雌蛾放在小笼内，以雌诱雄，早晚进行均有效果。将小笼挂于黑光灯旁,引诱效果更好。也可将未交尾、性腺发育成熟的雌蛾体末 3 节剪下,用二氯甲烷、三氯乙烷、乙醚、苯、二甲苯、乙烷、二硫化碳、内酮、甲醇等有机溶剂浸泡,而后研碎取得滤液,进行性引诱。

生物防治。幼虫期可喷施青虫菌等细菌农药(每克含孢子 100 亿) 300 ~ 500 倍液,也可就地收集感染病毒的死虫,直接研碎兑水使用,或再经活虫接种扩大繁殖后喷用。

药物防治宜在幼虫 3 龄前进行。通常可喷施 90% 敌百虫、25% 亚胺硫磷、50% 马拉松、50% 杀螟松 1 000 ~ 2 000 倍液,80% 敌敌畏 2 000 ~ 3 000 倍液,或棉油皂 100 ~ 150 倍液。敌敌畏烟剂熏杀,也可取得较好的效果。

2)油茶枯叶蛾

油茶枯叶蛾又名茶枯蛾、茶毛虫、杨梅毛虫,鳞翅目枯叶蛾科,是油茶的主要害虫之一。以幼虫危害叶片,严重时将整株油茶叶片吃光。

防治方法:清除卵蛹。油茶枯叶蛾卵成块状在一起,可结合冬季深垦进行清除。

诱杀成虫。成虫趋光性强,在 9 月中旬羽化盛期,点灯诱杀效果很好。

幼虫在 3 龄以前有群栖性,喷施 50% 敌敌畏 1 000 倍液及除虫菊 40 mg/L,均有良好效果。还可利用幼虫群居丝幕中时,摘下处理。

3)茶蚕

茶蚕又名绵虫、茶狗子,鳞翅目蚕蛾科。幼虫咀食叶片,致使油茶林受害光秃无叶,造成茶株枯死,产量大减。

防治方法:耕作灭蛹。冬季结合深垦,在根际培土 6 ~ 10 cm,并稍加镇压,阻止来年变蛾出土。彻底清除根际落叶,也有助于灭蛹。夏季可结合中耕灭蛹。幼虫群集,无毒,易于发现、捕捉,也可利用其假死性,震落处死。有卵嫩叶应及时摘除。

生物防治。春虫菌、杀螟杆菌和苏云金杆菌,每毫升含 0.5 亿 ~ 0.25 亿孢子浓度单喷,或每毫升含 0.1 亿孢子与 50% 敌敌畏 1 000 倍混用,防止第一代茶蚕幼虫,均有良好效果。每毫升含 0.2 亿孢子的菌液,对第二代茶蚕幼虫也有良好的效果。

2 龄前茶蚕食量尚小,群集性强,耐药力弱,宜掌握在幼龄幼虫盛期喷药,通常可喷 90% 敌百虫、50% 马拉松、50% 杀螟松、50% 敌敌畏 1 500 ~ 2 000 倍液,或 2.5% 鱼藤精 200 倍液。

4)油茶尺蠖

油茶尺蠖又名圆纹尺蠖,鳞翅目尺蠖蛾科。幼虫首先咀食嫩叶,严重时整株叶片吃光，二三年后树势才得以恢复，是油茶的主要害虫。

防治方法：结合抚育灭蛹除卵。各季结合深耕，使越冬蛹深埋土下，不能变蛾出土，或翻至土面增进越冬死亡。卵期尤其是早春第一代卵大都产于地面落叶枯草上，宜及时清除。生长季节各代盛蛹期，结合中耕除草，从根际表土内扒出虫蛹，促进其自然死亡。

生物防治。可在 3 龄前喷杀螟杆菌等细菌农药，每毫升含孢子 1.0 亿的菌液（加洗衣粉 0.1%），4~6 月间油茶尺蠖绒茧蜂自然寄生率较高，应保护利用。此外，还可在成虫盛发期夜晚，进行灯光或糖醋诱杀，效果也很好。

首先狠治一、二代，一般应掌握在各代幼龄幼虫盛期 3 龄之前进行。通常喷 50% 辛硫磷 2 000~3 000 倍液，或 50% 杀螟松，或 90% 敌百虫 1 000 倍液，或 80% 敌敌畏 1 500 倍液，或 2.5% 鱼藤精 300~400 倍液。

# 九十、'豫油茶 2 号' 油茶

**树　种：**油茶
**学　名：***Camellia oleifera* Abel. 'Yuyoucha 2'
**类　别：**优良品种
**通过类别：**认定（有效期 5 年）
**编　号：**豫 R－SV－CO－032－2009
**证书编号：**豫林审证字 165 号
**培育者：**河南省林业科学研究院

**（一）品种特性**

树形较直立，树皮灰黄色。叶片椭圆形，平均长 6.47 cm，平均宽 3.45 cm，平均厚度 0.08~0.13 cm，叶柄平均长 0.11 cm。果实扁圆形，果皮青红色，鲜果平均单果重 24.32 g，平均纵径 3.31 cm，平均横径 3.6 cm，盛果期每公顷产鲜果 7 245 kg，鲜果出籽率 41.41%，鲜籽出仁率 70.37%。对干旱、霜冻及油茶炭疽病等均有较强的抗性。

**（二）适宜种植范围**

适于河南省南部大别山、桐柏山低山丘陵区、淮南垄岗区和伏牛山南坡低山丘陵区栽培。

**（三）栽培技术要点**

适生于河南省南部黄棕壤，土层深厚、疏松、排水良好、向阳的丘陵地。提前一个季节带状整地，小于 15°缓坡全垦或带状整地，陡坡撩壕或鱼鳞坑整地。种植行距 2.5~3.0 m，株距为 2.0~3.0 m。选取生长健壮的 1~

2 年生一、二级苗造林，容器杯苗高 10 cm 以上，1 年生优良家系苗高 20 cm 以上，2 年生嫁接苗高 25 cm 以上，基径粗 0.4 cm 以上，根系完整、无病虫害。定植初期可间种矮秆耐阴的经济作物，花期放养蜜蜂促进授粉。10 月 20 日以后树上 5% 的茶果微裂时采收。

其他栽培管理技术参考'豫油茶 1 号'油茶。

# 九十一、'豫油茶 3 号'油茶

**树　　种：**油茶
**学　　名：**_Camellia oleifera_ 'Yuyoucha 3'
**类　　别：**优良品种
**通过类别：**认定（有效期 5 年）
**编　　号：**豫 R – SV – CO – 033 – 2009
**证书编号：**豫林审证字 166 号
**培　育　者：**河南省林业科学研究院

**（一）品种特性**

树冠开张，圆头形，树皮灰黄色。叶片卵状椭圆形，平均长 5.65 cm，平均宽 2.57 cm，平均厚度 0.07 cm。叶柄平均长 0.67 cm。果实椭圆形，果皮铁红色，有光泽，鲜果平均单果重 22.14 g，平均纵径 3.72 cm，平均横径 3.46 cm，盛果期每公顷产鲜果 14 490 kg，鲜果出籽率 37.97%，鲜籽出仁率 73.95%。对干旱、霜冻及油茶炭疽病等均有较强的抗性。

**（二）适宜种植范围**

适于河南省南部大别山、桐柏山低山丘陵区、淮南垄岗区和伏牛山南坡低山丘陵区栽培。

**（三）栽培技术要点**

适生于河南省南部黄棕壤土层深厚、疏松、排水良好、向阳的丘陵地，提前一个季节带状整地，小于 15°缓坡全垦或带状整地，陡坡撩壕或鱼鳞坑整地。种植行距 2.5~3.0 m，株距为 2.0~3.0 m。选取生长健壮的 1~2 年生一、二级苗造林，容器杯苗高 10 cm 以上，1 年生优良家系苗高 20 cm 以上，2 年生嫁接苗高 25 cm 以上，基径粗 0.4 cm 以上，根系完整、无病虫害。可间种矮秆耐阴的经济作物立体种植，花期放养蜜蜂促进授粉。10 月 20 日以后树上 5% 的茶果微裂时采收。

其他栽培管理技术参考'豫油茶 1 号'油茶。

# 九十二、'豫油茶4号'油茶

**树　　种：** 油茶
**学　　名：** *Camellia oleifera* 'Yuyoucha 4'
**类　　别：** 优良品种
**通过类别：** 认定（有效期5年）
**编　　号：** 豫 R – SV – CO – 034 – 2009
**证书编号：** 豫林审证字167号
**培　育　者：** 河南省林业科学研究院

**（一）品种特性**

为选育品种。树干直立，树冠紧凑；枝条较粗、较直立。叶片长椭圆形。一般果实32个/500 g，果实球形，红褐色；盛产期每公顷产鲜果10 080 kg，鲜果出籽率32.87%。对干旱、霜冻及油茶炭疽病等均有较强的抗性。

**（二）适宜种植范围**

适于河南省南部大别山、桐柏山低山丘陵区、淮南垄岗区和伏牛山南坡低山丘陵区栽培。

**（三）栽培技术要点**

适生于河南省南部黄棕壤，土层深厚、疏松、排水良好、向阳的丘陵地，提前一个季节带状整地，小于15°缓坡全垦或带状整地，陡坡撩壕或鱼鳞坑整地。种植行距2.5~3.0 m，株距2.0~3.0 m。选取生长健壮的1~2年生一、二级苗造林，容器杯苗高10 cm以上，1年生优良家系苗高20 cm以上，2年生嫁接苗高25 cm以上，基径粗0.4 cm以上，根系完整、无病虫害。可间种矮秆耐阴的经济作物立体种植，花期放养蜜蜂促进授粉。10月20日以后树上5%的茶果微裂时采收。

其他栽培管理技术参考'豫油茶1号'油茶。

# 九十三、'豫油茶5号'油茶

**树　　种：** 油茶
**学　　名：** *Camellia oleifera* 'Yuyoucha 5'
**类　　别：** 优良品种
**通过类别：** 认定（有效期5年）

编　　号：豫 R－SV－CO－035－2009
证书编号：豫林审证字 168 号
培　育　者：河南省林业科学研究院

**（一）品种特性**

为选育品种。树冠开张，圆头形；枝条柔软、细长。叶片宽椭圆形。一般果实 17 个/500 g，扁圆形，青红色，有明显果脐；盛产期每公顷产鲜果 2 835 kg，鲜果出籽率 35.67%。对干旱、霜冻及油茶炭疽病等均有较强的抗性。

**（二）适宜种植范围**

适于河南省南部大别山、桐柏山低山丘陵区、淮南垄岗区和伏牛山南坡低山丘陵区栽培。

**（三）栽培技术要点**

在造林前一年的夏、秋季节进行整地。在山区，整地一年前要进行砍山、炼山。整地方式有全面整地、带状整地、块状整地等。根据豫南丘陵山区的特点主要采用带垦种植。选择土层深厚、疏松、排水良好、向阳的丘陵地，提前一个季节带状整地，小于 15°缓坡全垦或带状整地，陡坡撩壕或鱼鳞坑整地。种植行距 2.5～3.0 m，株距 2.0～3.0 m。选取生长健壮的 1～2 年生一、二级苗造林，容器杯苗高 10 cm 以上，1 年生优良家系苗高 20 cm 以上，2 年生嫁接苗高 25 cm 以上，基径粗 0.4 cm 以上，根系完整、无病虫害。直播造林则于每年早春播种或秋季即采即播。可间种矮秆耐阴的经济作物立体种植，花期放养蜜蜂促进授粉。10 月 20 日以后树上 5% 的茶果微裂时采收。郁闭前每年对幼林松土，除净杂草杂树，培土 1～2 次并进行施肥。

其他栽培管理技术参考'豫油茶 1 号'油茶。

# 九十四、'豫油茶 6 号'油茶

树　　种：油茶
学　　名：*Camellia oleifera* 'Yuyoucha 6'
类　　别：优良品种
通过类别：认定（有效期 5 年）
编　　号：豫 R－SV－CO－036－2009
证书编号：豫林审证字 169 号
培　育　者：河南省林业科学研究院

**（一）品种特性**

为选育品种。树冠较紧凑，枝叶浓密。叶片椭圆形。一般果实 23 个/500 g，橄榄形，青红色；盛产期每公顷产鲜果 6 930 kg，鲜果出籽率 42.82%。对干旱、霜冻及油茶炭疽病等均有较强的抗性。

**（二）适宜种植范围**

适于河南省南部大别山、桐柏山低山丘陵区、淮南垄岗区和伏牛山南坡低山丘陵区栽培。

**（三）栽培技术要点**

适生于河南省南部黄棕壤，土层深厚、疏松、排水良好、向阳的丘陵地。提前一个季节带状整地。小于15°缓坡全垦或带状整地，陡坡撩壕或鱼鳞坑整地。种植行距2.5~3.0 m，株距2.0~3.0 m。选取生长健壮的1~2年生一、二级苗造林，容器杯苗高10 cm以上，1年生优良家系苗高20 cm以上，2年生嫁接苗高25 cm以上，基径粗0.4 cm以上，根系完整、无病虫害。可间种矮秆耐阴的经济作物立体种植，花期放养蜜蜂促进授粉。10月20日以后树上5%的茶果微裂时采收。

其他栽培管理技术参考'豫油茶1号'油茶。

# 九十五、'豫油茶7号'油茶

**树　　种：**油茶

**学　　名：***Camellia oleifera* 'Yuyoucha 7'

**类　　别：**优良品种

**通过类别：**认定（有效期5年）

**编　　号：**豫 R - SV - CO - 037 - 2009

**证书编号：**豫林审证字170号

**培 育 者：**河南省林业科学研究院

**（一）品种特性**

为选育品种。树冠开张，枝叶较稀疏。叶片小，窄椭圆形。一般果实18个/500 g，长椭圆形，青红色；盛产期每公顷产鲜果4 095 kg，鲜果出籽率32.51%。对干旱、霜冻及油茶炭疽病等均有较强的抗性。

**（二）适宜种植范围**

适于河南省南部大别山、桐柏山低山丘陵区、淮南垄岗区和伏牛山南坡低山丘陵区栽培。

**（三）栽培技术要点**

适生于河南省南部黄棕壤，土层深厚、疏松、排水良好、向阳的丘陵地。提前一个季节带状整地，小于15°缓坡全垦或带状整地，陡坡撩壕或鱼鳞坑整地。种植行距2.5~3.0 m，株距2.0~3.0 m。选取生长健壮的1~2年生一、二级苗造林，容器杯苗高10 cm以上，1年生优良家系苗高20 cm以上，2年生嫁接苗高25 cm以上，基径粗0.4 cm以上，根系完整、无病虫害。可间种矮秆耐阴的经济作物立体种植，花期放养蜜蜂促进授粉。10月20日以后树上5%的茶果微裂时采收。

其他栽培管理技术参考‘豫油茶1号’油茶。

# 九十六、‘豫油茶8号’油茶

**树　　　种：**油茶

**学　　　名：**_Camellia oleifera_‘Yuyoucha 8’

**类　　　别：**优良品种

**通过类别：**认定（有效期5年）

**编　　　号：**豫 R－SV－CO－036－2010

**证书编号：**豫林审证字206号

**培　育　者：**河南省林业科学研究院

**（一）品种特性**

为自然杂交品种。树势强健，树姿较直立，具较强的抗病虫能力。叶长6.0~7.6 cm，叶宽2.1~4.1 cm，叶柄长0.47~0.71 cm，叶厚度0.042~0.048 cm。果实桃形，纯青色，中等大小，果纵径3.50 cm，果横径2.82 cm，平均单果重15.3 g，每平方米冠幅产果1.17 kg，鲜果出籽率35.45%，鲜籽出仁率75.59%。

**（二）适宜种植范围**

适于河南省南部大别山、桐柏山低山丘陵区、淮南垄岗区和伏牛山南坡低山丘陵区栽培。

**（三）栽培技术要点**

选择土层深厚、疏松、排水良好、向阳的丘陵地，提前一个季节带状整地，小于15°缓坡全垦或带状整地，陡坡撩壕或鱼鳞坑整地。行距2.5~3.0 m，株距2.0~3.0 m。选取生长健壮的1~2年生一、二级苗造林，容器杯苗高10 cm以上，1年生优良家系苗高20 cm以上，2年生嫁接苗高25 cm

以上，基径粗 0.4 cm 以上，根系完整、无病虫害。可与矮秆耐阴的经济作物间作，花期放养蜜蜂促进授粉。10 月 20 日以后树上 5% 的果实微裂时采收。

其他栽培管理技术参考'豫油茶 1 号'油茶。

# 九十七、'豫油茶 9 号'油茶

**树　　　种：**油茶

**学　　　名：***Camellia oleifera* 'Yuyoucha 9'

**类　　　别：**优良品种

**通过类别：**认定（有效期 5 年）

**编　　　号：**豫 R - SV - CO - 037 - 2010

**证书编号：**豫林审证字 207 号

**培 育 者：**河南省林业科学研究院

**（一）品种特性**

为自然杂交品种。树势强健，树冠紧凑，具较强的抗病虫能力。叶长 6.2 ~ 7.6 cm，叶宽 2.6 ~ 3.5 cm，叶柄长 0.55 ~ 0.81 cm，叶厚度 0.038 ~ 0.052 cm。果实橘形，青色，有圆形突出果脐，果较小，果纵径 2.75 cm，果横径 2.99 cm，平均单果重 13.2 g，每平方米冠幅产果 1.01 kg，鲜果出籽率 36.39%，鲜籽出仁率 73.88%。

**（二）适宜种植范围**

适于河南省南部大别山、桐柏山低山丘陵区、淮南垄岗区和伏牛山南坡低山丘陵区栽培。

**（三）栽培技术要点**

选择土层深厚、疏松、排水良好、向阳的丘陵地，提前一个季节带状整地，小于 15°缓坡全垦或带状整地，陡坡撩壕或鱼鳞坑整地。行距 2.5 ~ 3.0 m，株距为 2.0 ~ 3.0 m。选取生长健壮的 1 ~ 2 年生一、二级苗造林，容器杯苗高 10 cm 以上，1 年生优良家系苗高 20 cm 以上，2 年生嫁接苗高 25 cm 以上，基径粗 0.4 cm 以上，根系完整、无病虫害。可间种矮秆耐阴的经济作物，花期放养蜜蜂促进授粉。10 月 20 日以后树上 5% 的果实微裂时采收。

其他栽培管理技术参考'豫油茶 1 号'油茶。

# 九十八、'豫油茶10号'油茶

**树　　　种：**油茶

**学　　　名：**Camellia oleifera 'Yuyoucha 10'

**类　　　别：**优良品种

**通过类别：**认定（有效期5年）

**编　　　号：**豫 R – SV – CO – 038 – 2010

**证书编号：**豫林审证字208号

**培　育　者：**河南省林业科学研究院

**（一）品种特性**

为自然杂交品种。树冠伞形，枝叶稠密，抗病虫能力强。叶长6.2～7.6 cm，叶宽3.1～4.0 cm；叶柄长0.61～0.91 cm，叶厚度0.048～0.070 cm。果实球形，青褐色，中等大小；果纵径3.23 cm，果横径2.97 cm，平均单果重16.8 g；每平方米冠幅产果2.06 kg；鲜果出籽率32.51%，鲜籽出仁率65.15%。

**（二）适宜种植范围**

适于河南省南部大别山、桐柏山低山丘陵区、淮南垄岗区和伏牛山南坡低山丘陵区栽培。

**（三）栽培技术要点**

选择土层深厚、疏松、排水良好、向阳的丘陵地，提前一个季节带状整地，小于15°缓坡全垦或带状整地，陡坡撩壕或鱼鳞坑整地。行距2.5～3.0 m，株距2.0～3.0 m。选取生长健壮的1～2年生一、二级苗造林，容器杯苗高10 cm以上，1年生优良家系苗高20 cm以上，2年生嫁接苗高25 cm以上，基径粗0.4 cm以上，根系完整、无病虫害。间种矮秆耐阴的经济作物，花期放养蜜蜂促进授粉。10月20日以后树上5%的果实微裂时采收。

其他栽培管理技术参考'豫油茶1号'油茶。

# 九十九、'豫油茶11号'油茶

**树　　　种：**油茶

**学　　　名：**Camellia oleifera 'Yuyoucha 11'

**类　　　别：**优良品种

**通过类别：**认定（有效期 5 年）

**编　　号：**豫 R – SV – CO – 039 – 2010

**证书编号：**豫林审证字 209 号

**培育者：**河南省林业科学研究院

**（一）品种特性**

为自然杂交品种。树冠开张，具较强的抗病虫能力。叶长 4.3 ~ 7.2 cm，叶宽 2.3 ~ 3.4 cm，叶柄长 0.61 ~ 1.21 cm，叶厚度 0.038 ~ 0.054 cm。果实桃形，青红色；果较小，平均单果重 11.1 g；冠幅产果 1.51 kg/m²。鲜果出籽率 29.08%，鲜籽出仁率 68.29%。

**（二）适宜种植范围**

适于河南省南部大别山、桐柏山低山丘陵区、淮南垄岗区和伏牛山南坡低山丘陵区栽培。

**（三）栽培技术要点**

选择土层深厚、疏松、排水良好、向阳的丘陵地，提前一个季节带状整地，小于 15°缓坡全垦或带状整地，陡坡撩壕或鱼鳞坑整地。行距 2.5 ~ 3.0 m，株距 2.0 ~ 3.0 m。选取生长健壮的 1 ~ 2 年生一、二级苗造林，容器杯苗高 10 cm 以上，1 年生优良家系苗高 20 cm 以上，2 年生嫁接苗高 25 cm 以上，基径粗 0.4 cm 以上，根系完整、无病虫害。可间种矮秆耐阴的经济作物，花期放养蜜蜂促进授粉。10 月 20 日以后树上 5% 的果实微裂时采收。

其他栽培管理技术参考'豫油茶 1 号'油茶。

# 一百、'豫油茶 12 号'油茶

**树　　种：**油茶

**学　　名：***Camellia oleifera* ' Yuyoucha 12 '

**类　　别：**优良品种

**通过类别：**认定（有效期 5 年）

**编　　号：**豫 R – SV – CO – 040 – 2010

**证书编号：**豫林审证字 210 号

**培育者：**河南省林业科学研究院

**（一）品种特性**

为自然杂交品种。树势强健，树冠紧凑，具较强的抗病虫能力。叶长 4.2 ~ 6.5 cm，叶宽 2.6 ~ 3.9 cm，叶柄长 0.54 ~ 0.70 cm，叶厚度 0.052 ~

0. 062 cm。果实橄榄形，青红色，中等大小。平均单果重 13. 8 g，冠幅产果 2. 31 kg/m²。鲜果出籽率 38. 55%，鲜籽出仁率 69. 70%。

**（二）适宜种植范围**

适于河南省南部大别山、桐柏山低山丘陵区、淮南垄岗区和伏牛山南坡低山丘陵区栽培。

**（三）栽培技术要点**

选择土层深厚、疏松、排水良好、向阳的丘陵地，提前一个季节带状整地，小于15°缓坡全垦或带状整地，陡坡撩壕或鱼鳞坑整地。行距 2. 5 ~ 3. 0 m，株距为 2. 0 ~ 3. 0 m。选取生长健壮的 1 ~ 2 年生一、二级苗造林，容器杯苗高 10 cm 以上，1 年生优良家系苗高 20 cm 以上，2 年生嫁接苗高 25 cm 以上，基径粗 0. 4 cm 以上，根系完整、无病虫害。可间种矮秆耐阴的经济作物，花期放养蜜蜂促进授粉。10 月 20 日以后树上5%的果实微裂时采收。

其他栽培管理技术参考'豫油茶 1 号'油茶。

# 一百零一、'豫油茶 13 号'油茶

**树　　　种：** 油茶

**学　　　名：** *Camellia oleifera* 'Yuyoucha 13'

**类　　　别：** 优良品种

**通过类别：** 认定（有效期 5 年）

**编　　　号：** 豫 R – SV – CO – 041 – 2010

**证书编号：** 豫林审证字 211 号

**培 育 者：** 河南省林业科学研究院

**（一）品种特性**

为自然杂交品种。树冠开张，抗病虫能力强。叶长 5. 6 ~ 6. 8 cm，叶宽 2. 5 ~ 4. 1 cm，叶柄长 0. 56 ~ 0. 77 cm，叶厚度 0. 052 ~ 0. 066 cm。果实橘形，青褐色；平均单果重 31. 6 g；冠幅产果 0. 95 kg/m²。鲜果出籽率 29. 56%，鲜籽出仁率 62. 64%。

**（二）适宜种植范围**

适于河南省南部大别山、桐柏山低山丘陵区、淮南垄岗区和伏牛山南坡低山丘陵区栽培。

**（三）栽培技术要点**

选择土层深厚、疏松、排水良好、向阳的丘陵地，提前一个季节带状整地，小于15°缓坡全垦或带状整地，陡坡撩壕或鱼鳞坑整地。行距2.5～3.0 m，株距2.0～3.0 m。选取生长健壮的1～2年生一、二级苗造林，容器杯苗高10 cm以上，1年生优良家系苗高20 cm以上，2年生嫁接苗高25 cm以上，基径粗0.4 cm以上，根系完整、无病虫害。可间种矮秆耐阴的经济作物，花期放养蜜蜂促进授粉。10月20日以后树上5%的果实微裂时采收。

其他栽培管理技术参考'豫油茶1号'油茶。

# 一百零二、'豫油茶14号'油茶

**树　　种:** 油茶
**学　　名:** *Camellia oleifera* 'Yuyoucha 14'
**类　　别:** 优良品种
**通过类别:** 认定（有效期5年）
**编　　号:** 豫 R – SV – CO – 042 – 2010
**证书编号:** 豫林审证字212号
**培　育　者:** 河南省林业科学研究院

## （一）品种特性

为自然杂交品种。树冠开张，抗病虫能力强。叶长5.6～6.9 cm，叶宽2.6～4.2 cm，叶柄长0.68～0.98 cm，叶厚度0.042～0.050 cm。果实橄榄形，青红色，中等大小，平均单果重15.6 g；每冠幅产果0.62 kg/m²。鲜果出籽率28.10%，鲜籽出仁率62.58%。

## （二）适宜种植范围

适于河南省南部大别山、桐柏山低山丘陵区、淮南垄岗区和伏牛山南坡低山丘陵区栽培。

## （三）栽培技术要点

选择土层深厚、疏松、排水良好、向阳的丘陵地，提前一个季节带状整地，小于15°缓坡全垦或带状整地，陡坡撩壕或鱼鳞坑整地。行距2.5～3.0 m，株距为2.0～3.0 m。选取生长健壮的1～2年生一、二级苗造林，容器杯苗高10 cm以上，1年生优良家系苗高20 cm以上，2年生嫁接苗高25 cm以上，基径粗0.4 cm以上，根系完整、无病虫害。可间种矮秆耐阴的经济作物，花期放养蜜蜂促进授粉。9月20日以后树上5%的果实微裂时采收。

其他栽培管理技术参考'豫油茶1号'油茶。

# 一百零三、‘豫油茶15号’油茶

**树　　种**：油茶
**学　　名**：*Camellia oleifera* ‘Yuyoucha 15’
**类　　别**：优良品种
**通过类别**：认定（有效期5年）
**编　　号**：豫R – SV – CO – 043 – 2010
**证书编号**：豫林审证字213号
**培　育　者**：河南省林业科学研究院

**（一）品种特性**

为自然杂交品种。树冠紧凑，具较强的抗病虫能力。叶长5.1～7.8 cm，叶宽2.5～3.6 cm，叶柄长0.54～0.95 cm，叶厚0.040～0.050 cm。果实桃形，青红色，中等大小；平均单果重16.1 g，每冠幅产果0.56 kg/m²。鲜果出籽率26.71%，鲜籽出仁率78.63%。

**（二）适宜种植范围**

适于河南省南部大别山、桐柏山低山丘陵区、淮南垄岗区和伏牛山南坡低山丘陵区栽培。

**（三）栽培技术要点**

选择土层深厚、疏松、排水良好、向阳的丘陵地，提前一个季节带状整地，小于15°缓坡全垦或带状整地，陡坡撩壕或鱼鳞坑整地。行距2.5～3.0 m，株距2.0～3.0 m。选取生长健壮的1～2年生一、二级苗造林，容器杯苗高10 cm以上，1年生优良家系苗高20 cm以上，2年生嫁接苗高25 cm以上，基径粗0.4 cm以上，根系完整、无病虫害。可间种矮秆耐阴的经济作物，花期放养蜜蜂促进授粉。9月20日以后树上5%的果实微裂时采收。

其他栽培管理技术参考‘豫油茶1号’油茶。

# 一百零四、‘冬艳’石榴

**树　　种**：石榴
**学　　名**：*Punica granatum* ‘Dong Yan’
**类　　别**：优良品种
**通过类别**：审定

**编　　号：**豫 S – SV – PG – 021 – 2011

**证书编号：**豫林审证字 238 号

**培 育 者：**河南农业大学

**（一）品种特性**

植株长势中庸，树姿半开张。果实近圆形，较对称，平均果重 360 g，最大果重 860 g；果皮底色黄白，成熟时 70% ~ 95% 果面着鲜红到玫瑰红色晕，有光泽。籽粒鲜红色，平均百粒重 52.4 g；籽粒极易剥离，核半软可食。可溶性固形物 16% ~ 17%，出籽率 56% 左右，出汁率 85%；耐贮运。果实 10 月下旬开始成熟，为晚熟品种。

**（二）适宜种植范围**

适宜于河南省石榴适生区栽培。

**（三）栽培技术要点**

在山区、丘陵或瘠薄的土地可采用 2 m×3 m 或 3 m×3 m 或 3 m×4 m 的株行距，平原肥沃的土地应适当稀植，采用 2 m×5 m、4 m×5 m 或 3 m×5 m 的株行距，分别按单干疏散分层形或多主干开心形整枝；若希望早期丰产，可采用 2 m×3 m 的株行距按小冠分层形整枝。需配置'净皮甜'、'突尼斯软籽'等品种为授粉树。加强肥水管理，特别注重疏果。推荐进行套袋栽培，可减少病虫危害，增加果面光洁度，减少农药污染，提高果实的商品性。

（栽培管理技术参考《河南林木良种》2008 年 10 月版，突尼斯软籽石榴）

# 一百零五、'笑然 1 号'山茱萸

**树　　种：**山茱萸

**学　　名：***Cornus officinalis* 'Xiao Ran 1'

**类　　别：**优良品种

**通过类别：**审定

**编　　号：**豫 S – SV – CO – 013 – 2010

**证书编号：**豫林审证字 183 号

**培 育 者：**西峡县山茱萸研究所

**（一）品种特性**

为杂交品种。树高 5 ~ 8 m，树势中庸，树冠卵圆形，无明显主干，多为丛生状。萌芽和成枝力强，冠内枝条稠密，3 月上旬开花，花丛生，果序果数 5~13 个，果柄短，长 0.54~0.94 cm。果形卵圆形，果色鲜红晶亮。果大肉厚，产量高品质好、出皮率高。单果重 2.02~2.19 g，纵径 1.71~2.15 cm，横径 1.15~1.26 cm，出药率（烘干）19.2%~19.9%，可溶性固形物含量 20.77%~21.58%，抗逆性强，无明显病虫害。

果实 10 月中下旬成熟。

### （二）适宜种植范围

适于河南省伏牛山区推广应用。

### （三）栽培技术要点

土壤应为疏松、肥沃、湿润、排水良好的沙质壤土和近水源、灌溉方便的地方，土壤酸碱度应为中性或微酸性，整地结合施肥。每年在 12 月至翌年 1 月进行栽植，每公顷 450~750 株，栽植时使根系舒展，扶正填土踏实，浇定根水，有利成活。可调整树体形态，提高空间和光能利用率，调节生长与结果、衰老与更新及树体各部分之间的平衡，以达到早结果、多结果、稳产优质、增加经济效益的目的。一般逐枝疏除 30% 的花序，即在果树上按 7~10 cm 距离留 1~2 个花序，可达到连年丰产结果的目的。

（栽培管理技术参考《河南林木良种》2008 年 10 月版，八月红山茱萸）

# 一百零六、'伏牛红宝'山茱萸

**树　　种：**山茱萸
**学　　名：**_Cornus officinalis_ ' Fu Niu Hong Bao '
**类　　别：**优良品种
**通过类别：**审定
**编　　号：**豫 S - SV - CO - 016 - 2012
**证书编号：**豫林审证字 277 号
**培　育　者：**河南农业大学

### （一）品种特性

为选择育种品种。树势中庸。果个大，百果重 155.24 g，可溶性固形物含量 10.03%，出肉率 80.09%，出药率 22.17%，适应性和抗逆性强，丰产性、早产性和稳产性表现好。

果实 9 月下旬到 10 月上旬成熟。

**（二）适宜种植范围**

适于伏牛山、天目山、秦岭等山茱萸栽培分布区栽培。

**（三）栽培技术要点**

采用自然开心树形，定干高度在 1 m 左右，初果期修剪以培养树形为主，盛果期修剪以通风透光为主，注意结果枝组的培养。土壤管理以扩树盘、松土、除草、割灌、压青、施肥等措施结合，既保证树体养分需求，又充分发挥林木护土保水的生态功能。

（栽培管理技术参考《河南林木良种》2008 年 10 月版，八月红山茱萸）

# 一百零七、'博爱八月黄' 柿

**树　　　种：** 柿

**学　　　名：** *Diospyros kaki* 'Bayuehuang'

**类　　　别：** 优良品种

**通过类别：** 审定

**编　　　号：** 豫 S – SV – DK – 021 – 2008

**证书编号：** 豫林审证字 130 号

**培 育 者：** 焦作市林业工作站

**（一）品种特性**

枝条生长开张，树势强健，新梢粗壮，棕褐色。果实中等大，平均重 130～140 g。近扁方圆形，皮橘红色，果粉较多。果常有纵沟 2 条，果顶广平微凹，十字沟浅，基部方形，蒂大方形，具方形纹，果肉橙黄色，肉质细密，脆甜，偶有少数褐斑出现，纤维粗，汁中等，无核，品质上。果肉无核，含糖 17%～20%。该品种高产、稳产，树体健旺，寿命长，柿果可鲜食，宜加工，最宜制饼。该品种除易遭柿蒂虫危害外，具有较强的适应性和抗逆性。

果实 10 月中下旬成熟。

**（二）适宜种植范围**

适宜于河南省柿适生区栽培。

**（三）栽培技术要点**

建园宜选择立地条件较好、靠近无污染水源并避风的地方，山区、丘陵应选地势平缓，坡度小于20°的阳坡。土壤要求壤土、黏土均可，土层厚度最好在1～1.2 m，尤以土层深厚、保水强的壤土和黏壤土最理想，土壤 pH 值 5.5～7.5 最为适宜。苗木栽植一般南北向较好，山区应沿等高线栽植，株 行距先 3 m×2 m，5～10 年后逐步变为 3 m×4 m。冬季极端低温不低于 −20 ℃，不需配授粉品种。及时中耕施肥浇水。定植后 3～5 年，注意开张 角度，控制枝条的极性生长，培养和选留中心干、主侧枝。使其形成骨架，对于非骨干枝，在长到 20～30 cm 时摘心，促发分枝，使其形成结果枝组。在结实的大年注意疏花疏果。

该品种主要受柿蒂虫危害。6 月上中旬向树冠喷射 1 000 倍 40% 的乐果 或杀灭菊酯 3 000 倍液，防治 1～2 次可消灭越冬成虫。

（栽培管理技术参考《河南林木良种》2008 年 10 月版，十月红柿）

# 一百零八、'黄金方'柿

**树　　种：**柿

**学　　名：**_Diospyros kaki_ 'Huangjinfang'

**类　　别：**优良品种

**通过类别：**审定

**编　　号：**豫 S – SV – DK – 013 – 2009

**证书编号：**豫林审证字 146 号

**培　育　者：**许昌市林木种子管理站、鄢陵县林业科学研究所

## （一）品种特性

为杂交品种。树势较强，成枝力弱。叶宽椭圆形，较厚，深绿色，正面 有蜡质，有光泽。果实高脚四方形，果顶平或微凹，果面有较明显的 4 条对 称纵沟，果肉金黄色或橙红色，横径 8.5 cm，纵径 10.3 cm，平均果重 155 g。果实有涩味，无明显病虫害。丰产性能良好。

果实 9 月初成熟。

## （二）适宜种植范围

适于河南省柿适生区栽培。

## （三）栽培技术要点

应选择土层深厚、肥力中等、pH 值 6.5～7.5、排水良好的壤土或沙壤 土地建园。一般山岗地栽植密度为 3 m×4 m，平原区为 4 m×4 m。生长季 节经常进行中耕除草，在萌芽前和果实生长期各施一次追肥，施肥后立即灌 水。冬季管理要求深翻树盘、扩穴改土增施肥料，保持树势强壮。一般在落

叶前灌一次越冬水，生长期根据土壤墒情决定灌水次数和灌水量。苗木定干高度 60～80 cm，一般保留苗木上部 3～5 个饱满芽，以后培养成为主枝，其余全部抹掉。采用自然圆头形或主干疏层形，主枝角度一般在 50°～70°，各主枝上适当配置侧枝，侧枝要分布均匀。根据树体生长势和树龄，可采取疏剪、短截、更新修剪等措施，以调节树势，控制结果。疏剪时，先疏细枝、病虫枝、折伤枝，再疏过密枝、下垂枝。修剪时应注意更新枝组，对衰老植株更新复壮，延长结果年限。主要虫害是介壳虫、柿蒂虫、柿毛虫等，病害主要有角斑病和圆斑病，可用石硫合剂、波尔多液、代森锰锌、甲基托布津等进行病害防治，一般发芽前喷一次石硫合剂，对于柿蒂虫和柿棉蚧可用氧化乐果、敌敌畏等药物防治，介壳虫危害重的柿园，在秋季落叶后至春季发芽前应喷施 95%蚧螨灵 150 倍或波美 5 度石硫合剂进行防治。冬季修剪应彻底清除病果、病蒂、枯枝及落叶，刮除树干、大枝上的老粗翘皮，清除越冬病虫源。

（栽培管理技术参考《河南林木良种》2008 年 10 月版，十月红柿）

# 一百零九、‘七月燥’柿

**树　　种：**柿

**学　　名：**_Diospyros kaki_‘Qiyuezao’

**类　　别：**优良种源

**通过类别：**审定

**编　　号：**豫 S－SP－DK－014－2009

**证书编号：**豫林审证字 147 号

**调 查 者：**平顶山市林木种苗工作站

**（一）品种特性**

为乡土树种。树冠中庸，自然开张，叶片小而上卷。果色橘黄到橘红，果柄较长，为 1.5 cm，果实正方形，稍扁，四棱四角明显，顶平突尖，无核或少核，颜色橘黄到橘红，鲜艳。可在树上自然脱涩，色泽鲜艳，口感好，无核少纤维，浓甜甘醇。成熟早，耐贮藏。

果实 8 月上旬成熟。

**（二）适宜种植范围**

适宜于河南省平原、丘陵以及海拔 800 m 以下的山区栽培。

**（三）栽培技术要点**

春季造林，50~80 cm 定干。要适度灌水，少施氮肥，多施磷肥。注意防治柿蒂虫危害，树体以自然开张形为宜，不修剪或少修剪。开花结实率高，花量过大时，适量疏花疏果。

（栽培管理技术参考《河南林木良种》2008 年 10 月版，十月红柿）

# 一百一十、'胡栾头'柿

**树　　　种：**柿树

**学　　　名：** *Diospyros kaki* 'Hu Luan Tou'

**类　　　别：**优良种源

**通过类别：**审定

**编　　　号：**豫 S – SP – DK – 031 – 2010

**证书编号：**豫林审证字 201 号

**调查者：**平顶山市林木种苗工作站、平顶山市林业研究中心

**（一）品种特性**

为乡土树种。树冠中庸，自然开张。果实近圆形，平顶，橙黄色，无核或少核，8 心室，平均单果重120 g，果实横径6 cm，纵径5.5 cm。果蒂平，较圆。属于涩柿，可在树上自然脱涩，果味甜，可鲜食，耐贮运，抗逆性强，丰产，有大小年现象。

果实 10 月下旬成熟。

**（二）适宜种植范围**

适宜于河南省柿树适生区栽培。

**（三）栽培技术要点**

栽植密度为 3 m×4 m，栽植穴深 40 cm，长、宽各 60 cm，50~80 cm 定干。建园苗木尽量选择近地培育的根系完整、芽饱满、无病虫害的 1 年生优良嫁接苗。要适度灌水，土壤中磷钾肥含量高会减少柿疯病。幼树在栽植第一年至第三年上半年，要多施氮肥，加速扩大树冠，早日进入结果期。结果期在施氮肥的同时，增施磷钾肥，促进结果，钾肥既防止落果又有抗寒力。注意防治柿蒂虫和柿介壳虫。树体以自然开张形为宜，不修剪或少修剪，但幼树生长旺盛，枝条直立，易造成树冠郁闭，可以拉枝缓和树势，扩大树冠，形成丰产的树体结构。

（栽培管理技术参考《河南林木良种》2008 年 10 月版，十月红柿）

# 一百一十一、'面'柿

**树　　种：**柿树
**学　　名：**_Diospyros kaki_ 'Mian'
**类　　别：**优良种源
**通过类别：**审定
**编　　号：**豫 S－SP－DK－013－2011
**证书编号：**豫林审证字 230 号
**调 查 者：**平顶山市农业科学院、平顶山市林木种苗工作站

**（一）品种特性**

为乡土树种。落叶乔木，树冠大，直立性强，树干灰褐色，碎块状剥落。果个大，横径 6.87 cm，纵径 6.64 cm，平均单果重 167 g。果皮橘红色，皮薄、有光泽。果肉橙红色，含水量小，口感面，可溶性固形物含量 17.72%，可溶性总糖 15.1%，水分含量 79.86%，维生素含量 20.3 mg/100 g。8 心室，核较少。

果实 10 月下旬到 11 月上旬成熟。

**（二）适宜种植范围**

在河南省平原、山冈丘陵以及海拔 800 m 以下的山区均可栽培。

**（三）栽培技术要点**

种植密度为 4 m × 5 m，栽植穴深 60 cm，长、宽各 60 cm，70～80 cm 定干。建园苗木应选择根系完整、芽饱满、无病虫害的 1 年生嫁接苗。幼树在栽植后，应及时追肥，要多施氮肥，要适时灌水，加速扩大树冠，早日进入结果期。结果期在施氮肥的同时增施磷钾肥，促进结果。可拉枝缓和树势，扩大树冠，形成丰产的树体结构，注意防治柿蒂虫和柿介壳虫。

（栽培管理技术参考《河南林木良种》2008 年 10 月版，十月红柿）

# 一百一十二、'皮匠篓'柿

**树　　种：**柿树
**学　　名：**_Diospyros kaki_ 'Pi Jiang Lou'
**类　　别：**优良种源
**通过类别：**审定

**编　　号：**豫 S – SP – DK – 014 – 2011

**证书编号：**豫林审证字 231 号

**调 查 者：**平顶山市农业科学院、平顶山市林木种苗工作站

**（一）品种特性**

为乡土树种。落叶乔木，树冠大，枝条稠密，树姿开张，树干灰褐色。果实四方形，果顶平，果底平，下部有缢痕，形似皮匠的篓子，故得名。果个中等，平均单果重 132 g。果皮橙黄色，皮厚、有光泽，果肉黄色，味甜汁多，纤维少，可溶性固形物 16.82%。8 心室，核较少。

果实成熟期晚，11 月上旬成熟。

**（二）适宜种植范围**

在河南省平原、山冈丘陵以及海拔 800 m 以下的山区均可栽培。

**（三）栽培技术要点**

造林密度为 4 m × 4 m 或 4 m × 5 m，栽植穴深 60 cm，长、宽各 60 cm，60 ~ 80 cm 定干。建园苗木选根系完整、芽饱满、优质健壮 1 年生嫁接苗。幼树在栽植 2 至 3 年要多施氮肥，适度灌水加速扩大树冠，早日进入结果期。结果期在施氮肥的同时，增施磷钾肥。注意防治柿蒂虫和柿介壳虫，树体以自然开张形为宜，幼树生长旺盛，可以拉枝缓和树势，扩大树冠。

（栽培管理技术参考《河南林木良种》2008 年 10 月版，十月红柿）

# 一百一十三、‘小红’柿

**树　　种：**柿树

**学　　名：***Diospyros kaki* ‘Xiao Hong’

**类　　别：**优良种源

**通过类别：**审定

**编　　号：**豫 S – SP – DK – 015 – 2011

**证书编号：**豫林审证字 232 号

**调 查 者：**平顶山市农业科学院、平顶山市林木种苗工作站

**（一）品种特性**

为乡土树种。落叶乔木，植株偏小。枝条稀疏平展，树姿开张，树冠呈圆头形。果实圆形或卵圆形，果顶尖，果底平。蒂座大，四瓣形，果柄附近圆形凸起。果皮鲜红色，8 心室，核较多。果小，平均单果重 46 g，最大单果重 60 g。果肉浅黄色，肉细味甜，可溶性固形物含量 19.22%。丰产性好。

果实 10 月下旬成熟。

**（二）适宜种植范围**

在河南省平原、山冈丘陵以及海拔 800 m 以下的山区均可栽培。

**（三）栽培技术要点**

造林密度为 3 m × 4 m，栽植穴深 60 cm，长、宽各 60 cm，50 ~ 70 cm 定干。建园苗木选根系完整、芽饱满、优质健壮 1 年生嫁接苗。幼树在栽植 2 ~ 3 年要多施氮肥，适度灌水加速扩大树冠，早日进入结果期。结果期在施氮肥的同时，增施磷钾肥。注意防治柿蒂虫和柿介壳虫，树体以自然开张形为宜，幼树生长旺盛，可以拉枝缓和树势，扩大树冠。

（栽培管理技术参考《河南林木良种》2008 年 10 月版，十月红柿）

# 一百一十四、'无核 1 号'豆柿

**树　　　种：**柿树

**学　　　名：**_Diospyros lotus_ 'Wu He 1'

**类　　　别：**优良品种

**通过类别：**审定

**编　　　号：**豫 S – SV – DL – 016 – 2011

**证书编号：**豫林审证字 233 号

**培　育　者：**中国林业科学研究院经济林研究开发中心

**（一）品种特性**

树姿开张，树势强壮，树冠较大，萌芽率高，成枝力强。果实近圆形，平均单果重 6.6 g，最大单果重 7.3 g。硬熟期果皮浅黄色，软熟期果皮黄褐色，晾晒后黑色。果顶圆、果粉少；果肉暗紫色，果实无种子，全果可食，肉厚味甜，营养丰富。耐贮运。

果实 10 月底至 11 月初成熟。

**（二）适宜种植范围**

在柿树适生区均可栽培。

**（三）栽培技术要点**

'无核 1 号'豆柿适应性强。可零星散植，或集约经营，建园于山坡、平地等，视栽植地肥力情况，株行距为 2 m × 4 m、3 m × 4 m、4 m × 4 m，每 667m² 42 ~ 83 株。树形采用自然圆头形或疏散分层形。幼树、初结果树以整形为主，迅速扩大树冠，实现早结果。盛果期树以短截、回缩、长放、疏枝为主。继续扩大树冠，培养健壮的结果枝组。老树及衰弱树要加重修剪量，疏除重叠枝、交叉枝和过密枝。更新复壮结果枝组、短截壮发育枝和徒长枝，培养新的结果枝组。

（栽培管理技术参考《河南林木良种》2008 年 10 月版，十月红柿）

# 一百一十五、'无核 2 号'豆柿

**树　　种：**柿树

**学　　名：***Diospyros lotus* 'Wu He 2'

**类　　别：**优良品种

**通过类别：**审定

**编　　号：**豫 S – SV – DL – 017 – 2011

**证书编号：**豫林审证字 234 号

**培 育 者：**中国林业科学研究院经济林研究开发中心

## （一）品种特性

树姿半开张，树势前期较旺，树冠大，萌芽率高，成枝力弱。果实长椭圆形，平均单果重 4.9 g，最大单果重 5.2 g。硬熟期果皮浅黄色，软熟期果皮黄褐色，晾晒后黑色。果顶圆、果粉少；果肉紫黑色，果实无种子或偶有一粒种子，全果可食，肉厚味甜，营养丰富。耐贮运。

果实 10 月底至 11 月初成熟。

## （二）适宜种植范围

在柿树适生区均可栽培。

## （三）栽培技术要点

'无核 2 号'豆柿适应性强。可零星散植，或集约经营，建园于山坡、平地等，视栽植地肥力情况，株行距为 2 m×4 m、3 m×4 m、4 m×4 m，每 667 m$^2$42～83 株。树形采用自然圆头形或疏散分层形。幼树、初结果树以整形为主，迅速扩大树冠，实现早结果。盛果期树以短截、回缩、长放、疏枝为主。继续扩大树冠，培养健壮的结果枝组。老树及衰弱树要加重修剪量，疏除重叠枝、交叉枝和过密枝。更新复壮结果枝组、短截壮发育枝和徒长枝，培养新的结果枝组。

（栽培管理技术参考《河南林木良种》2008 年 10 月版，十月红柿）

# 一百一十六、‘胭脂红’柿

**树　　　种：**柿树
**学　　　名：**_Diospyros kaki_ ‘Yan Zhi Hong’
**类　　　别：**优良品种
**通过类别：**审定
**编　　　号：**豫 S – SV – DK – 009 – 2012
**证书编号：**豫林审证字 270 号
**培 育 者：**灵宝市园艺局
**（一）品种特性**

实生选育品种。树姿直立，萌芽率高，成枝力低。果实卵圆形，果个整齐，平均单果重 100.1 g，果顶平，果尖小而突出，果蒂方圆形，萼洼浅，果柄短。果面无缢痕和纵沟，光滑，有光泽，橙红色，软化后鲜红色。采收时果肉橙黄色，无褐斑，味涩，肉质硬。后熟后汁多味甜，可溶性固形物含量 17.8%。果实 9 月下旬成熟。

**（二）适宜种植范围**

河南省柿树适生区栽培。

**（三）栽培技术要点**

栽植密度一般行距 5 ~ 6 m，株距 3 ~ 5 m。整形修剪采用疏散分层形或纺锤形。幼树枝条直立，应及时拉枝，开张角度。成枝力很低，新梢长 30 cm 时（5 月中下旬）剪梢，促发短枝。盛果期树注意调节树势，调整结果枝组，适当回缩，培养内膛结果枝组，防止结果部位外移。

（栽培管理技术参考《河南林木良种》2008 年 10 月版，十月红柿）

# 一百一十七、‘鬼脸青’柿

**树　　　种：**柿树
**学　　　名：**_Diospyros kaki_ ‘Gui Lian Qing’
**类　　　别：**优良种源
**通过类别：**审定
**编　　　号：**豫 S – SP – DK – 010 – 2012
**证书编号：**豫林审证字 271 号

**培 育 者：**平顶山市农业科学院、平顶山市林木种苗工作站

**（一）品种特性**

为农家品种。树姿直立，果实四棱形，灰黄色，果顶平，十字沟明显，蒂洼浅凹。平均单果重 165 g，可溶性固形物含量 14.72%。果实 10 月下旬成熟。

**（二）适宜种植范围**

适宜于河南省柿树适生区栽培。

**（三）栽培技术要点**

造林密度为 3 m×4 m 或 4 m×5 m，栽植穴深 60 cm，长、宽各 60 cm，60~80 cm 定干。建园苗木应选择根系完整、芽饱满、无病虫害的 1 年生嫁接苗。土壤管理要适度灌水，幼树在栽植第一年至第三年上半年应及时追肥，要多施氮肥，加速扩大树冠，早日进入结果期。结果期在施氮肥的同时，增施磷钾肥，促进结果，钾肥既防止落果又有抗寒力。注意防治柿蒂虫和柿介壳虫，树体以疏散分层形为宜，可拉枝缓和树势，扩大树冠，形成丰产的树体结构。

（栽培管理技术参考《河南林木良种》2008 年 10 月版，十月红柿）

# 一百一十八、'羊奶'柿

**树　　种：**柿树

**学　　名：***Diospyros kaki* 'Yang Nai'

**类　　别：**优良种源

**通过类别：**审定

**编　　号：**豫 S－SP－DK－011－2012

**证书编号：**豫林审证字 272 号

**培 育 者：**平顶山市农业科学院、平顶山市林木种苗工作站

**（一）品种特性**

为农家品种。植株偏小，枝条稀疏平展，树冠呈圆头形。果长形，浅红橙，软熟后朱红色。无纵沟，果面无锈斑，果顶圆，无十字沟，蒂洼微凸或平。平均单果重 47 g，可溶性固形物含量 17.22%。果实 10 月下旬成熟。

**（二）适宜种植范围**

适宜于河南省柿树适生区栽培。

## （三）栽培技术要点

造林密度为 3 m×3 m，栽植穴长、宽、深不低于 60 cm，定干高度 50 ~ 70 cm。建园苗木应选择根系完整、芽饱满、无病虫害的 1 年生嫁接苗。幼树在栽植第一年至第三年上半年应及时追肥，要多施氮肥，适时浇水，加速扩大树冠，早日进入结果期。结果期在施氮肥的同时，增施磷钾肥，促进结果，钾肥既防止落果又有抗寒力。注意防治柿蒂虫和柿介壳虫。树体以自然开张形为宜，盆栽应加强修剪，培养树形。

（栽培管理技术参考《河南林木良种》2008 年 10 月版，十月红柿）

# 一百一十九、'四瓣'柿

**树　　种：**柿树
**学　　名：**_Diospyros kaki_ ' Si Ban'
**类　　别：**优良种源
**通过类别：**审定
**编　　号：**豫 S – SP – DK – 012 – 2012
**证书编号：**豫林审证字 273 号
**培 育 者：**平顶山市春怡园林工程有限公司、平顶山市林木种苗工作站

## （一）品种特性

为农家品种。树姿开张，成枝力强。果实四瓣形，浅红橙色，软熟后朱红色，果顶广平微凹，十字沟明显，蒂洼浅凹。平均单果重 213 g，可溶性固形物含量 18.5%。果实 10 月上旬成熟。

## （二）适宜种植范围

适宜于河南省柿树适生区栽培。

## （三）栽培技术要点

造林密度为 3 m×4 m 或 4 m×5 m，栽植穴深 60 cm，长、宽各 60 cm，60 ~ 80 cm 定干。建园苗木应选择根系完整、芽饱满、无病虫害的 1 年生嫁接苗。土壤管理要适度灌水，幼树在栽植第一年至第三年上半年应及时追肥，要多施氮肥，加速扩大树冠，早日进入结果期。结果期在施氮肥的同时，增施磷钾肥，促进结果，钾肥既防止落果又有抗寒力。注意防治柿蒂虫和柿介壳虫，树体以疏散分层形为宜，可拉枝缓和树势，扩大树冠，形成丰产的树体结构。

（栽培管理技术参考《河南林木良种》2008 年 10 月版，十月红柿）

# 一百二十、'线坠'柿

**树　　种：**柿树
**学　　名：**<i>Diospyros kaki</i> 'Xian Zhui'
**类　　别：**优良种源
**通过类别：**审定
**编　　号：**豫 S－SP－DK－013－2012
**证书编号：**豫林审证字 274 号
**培　育　者：**平顶山市春怡园林工程有限公司、平顶山市林木种苗工作站

## （一）品种特性

为农家品种。树姿开张，果实心脏形，浅橙色，软熟后纯橙色，果顶偏圆，无十字沟，蒂洼浅凹。平均单果重 150 g，可溶性固形物含量 16.0%。果实 10 月中旬成熟。

## （二）适宜种植范围

适宜于河南省柿树适生区栽培。

## （三）栽培技术要点

种植密度为 3 m×4 m 或 4 m×5 m，栽植穴深 60 cm，长、宽各 60 cm，60～80 cm 定干。建园苗木应选择根系完整、芽饱满、无病虫害的 1 年生嫁接苗。土壤管理要适度灌水，幼树在栽植第一年至第三年上半年应及时追肥，要多施氮肥，加速扩大树冠，早日进入结果期。结果期在施氮肥的同时，增施磷钾肥，促进结果，钾肥既防止落果又有抗寒力。注意防治柿蒂虫和柿介壳虫，树体以疏散分层形为宜，可拉枝缓和树势，扩大树冠，形成丰产的树体结构。

# 一百二十一、'丽丝'泡泡树

**树　　种：**泡泡树
**学　　名：**<i>Asimina triloba</i> 'Lisi'
**类　　别：**引种驯化品种
**通过类别：**认定（有效期 5 年）

**编 号：** 豫 R – ETS – AT – 023 – 2009

**证书编号：** 豫林审证字 156 号

**培 育 者：** 河南省林业科学研究院

**（一）品种特性**

为引进品种。果实纵径 7. 35 cm，横径 5. 52 cm，果形指数 1. 33。果实为黄色，长圆形，果肉为金黄色，质地细，基本无粗纤维，香气浓，品质极佳。该品种生长健壮，无明显病虫害，丰产性好，抗性强。在南阳地区果实 8 月 10 日左右成熟。

**（二）适宜种植范围**

适宜于河南省酸性土壤区域栽培。

**（三）栽培管理技术**

1. 播种繁殖

（1）圃地选择。泡泡树播种育苗要选择地势平坦、排水条件良好的地块，要求土层深厚、肥沃，土壤的 pH 值在 5. 5 ~ 7。

（2）种子处理及贮藏。果皮变软，即可收集果实取种子，避免果实过分发酵，因为过长时间地露在发酵产物中可损害和杀死种子。种子很容易取出，在水中浸软果实并漂出果肉，种子消毒用 10% ~ 20% 大苏打（硫代硫酸钠）溶液混摇 1 ~ 2 min，然后用蒸馏水漂洗几次，有助于减少细菌和真菌的污染。把洗净的种子装在封口的聚乙烯袋中存放于冷库中，袋中可放入微湿的泥炭苔藓。

（3）种子催芽及播种。种子具有休眠期，胚未成熟的，需要在 5 ℃ 以下贮藏 100 天，以打破胚的休眠。春播种子需要进行催芽处理，方法是：先用 5% 的高锰酸钾对种子和粗沙进行消毒，然后将种子放在粗沙里进行层积处理。催芽处理一般在 3 月下旬，播种时间一般为 4 月中旬。

（4）播种苗的管理。在全光照条件下，成苗率低，且长势很弱；而在遮阳网下的泡泡树幼苗生长良好。在温室中高的光强也可导致叶损害，所以无论温室还是田间，对泡泡树幼苗进行遮阴都是非常必要的。

2. 嫁接繁殖技术

（1）嫁接方法。嫁接采用带木质部芽接法，9 月的嫁接成活率可达 90% 以上。

（2）嫁接苗保护管理。接穗芽萌动前后要及时将砧木上的萌蘖抹掉，以免影响接穗的生长。芽萌动后 1 个月要将接口处捆绑绳松绑一次，否则会影响接口的加粗生长，圃地按常规方法除草、浇水管理。嫁接苗当年越冬时要采取保护措施，一种方法是用草绳将接口以上部位捆绑起来并在迎风面设置风障，另一种方法是将接口处至以上 20～30 cm 部分用土培埋。

3. 栽植

（1）造林地选择。造林地土壤应该排水良好、深厚、肥沃和具微酸性（pH 值 5.5～7），种植前进行土壤测定，如有必要，进行土壤条件改良。

（2）造林时间。可于秋季或春季栽植，若秋季种植，苗木必须经过充分硬化和完全的适应性锻炼（例如自然落叶），在初霜冻前种植。

（3）造林密度。一般行距 3～5 m，株距 2～3 m，行的方向应是南北向。

（4）田间管理。栽后立即灌水以使根与土壤密接，移植生长这一年幼树必须得到足够的水分。在田间幼树生长的第一年给予 50% 遮阴。

肥料可在春季撒施，也可以在 5 月、6 月和 7 月树木旺盛生长时期施肥。

# 一百二十二、‘金杷’泡泡树

**树　　　种：** 泡泡树

**学　　　名：** *Asimina triloba* ‘Jinpa’

**类　　　别：** 引种驯化品种

**通过类别：** 认定（有效期 5 年）

**编　　　号：** 豫 R – ETS – AT – 024 – 2009

**证书编号：** 豫林审证字 157 号

**培　育　者：** 河南省林业科学研究院

**（一）品种特性**

为引进品种。果实纵径 7.46 cm，横径 4.79 cm，果形指数 1.55。果实为黄色，长圆形，果肉为金黄色，质地细，基本无粗纤维，香气浓，品质极佳。该品种生长健壮，无明显病虫害，丰产性好，抗性强。在南阳地区果实 8 月 12 日左右成熟。

**（二）适宜种植范围**

适宜于河南省酸性土壤区域栽培。

**（三）栽培技术要点**

一般株行距（3～5）m×（2～3）m，行的方向应是南北向。在田间幼树生长的第一年给予遮阴。

其他栽培管理技术参考‘丽丝’泡泡树。

# 一百二十三、'豫丽'泡泡树

**树　　种：** 泡泡树

**学　　名：** *Asimina triloba.* 'Yuli'

**类　　别：** 优良无性系

**通过类别：** 认定（有效期 5 年）

**编　　号：** 豫 R – SC – AT – 025 – 2009

**证书编号：** 豫林审证字 158 号

**培 育 者：** 河南省林业科学研究院

**（一）品种特性**

果实纵径 7.21 cm，横径 4.52 cm，果形指数 1.59。果实为黄色，长圆形，果肉为金黄色，质地细，基本无粗纤维，香气浓，品质极佳。该品种生长健壮，无明显病虫害，丰产性好，抗性强。在南阳地区果实 8 月 14 日左右成熟。

**（二）适宜种植范围**

适宜于河南省酸性土壤区域栽培。

**（三）栽培技术要点**

一般株行距（3~5）m×（2~3）m，行的方向应是南北向。在田间幼树生长的第一年给予遮阴。

其他栽培管理技术参考'丽丝'泡泡树。

# 一百二十四、'玛丽'泡泡树

**树　　种：** 泡泡树

**学　　名：** *Asimina triloba* 'Mali'

**类　　别：** 引种驯化品种

**通过类别：** 认定（有效期 5 年）

**编　　号：** 豫 R – ETS – AT – 026 – 2009

**证书编号：** 豫林审证字 159 号

**培 育 者：** 河南省林业科学研究院

**（一）品种特性**

为引进品种。果实纵径 7.35 cm，横径 5.52 cm，果形指数 1.33。果实

为黄色，长圆形，果肉为金黄色，质地细，基本无粗纤维，香气浓，品质极
佳。该品种生长健壮，无明显病虫害，丰产性好，抗性强。在南阳地区果实
8 月 10 日左右成熟。

**（二）适宜种植范围**

适宜于河南省酸性土壤区域栽培。

**（三）栽培技术要点**

一般株行距（3~5)m×（2~3)m，行的方向应是南北向。在田间幼树
生长的第一年给予遮阴。

其他栽培管理技术参考'丽丝'泡泡树。

# 第三篇　种子园、母树林和优良种源

## 一、华山松

**树　　种：** 华山松

**学　　名：** *Pinus armandii* Franch.

**类　　别：** 优良种源

**通过类别：** 审定

**编　　号：** 豫 S – SP – PA – 026 – 2011

**证书编号：** 豫林审证字 243 号

**申 请 者：** 河南伏牛山国家级自然保护区黑烟镇管理局

**（一）品种特性**

为乡土树种。属喜光树种，喜温和凉爽、湿润的气候，抗风、耐寒、病虫害少、生长快。材质好、纹理通直，易于加工，不易曲裂。

**（二）适宜种植范围**

适于河南省伏牛山南北坡范围内，海拔在 1 000 ~ 1 700 m 的区域内栽植。

**（三）栽培管理技术**

1. 苗木培育

1）采种

华山松球果在 9 月中旬至 10 月中、下旬成熟，果实成熟时由绿色变为绿褐色或黄褐色，果鳞白粉增加，先端鳞片微裂。球果成熟后，种子变为黑褐色，陆续散落，故应及时采收。球果采回后，先堆放 5 ~ 7 天，再摊开暴晒 3 ~ 4 天，果鳞即大部张开，再经敲打翻动，种子即可脱出。取出的种子不能再暴晒，要及时水选，剔除空粒杂物，晾干后装入麻袋贮藏在阴凉通风的地方。种子当年发芽率可在 90% 以上，发芽势 60% ~ 70%，隔年种子发芽率常下降到 40% 以下。

2）育苗

（1）播种育苗。选择排水通风良好，利于灌溉的沙壤、壤土地作为苗床。做苗床的土地，选前茬为松树、云杉、冷杉等针叶树或杨柳科、壳斗科树种的育苗地。前茬最好是没有种过蔬菜的土地。选择好苗圃地后，按地形做床。开阔地一般做成宽 1.1 ~ 1.3 m，沟宽 0.4 ~ 0.5 m。山坡上可开成小块水平梯田，宽 1 m 左右，在苗床内侧留 10 ~ 20 cm 宽的排水沟。降雨多的地方，可筑成高床。结合整地每 667 m² 施基肥 4 000 ~ 5 000 kg。

种子处理：用漂浮法净种，再将华山松的种子用袋子装好，放在水池内浸泡 5 ~ 7 天。每两天换一次清水。

播种：华山松育苗以条播为主。条距 20 cm 左右，播幅 5 ~ 7 cm，覆土厚度 2 ~ 3 cm。播种量按种子质量及成苗的规格而定。

苗床平整好后，将沥干的华山松种子，每 50 kg 种子用 255 ~ 635 g "敌克松"药物拌种。将种子均匀地用手播撒在床面上，播种后筛土均匀覆盖。覆土厚度以种子的直径厚为宜，覆土一定要均匀。盖好土后用"多菌灵"进行表面消毒，然后用 50% 乙草胺乳油"除草剂"进行芽前除草。按每 667 m² 用 120 ~ 160 g 乙草胺的药量溶于 40 ~ 50 kg 水中，均匀地喷洒在土壤表面，然后用竹片做拱形支架，覆盖薄膜，周围用土盖严。

苗期管理：覆盖好薄膜后，放水灌溉，在沟内走水，注意不要漫过苗床，让水慢慢浸透床面，防止土壤板结。注意防止鼠害，经常检查薄膜是否有老鼠危害的情况，发现有老鼠危害要及时防治。同时注意土壤湿度、温度，如发现土壤干燥，则揭开一半薄膜，用"多菌灵"或"敌克松"兑水喷洒。温度过高，中午应将薄膜的两头揭开通风。

苗木在播种后 30 天左右，松苗开始出土。松苗出土后如发现土壤板结、被松苗成块顶起的现象，应进行人工碎土，并且每隔 5 ~ 7 天，在日落后采用医用"5% 新洁尔灭"杀菌剂杀菌。幼苗出土后一二个月内，易感染猝倒病，除采取预防措施外，可每隔 10 天喷等量式波尔多液或喷 0.5% ~ 1.5% 硫酸亚铁溶液。喷药时要注意喷在苗茎下部，并将表土喷湿，以消灭土内病菌。

（2）营养袋育苗。营养袋的装填：根据规划的造林地块，选择装营养袋的土地，一般就近育苗，但是为了保证育苗成功，应选择水源好、排灌条件好、运输方便、土壤质地为壤土的田地装营养袋。当年用苗选择 8 cm × 10 cm 的营养袋，2 年生苗选择 12 cm × 10 cm 的营养袋。装袋时拌匀、装满、按紧。

移栽前管理：松苗基本出齐后，进行炼苗，选择阴天或晴天日落后，除去薄膜，并在次日用"5% 新洁尔灭"进行一次杀菌，让苗木逐渐适应自然环境。5 ~ 7 天后，可完全揭开薄膜，此时若发现土壤干燥，可在日落后用

"5%新洁尔灭"杀菌剂兑水喷雾，千万不要走沟灌溉，这个时期苗木易感病。如发现病株应拔出销毁，并加大杀菌剂量。揭开薄膜后，有的种壳没有脱落，注意防鸟害。

在移栽前 10 天对营养袋进行一次化学除草。用 25% 可湿性扑草净粉剂，每 667 m² 用 250 ~ 400 g 扑草净兑水 50 ~ 60 kg 喷雾除草。已长出杂草的，同时用"乙草胺"喷雾除草。

移栽：华山松苗出齐到长出侧根前，是移栽的最佳时间，此时移栽的苗木最容易成活，也好移栽，这是育苗成败的关键。在移栽前将移栽苗床和营养袋用水浇透。从苗床取苗后用 ABT 生根粉蘸根。

华山松苗子处理好后，放在盆内，用 1 根小圆竹棍在营养袋中间插 1 个小洞，将苗木放入捏紧，苗木的根要直，深度以原床苗根的长度为宜。边插边用"5%新洁尔灭"杀菌液喷雾。阴天可以全天移栽，晴天可在次日上午 10 点以前，下午 5 点以后移栽。人均 1 天可插 3 000 株左右。

营养袋苗管理：华山松苗主要容易感染立枯病，松苗移栽好后，每隔 5 ~ 7 天用"5%新洁尔灭"进行 1 次杀菌，直到华山松幼茎木质化。华山松长出侧根成活后，减少喷药次数可以每隔 15 天进行 1 次杀菌。并随时注意苗木的生长状况，发现病株及时拔出销毁，并加大用药量。

营养袋内不能积水，遇连续阴雨天要将沟内的水排干净。移栽后连续晴天，每隔 3 天在日落后沿沟浇水，直到苗木成活生根。苗木成活后间隔 1 个月施 1 次肥。可用稀人粪尿浇泼，也可每 667 m² 用 5 ~ 8 kg 的尿素兑水浇泼。如果营养袋生长杂草，可用"扑草净"和"乙草胺"混合液混合除草。苗木成活营养袋变紧实，就可用营养袋造林。取运时用竹筐装运，可减少苗木的损失。

（3）全光照自动喷雾扦插育苗。插床应选择距离造林地近、地势平坦、向阳、排水良好而又水源方便的露天场地。地整平后砌床。可根据育苗量，用新砖砌高 30 ~ 40 cm、宽 1 ~ 1.5 m、长 8 ~ 10 m 的插床。床壁厚度 12 cm（单砖），底部留出一定的排水孔。插床底部平铺一层新砖，砖上再铺一层 10 cm 碎石或炉渣等，以利排水，最后填入 15 ~ 20 cm 厚的蛭石或珍珠岩、砻糠灰等基质，用平板刮平、开放喷雾装置冲洗几次，使基质均匀下落，以便于扦插。

此法多在生长季节进行，主要选用带叶的华山松 1 ~ 2 年生嫩枝作插穗，每个插穗长 8 ~ 12 cm。要注意合理的扦插密度，以免影响采光，深度为条长的 1/3 ~ 1/2。插前用 0.04% ~ 0.05% 吲哚丁酸快蘸处理基部剪口，这样生根效果更好。插后立即喷雾。

扦插一周后，经常抽查愈合生根情况。当新根长至 3~5 cm 时即可移栽。对移栽的幼苗要适当遮阴、喷水保湿，使其安全度过过渡期。待生长稳定后，再进行正常的培育管理。

2. 造林

（1）适地适树。华山松主要在其广大的自然分布区内造林。在选择具体造林地时要注意小气候及土壤水分两个关键条件，海拔高度要适当，坡向以阴坡、半阴坡为主。

在华山松分布区外的地区引种，要选择与引种地区自然条件较接近的种源进行引种试验，取得经验后再大面积推广。就是在原产地造林，也要注意种源选择，避免无根据地乱调种子，尽量符合"适地适树"的要求。

（2）造林地的选择。华山松造林地最好选择在海拔 1 000~1 800 m 的阴坡、半阴坡、山洼处，土层深厚肥沃、排水较好的微酸性棕壤土；干旱、贫瘠的山脊、山顶、山坡地不宜选作造林地。

（3）整地方式。根据造林地的实际情况可选用穴状整地，穴的大小一般为 40 cm×40 cm×30 cm。在比较平缓的造林地上，可采用带状整地，带宽 1 m，带距 11.5 m，长度依具体情况而定。

（4）造林方式。北方一般多采用 2 年生苗春季造林，如加强幼林抚育，用 1 年生壮苗也能取得较好效果。河南一般在 6~7 月间雨季造林，用春季培育的百日苗（苗高 10 cm 以上，地径 0.2 cm 以上）丛植，每穴 2~3 株，成活率较高；也可在第二年雨季用前一年春季育或雨季育的一年至一年半生苗，效果也很好。华山松苗的栽植要注意保护苗根，栽时防止窝根，分层填土踏实。

（5）造林密度。华山松在中等质量立地上或土壤类型较好的地方，初植密度以每 667 m²165~222 株为宜。如密度过大，随着林分的逐渐郁闭，林冠下层会出现大量被压木和枯死木，上层林木为争夺光照，形成徒长，胸高比例严重失调，影响干形和材质。

（6）林分结构。营造华山松林，为促进林木生长和提高果实产量，增强对病虫害的抗性，应尽量建立混交林，避免营造纯林。混交林与纯林的树种组成不同，造成林内温度、湿度、土壤微生物活动、地被物厚度等因素的差异，混交林内生态系统较纯林复杂，灌木、草本种类较纯林多，覆盖度较纯林高，土壤微生物活动频繁，生物种类多，病虫害自然控制因素（包括天敌）多，同时不同树种混交对病虫害的传播有生物抑制和阻隔作用。

（7）营林措施。华山松人工林的中幼林抚育，以郁闭度0.6为控制疏伐的强度指标，当郁闭度达到0.6以上时即可进行疏伐。华山松造林后每年应进行松土除草1~2次，松土结合培土，除草要逐年扩大穴面。在一般情况下抚育三年，有条件时可抚育至幼林郁闭。当林地原为杂木林地，萌条及藤蔓较多，影响幼树生长时，及时组织砍除。幼林郁闭后，树干下部出现1~2轮枯枝时，即可进行修枝。修枝强度要适当，一般修枝后树冠长度不要小于树高的2/3，随着树龄增大，逐渐使冠长相当于树高的1/2~1/3。华山松在进入幼林阶段后，自然稀疏强烈，必须及时进行抚育间伐，以改善林地环境，促进林木生长，提高林木质量，进一步发挥森林的有益效能，并生产一定数量的小径级木材。间伐间隔期一般为5~7年，中龄林后可延长到7~10年。在8~10年以前，要及时进行透光伐，伐除那些影响华山松及其他主要树种生长的杂木或灌木。一般可伐去树木株数的10%~40%，保证华山松上方不受压盖，而维持侧方庇荫。以后每5~7年进行间伐一次，伐除株数的15%~20%，伐后保持不小于0.7的郁闭度，注意保留优良阔叶树种。达中龄林后可延长间伐间隔期。

3. 主要病害防治

华山松疱锈病。病害多发生在25年左右的树上，病菌从树干下部的树皮侵入，逐渐向上蔓延。病斑发生在尚光滑的华山松树皮上，使树皮变成黄色，5月病斑变成橙色，边缘出现褪色部分。

防治方法：营造混交林，可明显降低发病率。

有条件地区可喷硫黄粉或0.3~0.5波美度石硫合剂，或用80%代森铵500倍液，或用50%退菌特500倍液等防治。

4. 主要虫害防治

（1）华山松大小蠹。成虫体长4~6 mm，长椭圆形，黑色或黑褐色，有光泽。触角及跗节红褐色，额表面粗糙，呈颗粒状，被有长而竖起的绒毛。前胸背板黑色，宽大于长。在河南省1年2代。主要以幼虫越冬，但也有以蛹和成虫越冬的。该虫主要危害30年生以上活立木，栖居于树干下半部或中下部，成虫蛀入的坑道口有树脂和木屑形成的红褐色或灰褐色大型漏斗状凝脂，母坑道为单纵坑，子道由母道两侧向外伸出。每一母道内有雌、雄成虫各1头，在里面产卵繁殖，长成成虫后，主要侵害华山松健康木，有时危害衰弱木。一般以中龄林以上林分易受害。

防治方法：加强检疫，严禁携虫木材调运，发现害虫及时进行药剂或剥皮处理，以防扩散。设置饵木，引诱成虫潜入，进行处理。加强营林措施，适地适树，营造混交林，通过封山育林，改造纯林。林木采伐一定要边采边运，严禁伐区内长期存放圆木，切实做到采、运、贮协调。

注意保护天敌。

（2）欧洲松叶蜂。成虫体长 6.5～7.8 mm；体黑色；胴部淡绿色，背部发亮，有暗色纵纹数条，刚毛稀少，体壁多褶皱。此虫在河南省 1 年发生 2～3 代，以老熟幼虫在针叶上结茧变成预蛹越冬。5 月中下旬幼虫开始危害华山松幼树和柔软的新叶，10 月中旬开始结茧越冬。有世代重叠现象。寄生天敌主要有青蜂和姬蜂。

防治方法：①加强管理。加强经营管理，及时抚育，人工剪除幼虫群集枝及有卵枝，人工挖掘越冬虫茧蛹，促进林木生长，增强林木抗性。

②保护天敌。欧洲松叶蜂的天敌较多，如赤眼蜂、大山雀等，应采取有效措施，保护天敌。

③毒杀成虫。在郁闭度 0.6 以上的林地，在害虫羽化盛期应用"741"插管烟剂熏杀，用量为 7.5 kg/hm²。

④毒杀幼虫。用 25% 敌马油剂、25% 双敌油剂、40% 氧乐果乳油 3 倍液超低容量喷杀盛孵期幼虫，用量 3 kg/hm²。也可用 50% 敌敌畏乳油、50% 马拉硫磷乳油、25% 苏脲 1 号 200～400 倍液，或 40% 氧乐果乳油、90% 敌百虫晶体 1 000～2 000 倍液，或 25% 对硫磷微胶囊喷杀幼虫。

（3）油松毛虫。以幼虫危害针叶，大发生时常把针叶全部吃光，影响树木生长，严重时使松树成片死亡。成虫体色为灰褐色至深褐色，斑纹较马尾松毛虫清晰。前翅外缘呈弧形弓出，横线纹深褐色，内横线与中横线靠近，外横线为两条。亚外缘斑列黑褐色，斑列内侧淡棕色，中室白斑较小。初龄幼虫头部棕黄色，体背黄绿色，体侧灰黑色。老熟幼虫头部黄褐色，胸部背面有两条深蓝色天鹅绒状的毒毛带，腹面棕黄色，体长 60 mm 左右。蛹为纺锤形，棕褐色，长 26～33 mm。

河南省 1 年发生 1 代，越冬幼虫于 4 月上旬日平均气温 5.7 ℃时，开始上树危害，6 月中旬结茧化蛹，7 月上旬开始羽化为成虫并开始产卵，7 月中、下旬出现幼虫，10 月中、下旬日平均气温达到 3.6 ℃左右时，下树越冬。成虫有趋光性和向周围林分迁飞产卵的习性。幼虫孵化时有取食卵壳的习性。一头幼虫一生取食 400～500 根松针。油松毛虫在林州市每年有 2 个危害高峰期，即 5 月初至 7 月末，8 月中旬至 10 月上旬。

防治方法：①加强营林技术措施。营造针阔叶混交林，改造纯林为混交林，做好封山育林，防止强修枝，提高林业自控能力。

②黑光灯诱杀。油松毛虫的成虫有较强的趋光性，在成虫羽化始期，按 4 hm² 设置一黑光灯诱杀成虫，将成虫消灭在产卵之前，可达到预防和除治的目的。

③生物防治。卵期每 667 m² 可释放赤眼蜂 3 万～5 万头进行防治，寄生率达 80% 以上。

幼虫期可用松毛虫杆菌、苏云金杆菌、"7216" 芽孢杆菌，含菌量为每毫升 1 亿孢子进行喷雾防治，效果可达 90% 以上；白僵菌菌粉含量 50 亿/g，每 667 m² 用量 1 000 g 进行喷粉防治，效果可达 85% 以上，在林间并有再侵染作用；松毛虫质型多角体病毒，用 150 亿病毒含量，加水喷雾防治，都能达到理想效果。

④药物防治。幼虫期用 2% 安得利粉剂（11.25～15 kg/hm²）进行喷粉防治，效果可达 95% 以上；或用 25% 灭幼脲防治，每公顷用有效成分 90 g。飞机超低量喷洒 675～750 ml/hm²，防治效果可达 90% 以上，并可使存活蛹、成虫发育畸形，不能正常交尾产卵。

（4）华山松球蚜。华山松球蚜普遍在中幼林内发生，对林木的生长影响较大，该虫繁殖力强，全年均以孤雌卵生繁殖。每年 4～5 月是为害最严重时期，雨季到来后，蚜群数量下降。

防治方法：保护天敌，如七星瓢虫、异色瓢虫、食蚜蝇、草蛉、小花蝽等。

2 月至 3 月上旬，害虫处于初发阶段，它的天敌亦处于蛰伏期，此时用 40% 氧乐果 1 000 倍液，或 50% 马拉硫磷 1 000 倍液，或 50% 辛硫磷 1 000 倍液喷施。也可用 1:10 的氧乐果稀释液（每株用 70 ml），或用呋喃丹颗粒剂 1:3 稀释液（每株用颗粒剂约 25 g）包扎树干，效果较好。

# 二、'辉县'油松种子园种子

树　　　种：油松

学　　　名：*Pinus tabulaeformis* 'Huixian'

类　　　别：无性系种子园

通过类别：审定

编　　　号：豫 S - CSO - PT - 016 - 2009

证书编号：豫林审证字 149 号

申 请 者：国有辉县市林场

**（一）品种特性**

种子园培育的良种不仅保留了该树种的优良遗传基因，同原遗传基因基本一致，具有遗传品质好、造林成活率高、适应性强、生长快、球果大、种子饱满、干形通直、木材产量高、品质好等遗传基因稳定性，同时通过培育，增强了其抗性基因，扩大了抗性的遗传基础。

**（二）适宜种植范围**

适宜于河南油松适生区栽培。

**（三）栽培管理技术**

1. 苗木培育

1）播种育苗

（1）采种。选择 20 ~ 60 年生、健壮、干形好，抗性强、病虫害少的树木作为采种母树。油松种子一般在 9 ~ 10 月成熟，成熟后要立即采收。采摘时要注意保护好母树，防止采摘不当，影响来年产量。

球果采回后及时放在通风良好的场地，摊开晾晒，每天翻动一、二次，晚上堆积覆盖可加速果鳞裂开脱粒。种子脱出后集中起来，揉搓脱翅，风选去杂，晒干后即可贮藏备用。种子要求为纯度在 95% 以上、千粒重 41.6 g 以上。

（2）圃地育苗。油松育苗地应选在排水良好、土壤肥沃的微酸性或中性沙质壤土或壤土上。油松在河南省多采用平床或低床育苗，在排水较差的苗圃应用高床和垄式育苗。播种前除种子消毒外，还应用硫酸亚铁或福尔马林等进行土壤消毒，每公顷用硫酸亚铁 142.5 kg，溶解后加水 10 倍，或用 40% 福尔马林 300 倍液，均匀喷洒在苗床上，待土壤稍干后，再耧平床面，即可播种。

油松一般以春播为主。春播应宁早勿晚，河南省多在 3 月中、下旬播种，经过催芽处理的种子，播后一周即可出土。为了促进种子发芽迅速，出土整齐，播种前多采用温水浸种，其方法是：先将种子用 0.5% 的福尔马林溶液消毒 15 ~ 30 min，再用 50 ℃温水浸种一昼夜，然后捞出，放入筐、篓中，用湿布或湿草袋盖好，放在温暖的地方，每天用 20 ~ 30 ℃温水淘洗一次，一般 3 ~ 4 天即可播种。

油松育苗主要采用条播，播幅宽 3 ~ 5 cm，行距 15 ~ 20 cm。覆土厚度 1.0 ~ 1.5 cm，覆土后稍加镇压。播种前要充分灌足底水，播种后尽量不要灌水，也不必加以覆盖。

油松幼苗适于密生，同时也易遭病害，因此间苗不宜太早，一般以 6 ~

7月间生长旺盛时期较为适宜。如果密度不大，可不进行间苗。油松幼苗耐旱、怕淤、怕涝，因此不需要过多灌溉，但应加强除草松土。每次灌溉或降暴雨后，如有淤泥或穿"泥裤"现象，应及时用松土器扒淤，并用清水冲洗。

从幼苗大部分出土到苗木旺盛生长以前止，一般为一个月。此时期苗茎幼嫩，对不良环境抵抗力弱，要适量灌水，防止日灼伤害，除草松土，适量追肥，促进苗木迅速扎根，提高苗的抗性，同时要预防苗木立枯病，减少苗木的死亡，为幼苗速生打下基础。

从苗木加速生长到开始下降为止，一般为60天左右。在该物候期内，苗木生长基本定型，苗木高度约为全年总高生长量90%以上，地下部分生长亦很迅速，主根长度为生长初期的2倍，侧根多达12条，最长的侧根10 cm。

约在8月下旬生长速度显著下降，形成顶芽，但径生长和根系生长仍持续一段时间，干物质累积明显。该物候期的中心任务，是促进苗木木质化，在秋季雨多时要注意排水。

油松当年苗抗寒抗旱能力弱，必须采取防护抗旱措施。其方法是在上冻前灌防护水，待土壤稍干后，取床埂土、垄间土将苗木全部埋好，埋土厚5~10 cm，翌年春撤除防护土，将床埂筑起踏实。撤土后应立即灌水。

油松苗主根明显，留床育苗时在第二年春季，撤防护物后一周进行切根，切根深10 cm。切根后镇压垄面，使土垄落实，随后灌水。油松2年生苗的管理，主要是除草松土，一般情况下可不再灌水，以锻炼苗木的适应性，提高造林的成活率。

2）容器育苗

选择背风向阳，既靠近水源又相对靠近造林地，排水良好的地方作为育苗地。苗圃地选好后将其整成若干小畦，作为苗床，畦面要保持平整。3月底，最迟4月上旬完成装袋下种，以确保造林时苗木为百日龄以上优质壮苗。

选用生土、山坡坡度大或非耕地的黄土为营养土，此土无病菌。为避免土壤过于黏重，可掺入1/3干净河沙，过筛拣出碎石或植物残体，充分混合后加水（含水量以手攥成团，松手即散为宜）。油松容器育苗忌采用熟土（耕作土）作原料，更不能加入未经腐熟的有机肥料。另外，油松菌根可促进油松生长，所以采用油松林地的土壤作原料更好。如果就地取土，整床装袋，仍需将土过筛，掺入适量腐熟有机肥，充分搅拌，并用3%~5%的硫酸亚铁进行消毒。

装袋时需注意两个问题：一是装袋必须装满，禁止容器底部窝袋；二是容器排列一定要高低一致，每畦放完后容器顶部成一个平面，这样覆土厚度才能一致，出苗整齐。苗床之间要留出 30 cm 步道（作业道）便于育苗作业，放容器处要先整平。放杯的方法有两种。地上式：床整平，将容器袋并排放好，每床周围用土或沙围好即可；地下式：将苗床挖成深与容器袋相同或略大于容器袋的畦，把畦底整平，在畦内并排放袋即可。容器放好后，马上进行播种。

播种前先将种子用温水（两开一凉）浸泡 1 天，捞出后用 0.5% 高锰酸钾溶液消毒 30 min 进行催芽，每天用清水冲洗一次，7~8 天种子裂嘴即可下种（装袋与浸种催芽一定要配合好）。下种时需掌握三个技术关键：一是要足墒下种；二是播种穴不能过小过深，播种量每袋 5~6 粒，否则种子互相挤压，影响出苗，甚至会腐烂；三是覆土不可过厚，如是黏土必须掺河沙，播种后用细土覆盖，厚度超过容器袋 1 cm。

根据油松苗木生长情况，管理可分两个阶段。出土前管理，只浸种不催芽的种子一般 15~20 天出齐，催芽的种子一般 7~12 天出齐，出土前的种子处于萌发期，需要充足水分，一定的温度和空气，要注意喷水调节土壤温度，防止地表温度过高，保证种子顺利出土。如水源缺乏，可采用覆盖的方法，这样可减少喷水次数。覆盖物最好用谷草，其次为麦秸。地膜覆盖虽有利于增温保湿，但易造成日灼毁苗。开始出苗时，陆续撤除覆盖物，出苗前喷一次 1%~3% 硫酸亚铁溶液，幼苗出土后，为促其发育健壮，喷水次数要适当减少，每 3~5 天喷水一次。鸟兽危害严重时，要设专人日夜看护，可投放药剂或下铁锚于苗圃周围防止，进入雨季苗木即可出圃造林。

2. 造林

1）直播造林

油松直播造林地以选择土层深厚，土壤肥沃、湿润的阴坡和半阴坡为宜；阳坡因光照强烈、土壤瘠薄、干旱，一般不宜采用。若土壤条件较差，修成梯田或水平阶、水平沟后，也可直播造林。

直播造林油松，通常采用穴播、撒播和缝播。穴播在整好的造林地，春季开穴播种。大穴直径 30~100 cm，小穴直径 10~20 cm。在杂灌木繁茂、植被覆盖度大、平缓地处，宜用大穴块状丛播。块状面积 1 m×1 m，每块播种 5 穴为一丛。在土壤疏松、植被稀少、坡陡且易引起水土流失的区域，可用小穴播种。每穴播种 15~20 粒，以集中放置、不重叠为宜。播后覆土

1.0 ~ 1.5 cm、以草覆盖为佳。缝播是用锄头、镰刀在整好的地上开一长10 ~ 15 cm、深 3 ~ 5 cm 的窄缝，播入 10 ~ 15 粒种子，将缝弥合。撒播宜在植被盖度小、土壤疏松、湿润坡地上采用。冬季下雪时，种、土、沙混合后撒入宜林地上。雪融时，种子与泥土紧密结合。

油松直播造林一年四季均可进行。油松人工直播造林，最大的威胁是鸟类和鼠害，防止鸟类及鼠害是保证造林成功的关键。

2）飞播造林

在海拔较高，交通不便，人烟稀少的深山、远山区，植被盖度 30% ~ 70%，大面积阴坡、半阴坡宜林地上，雨季前进行油松飞播造林。播区内荒山宜林地面积集中连片，其中有效播种面积要占 20% 以上，使种子播在能够出苗的宜林地上。海拔应在 700 ~ 1 000 m 范围内。坡向以阴坡、半阴坡为主，其面积比例大于 60%。播区的植被应以细叶型中生植被为主，其盖度以 30% ~ 70% 为宜。飞播以雨季进行最好。播前，应掌握雨情，播后连续降雨，能满足种子发芽、幼苗生长发育需求，并能安全越冬。飞播播种量每公顷 7.5 kg 左右。鸟兽危害严重的地方，防治后再进行飞播造林。立地条件较差的地方，应适当加大播种量，以获得良好效果。飞播造林后，播后应立即封山（一般 5 年），以防止人畜破坏，保证飞播成苗成林。

3）植苗造林

（1）造林地选择。油松扩大栽培范围主要是沙地和干旱黄土沟壑地。如睢县榆厢铺林场有黏土间层的平沙地上（地下水位 3 m），35 年生油松平均树高 13.1 m。平均胸径 25 cm，生长良好。干旱黄土沟壑区栽植油松，12 年油松平均树高 1.47 m，其生长量超过当地树种。

（2）整地。豫西、豫北山地气候干旱，雨量稀少，且分配不均，不利于油松造林成活及林木生长。细致整地则是解决这一问题的重要措施。常用的整地方法如下。

水平阶整地：石质山地多采用。规格一般长 3 m 左右，宽 50 cm，深 30 cm，埂高 15 ~ 20 cm，呈品字形沿山坡等高线排列。阶间边缘距离 1 m，上下边距 1 ~ 1.5 m。要求埂牢，土松，草根、石块拣尽。

鱼鳞坑整地：山区油松造林，多采用鱼鳞坑整地，规格长 1 ~ 1.2 m，宽 60 ~ 70 cm，深 30 ~ 40 cm。每坑栽 2 ~ 3 株。

水平沟整地：黄土丘陵地区多采用。规格一般长 3 ~ 4 m，上口宽 70 ~ 80 cm，下底宽 50 ~ 60 cm，深 40 ~ 60 cm。挖法与水平阶相同。每沟内栽 4 ~ 6 丛。每丛 2 ~ 3 株。

　　反坡梯田整地：在黄土丘陵干旱地区，在山坡上沿等高线自上而下，里砌外垫，将生土及石块筑沿，修成里低外高的梯田，使田面形成 10°～20° 的反坡，保持 30～50 cm 深的活土层，宽度 1.2～2 m，上下两个反坡梯田保留 0.3～1.0 m 的间隔。

　　带状整地：在平缓坡地或固定的平沙地上栽油松，应尽量采用带状整地，带宽不等，因地制宜，一般 1～3 m，带向与主风或坡向垂直，带间留 1～2 m 宽的原生植被带。在峁梁地上，可沿水平等高带进行整地。在半流动沙地上，先栽固沙先锋树种，然后在其行间栽植油松。

　　（3）植苗。油松造林时期，一般从早春到地冻前，除 3～5 月油松苗处在高速生长期外，均可进行。

　　雨季植苗造林：在干旱瘠薄的浅山、丘陵地区，特别是土层瘠薄的阳坡、半阳坡，采用雨季植苗造林最好。雨季造林，要掌握好雨情。一般雨季前期、透雨之后的连阴天栽植，成活率高，苗木生长好。

　　雨季营养钵造林，应在阴雨天进行。若天气无雨久旱，待降雨后栽植。雨季栽植时间很短，必须抓紧时机栽植，提高造林成活率。

　　油松栽植以穴栽为主，要求穴大、根舒、深栽、实埋，使根系土壤紧密结合。在土壤湿润、疏松的地方，可采用窄缝栽植。

　　（4）造林密度。油松幼时生长较慢，干形不直，侧枝粗壮，加上造林地的立地条件一般较差，所以要适当密植。油松造林多采用 2～5 株丛植。在近山、低山接近居民点的地方，群众对薪柴及小径材要求迫切。每 667 m² 栽植 440～660 株，株行距 1 m×1 m、0.7 m×1.5 m，或 1 m×1.5 m，中山地区土壤肥沃，培育大、中径级用材时，每 667 m² 可栽 240～440 株；密度过小，则难以郁闭成林或难以培育通直良材。

　　（5）营造混交林。油松纯林病虫害多，改良土壤效果差，火险性大。近年来，北方各地提倡营造油松混交林。据对卢氏县东湾林场油松栎类混交林调查表明，混交林松梢螟被害植株只有 3.9%，油松纯林达 11.3%，混交林内油松树高生长比纯林高 22.6%，胸径大 9.3%。

　　营造混交林方式如下：

　　油松与灌木行间混交。灌木可用胡枝子、紫穗槐、荆条、黄栌等。

　　油松与栎类带状或块状混交。栎类树种主要有栓皮栎、麻栎、槲栎等。油松和栎类均属阳性树种。油松一般 5 年生前生长快于栎类，5 年后栎类生长则快于油松。为保证二者同时生长，宜采用宽带或块状混交。

　　油松与阔叶伴生树种作行间或带状混交。伴生的阔叶树种有山杨、椴树、水曲柳、元宝枫、刺槐、山杏、山核桃、漆树等。这些阔叶树种初期生长快于油松。实行带间混交，即油松带 3 ~ 5 行，阔叶树带 1 ~ 3 行，以保证油松在混交林中的优势。

　　油松与其他树种混交。低山地区，油松与侧柏混交可提高林分稳定性，减少病虫危害。在中山或远山地区，油松与白皮松、华山松混交，一般生长良好。

　　（6）抚育管理。为创造条件培育出优质高产的油松林，造林后应及时松土、除草、定株和间伐等。

　　油松幼林松土、除草，能改善土壤蓄水、保墒能力，免除杂草竞争，为幼树成活、生长创造有利条件。松土、除草时，勿伤树根、树皮和顶芽。春季高生长旺盛，要及时松土、保墒。松土、除草次数，一般造林后第一年为 2 ~ 3 次，第二年 2 次，第三年后每年 1 次，直至幼树超过杂灌木层时为止。

　　油松播种造林或丛植，初期对不良环境因子有抵抗作用，4 ~ 6 年后，林木开始分化，要进行一次定株疏伐，以促进保留木旺盛生长。

　　油松侧枝粗壮，高生长优势不突出时，需及时修枝。一般在造林 6 ~ 7 年，先修下部轮生枝，后每隔 2 ~ 3 年隔枝轮修 1 次，每轮分批进行。修枝季节，以冬季为好。修枝时，在侧枝靠近主干膨大处，先由下向上砍 1 ~ 2 刀，然后由上向下砍去侧枝，茬口勿劈裂，以利愈合、长成无节良材。油松修枝强度要适当，以免影响生长。树高 2 ~ 4 m 时，树冠保持树高的 2/3，4 ~ 8 m 的保持 1/2，8 m 以上的保持 1/3 以上。

　　油松幼林郁闭后开始分化，需要间伐调整密度。一般在造林后 9 ~ 10 年，进行第一次间伐，每公顷保留 3 750 ~ 4 500 株，5 年后进行第二次、第三次间伐；20 年生时，每公顷保留 1 950 ~ 2 700 株。

　　3. 主要病害防治

　　（1）松苗猝倒病。该病害多在 4 ~ 6 月间发生，幼苗出土后，由于苗木嫩茎还未木质化，病菌从根颈处侵入，产生褐色斑点，病斑逐渐扩大，呈水渍状腐烂，病苗迅速倒伏，引起典型的幼苗猝倒症状，此时苗木嫩叶仍呈绿色，病部仍可向外扩展，是危害较严重的一种类型。或苗木枯死而不倒伏，故称苗木立枯病。

　　防治方法：猝倒病的防治措施应以育苗技术为主，药物防治为辅。

　　①选好圃地。育苗地要选择土层肥厚、地势平坦、排水良好的沙壤土作

圃地，忌用黏重的土壤和前茬为瓜类、棉花、马铃薯、蔬菜等地作苗圃。

②细致整地。整地要在土壤干爽和天气晴朗时进行，应深耕细整，结合整地进行土壤消毒，每公顷撒600～750 kg生石灰，对抑制土壤中的病菌和促进植物残体的腐烂起一定的作用。

③合理施肥。以有机肥料为主，化学肥料为辅，有机肥料要经过发酵腐熟后才能使用。施肥方式以基肥为主，追肥为辅。

④适时播种。根据种子发育所需的温度，适时播种。育苗所用的种子一定要选择优良种源，育苗时种子要经过浸种催芽和肥料、农药拌种。

⑤加强苗圃管理。播种后要及时盖草、揭草，施肥浇水，中耕除草，提高苗木的抗病性能。

⑥药物防治。五氯硝基苯对丝核菌有较强的杀伤效果，如和其他杀菌剂（代森锌等）混合使用，其防治效果更好。混合比例为五氯硝基苯占75%，其他药剂约占25%，每平方米用4～6 g，与细土混匀即成药土，播种前将药土撒于播种行内，播种后用药土覆盖种子，也可用50%福美双可湿性粉剂250 g拌种5 000 g进行种子处理。

在发病初期喷洒1∶1∶200倍的波尔多液，每隔10～15天喷一次，也可用40%五氯硝基苯粉剂800倍液喷雾防治。

（2）油松锈病。感病针叶最初产生褪绿的黄色段斑，其上密生黄色小点，后变为黄褐色至黑褐色。随后病斑上出现橙黄色的囊状突起，成熟后不规则开裂，散生黄色粉状孢子。病叶上常残留白色膜状包被。最后病叶枯黄脱落或病斑上部枯死。

防治方法：营造混交林时，避免黄檗与油松混交。

有条件地区可喷硫黄粉或0.3～0.5波美度石硫合剂，或用80%代森铵500倍液，或用50%退菌特500倍液等防治。

4. 主要虫害防治

（1）油松毛虫。主要危害赤松、黑松、油松等。成虫体色为灰褐色至深褐色，斑纹较马尾松毛虫清晰。前翅外缘呈弧形弓出，横线纹深褐色，内横线与中横线靠近，外横线为两条。亚外缘斑列黑褐色，斑列内侧淡棕色，中室白斑较小。初龄幼虫头部棕黄色，体背黄绿色，体侧灰黑色。老熟幼虫头部黄褐色，胸部背面有两条深蓝色天鹅绒状的毒毛带，腹面棕黄色，体长60 mm左右。蛹为纺锤形，棕褐色，长26～33 mm。

油松毛虫河南省1年发生1代。以3～5龄幼虫在翘皮下、落叶丛中或石块下越冬。翌年 3 月中、下旬，日平均气温 10 ℃左右时上树危害，取食 2 年生针叶。7 月上、中旬幼虫老熟化蛹，7 月中、下旬成虫开始羽化产卵。8 月上、中旬幼虫陆续孵化，1~2 龄幼虫群集危害，啃食叶缘，危害至 10 月中、下旬，3~5 龄时即下树越冬。

防治方法：以营林技术措施为基础（如封山育林、营造混交林、改造纯松林等），创造利于天敌生存而不利于松毛虫暴发的环境条件，是治本措施。利用松毛虫秋末下树、早春上树危害的习性，在树木胸高处用菊酯毒笔划环或绑毒绳喷聚酯类药环，可有效压低虫口密度。

黑光灯诱杀成虫。保护和招引灰喜鹊、大山雀等天敌。

幼虫发生时，可在暴食以前，用 2.5% 溴氰菊酯乳油 2 000~3 000 倍液或 90% 晶体敌百虫 800~1 000 倍液喷雾，或 40% 氧乐果乳油超低容量制剂，每公顷 3 000~4 500 ml，兑水进行超低容量喷雾。秋季用每克含 10 亿活孢子的苏云金杆菌喷布树体，防治小幼虫。

（2）油松球果小卷蛾。主要危害油松。以幼虫钻蛀新生嫩叶及幼芽，使被害新梢形成光杆。连续受害木生长不良，以致成片死亡。成虫体长 5~6 mm。触角丝状。复眼突出呈半球形，黑褐色。头顶密生浅灰至灰褐色鬃毛。在河南省 1 年发生 1 代，以卵在针叶上越冬。5 月底幼虫孵化后爬至新梢，在叶芽或嫩叶基部钻蛀取食，并随时吐丝将咬断的针叶及粪便粘在一起，形成网状物，以保护自身。此虫主要发生于 15~25 年生人工油松林中。为害程度，一般阳坡重于阴坡，疏林重于密林，纯林重于混交林，林缘重于林内，顶梢重于侧梢，树冠南侧重于北侧。

防治方法：加强抚育管理，10~12 月，在树蔸周围进行松土抚育。把越冬茧翻出地面冻死，或组织人员捡茧，减少来年的虫口基数。严禁带虫苗木输出，以免扩大蔓延为害。利用灯光诱杀成虫。

在越冬幼虫出蛰盛期及第一代卵孵化结束是施药的最好时期，可选用 80% 敌敌畏乳油、20% 速灭杀丁 2 000~3 000 倍液或 5% 来福灵乳油 1 000 倍液喷雾，均可杀灭幼虫。

（3）油松球果螟。成虫前翅花纹不如松梢螟明显；幼虫黑色。其 1 年发生 1 代，以幼龄幼虫在松梢和球果里越冬。4 月上旬取食，5 月中旬转移到嫩梢上为害，6 月中旬老熟幼虫开始在球果内化蛹，7 月上旬为羽化盛期。在枯黄干缩的球果上产卵，7 月中旬孵化出幼虫。10 月下旬越冬。

防治方法：卵期每公顷施放 15 万头赤眼蜂。

在幼虫转移为害期喷洒 40% 氧乐果乳剂 400 倍液。

# 三、'卢氏'油松种子园种子

**树　　种：** 油松

**学　　名：** *Pinus tabulaeformis* 'Lu Shi'

**类　　别：** 无性系种子园

**通过类别：** 审定

**编　　号：** 豫 S – CSO – PT – 014 – 2010

**证书编号：** 豫林审证字 184 号

**申 请 者：** 国有河南省卢氏县东湾林场

## （一）品种特性

具有遗传品质好、造林成活率高、适应性强、生长快、球果大、种子饱满、品质好等特性。在相同立地条件下，对 20 年生油松种子园子代林与对照林（一般商品种子）生长对比测定，种子园子代林平均树高 4.6 m，平均胸径 11.0 cm，平均冠幅 3.1 m，依次超过对照 9.5%、19.56%、6.9%。

## （二）适宜种植范围

适宜于河南省油松适生区栽培。

## （三）栽培技术要点

繁殖以种子繁育为主，采取平床播种作业，床宽 1～1.2 m，播种量每公顷 150 kg，加强苗圃水肥管理，防治病虫害、培育优质壮苗。造林采用春季植苗造林，穴状整地方式。造林后 2～4 年内每年松土除草 1～3 次，以促进生长。

其他栽培管理技术参考'辉县'油松种子园种子。

# 四、'郏县'侧柏种子园

**树　　种：** 侧柏

**学　　名：** *Platycladus orientalis*（Linn.）Franch

**类　　别：** 优良种源

**通过类别：** 审定

**编　　号：** 豫 S – SP – PO – 018 – 2008

**证书编号：** 豫林审证字 127 号

**申 请 者：** 国有郏县林场

（一）品种特性

雌雄同株，球花单生枝顶，球果近卵形，种子长卵形，无翅，种子千粒重 30 g，空壳率 19%。与其他品种相比，自然生长速度快，干形好，稳定性好。种子保存年限不宜太长，培育的苗子当年可高达 40~60 cm。适应性广，抗性强，选出的优质家系比同类生长快，子代林平均地径 5.65 cm，平均树高 3 m，冠幅 0.9 m×0.9 m，均高于对照品种。对土壤要求不严，能耐干旱瘠薄；在土地和砾石岩缝间、微酸性和微碱性土壤上生长，生长速度较慢，寿命极长。

（二）适宜种植范围

河南省荒山造林、园林绿化树种之一。

（三）栽培管理技术

1. 苗木培育

1）播种育苗

（1）整地做床。侧柏育苗应选择交通方便，具有灌溉条件以及地势平坦、排水良好、较肥沃的沙壤土或轻壤土为宜。播种前，要深翻整地，施足基肥。基肥以厩肥、绿肥和堆肥为主，每公顷 30 000 kg，并混入适量过磷酸钙，每公顷 105~210 kg，结合深耕施入。

（2）选种与催芽：种子应从当地种子园或母树林中采集。播种前 10 天左右进行催芽。先进行水选捞出杂质和空粒坏种子，再用 0.3%~0.5% 硫酸铜溶液浸种 1~2 h，或用 0.5% 高锰酸钾溶液浸种 2 h，进行种子消毒。然后捞出种子，将种子与湿沙混合（比例 1∶2），在向阳、干燥、背风的地方挖坑埋藏催芽。埋坑深 50~60 cm，宽 50 cm，长度视种子多少确定。坑内先放一层 10 cm 厚的湿沙，然后放入混沙种子，当距离地面 10 cm 时再放一层湿沙后，用塑料薄膜覆盖，期间要经常翻动，约 10 天，有 1/3 种子发芽时即可播种。如果种子少，也可将浸过的种子装入麻袋或木箱内，种沙温度经常保持在 12~15 ℃，每日翻动 2~3 次，并随时喷洒温水，一般经 10 天左右，种子即可发芽播种。

（3）播种。侧柏适于春播，侧柏生长缓慢，为延长苗木的生育期，应根据当地气候条件适期早播。通常采用条播方式，每床纵播 3~5 行，播幅 5~10 cm，行距 10~15 cm，播种沟采用光滑木板压出，种子撒在板印上，也可采用开沟器进行。播前 7~10 天灌一次透墒水。播后覆盖 0.5~1 cm 厚细土，并稍加镇压。在干旱地区可用地膜、草帘覆盖育苗，具有出苗早、出苗齐、产一级苗量高的优点。

（4）苗期管理。播种后要保持床面湿润。苗木生长期要及时浇水，一般出苗后无雨，5~7 天浇 1 次，5~6 月半月浇 1 次，以侧方浇水最好。当苗木高 3~5 cm 时开始间苗，一般分两次进行，应在苗木生长稳定后定苗。

追肥要及时，结合浇水进行，以施氮肥为主，一般进行两次，第一次 6 月中旬，每公顷施硫酸铵或尿素 40.5~60 kg；第二次 7 月上旬，每公顷追施化肥 105~150 kg。苗木生长后期，停止追施氮肥，增施磷钾肥，促进苗木木质化。当表土板结影响幼苗生长时，要及时疏松表土，松土深度一般在 1~2 cm，宜在降水或浇水后进行，注意不要碰伤苗木根系。

（5）苗木出圃和移植。苗木出圃或移植前 3~4 天要浇透水，出圃移植时要减少根系损伤和风吹日晒。最好要随起苗随蘸泥浆随造林，大苗要带土栽植。若 1 年生苗不出圃或培育大苗，应在 3~4 月进行移植。移植株行距，依具体条件和育苗要求而定。

2）蜂窝状塑膜容器育苗

蜂窝状塑膜容器育苗是当今林业造林工程上实施的一项实用育苗技术。蜂窝状塑膜容器育苗育苗周期相对缩短，既便于操作，又提高了工作效率和育苗质量，造林成活率高，无需补植，已经成为干旱、半干旱地区抗旱造林的重要技术措施。

（1）圃地选择。选择交通便利、不易冲淤的阴坡、半阴坡或疏林地，最好有灌溉条件作为育苗圃地。圃地尽量靠近林地，以减少运苗用工。

（2）容器规格。容器为无底的塑膜筒，厚 0.015~0.02 mm，直径 4~10 cm，高 10~20 cm。培养 3~6 个月的侧柏苗用高 14~16 cm 规格的容器，培养 1~1.5 年生的侧柏苗用高 16~18 cm 规格的容器。

（3）基质土壤。常用于配制营养土的材料有林地腐殖质土、生黄土、泥炭、锯末等，一般按 1:1:1:1 的比例配制而成。

（4）基质土壤的消毒处理。基质土装袋前最好先消毒，常用的消毒剂有代森锌等，采用药剂拌土后用塑料膜覆盖严实、焖堆 2~3 天的方法进行消毒。一般直接用硫酸亚铁（0.3% 工业用）拌土后覆盖 24 h 以上备用。

（5）展册装袋。蜂窝状塑膜容器，一般每钵展开后宽 0.4 m，长 1~1.5 m，呈蜂窝状。做床时可根据实际而定，以便于操作管理，床面之间内隔 0.5 m，用于步道和排水，床面整平踏实后，用 1%~3% 的硫酸亚铁溶液喷洒床面后，再将蜂窝状塑膜容器铺在床面上，用竹筷先固定好一端，再拉展固定好两侧，固定好后，开始装基质土，装基质土时动作要轻。先中间后两边，再从中间高处向两边轻刮平，以免砸塌容器。添装后要用木棍逐孔捣实，再添土轻轻刮平。装完一部分，即可拔出固定容器的竹筷，用于后面容器的固定，轮流倒替使用，依次进行，直到床畦铺完。

（6）播种覆土。将处理好的种子每容器播 2~3 粒种子，将种子播在容器的中央部分，并使种子之间有一定的距离，播时将种子轻轻按一下，使种子与基质土密接，逐孔点种，整床点完后覆土，覆土不能太厚、要均匀，能把种子完全盖住，一般覆土 0.5~1 cm 厚。播种前要给畦床浇透水，播种时以土壤不湿不干为宜。有条件的播种覆土后可以盖草帘等用来保湿，部分种子出土后分批揭掉覆盖物。

（7）出苗管理。种子萌发出土后，及时进行间苗，每穴保留 1 株。在幼苗期要及时追肥，以促进苗木生长发育。初期以磷肥为主，氮肥为辅，浓度 0.3% 左右；速生期磷肥、氮肥各半，浓度 0.5% 左右，施肥结合喷水进行，一般每 10 天左右施 1 次肥水。

（8）苗木出圃。出圃前要适当浇水，使基质土湿度适中，可避免在起运和栽植过程中基质土较干而散漏。出圃时用平板利铲沿容器底部轻轻铲起，装运要轻，以免人为造成基质土散漏而降低栽植成活率，失去容器育苗的意义。

2. 造林

1）造林地选择

除严重盐碱地和低洼易涝地外均可造林。在山区和丘陵区，宜选阳坡和半阳坡，海拔 800 m 以下，避免风口造林。侧柏虽耐干旱、瘠薄土壤，但在土层厚、土壤肥沃的地方则生长快、成材早，所以造林地应尽量选在土层 35 cm 以上的地方。

2）细致整地

侧柏造林前，一般都要提前到头年秋季或冬季整地，以便提高土壤蓄水保墒能力。在干旱、瘠薄的石质山区阳坡，应边整地边造林。整地方法主要有以下 5 种：

（1）水平阶整地。适于山地和黄土丘陵区土层较厚的缓坡、中坡地。整地沿等高线进行，一般宽 30 cm、深 30 cm、长 2~6 m，埂高 20 cm，阶石略向内倾斜。

（2）水平沟整地。适于坡陡的山地和水土流失严重的丘陵区。整地沿等高线挖横断面呈梯形的沟。

（3）反坡梯田整地。适于地形较平整、坡面不破碎的山地。梯田面向内倾斜成反坡 3° ~ 15°，沟田宽 1 ~ 2 m。

（4）鱼鳞坑整地。适于干旱、水土流失的山地和坡陡、土层薄的造林地，有大鱼鳞坑和小鱼鳞坑两种。整地方法是挖半月形坑穴，长径 70 cm，短径 50 cm，坑面低于坡面，呈水平或向内凹入。表土入坑，底土在坑下方围成半环状外缘，外缘高 20 cm，并在上方左右两角开条小沟，以便引流蓄水。

（5）穴状整地。适于平地或陡坡、碎坡山地。一般为圆形或方形，穴径 30 ~ 50 cm，穴深 30 cm。

3）造林时间

春、秋季均可栽植造林。在春旱严重的地方，宜雨季抢墒造林。在春、秋雨水条件或土壤墒情好的地方，可春季或秋季造林。

4）造林密度

侧柏生长慢，早期需侧方庇荫，初植密度可大些。一般在干旱瘠薄的山地，株行距 1 m×1 m 或 1 m×1.5 m；在立地条件好的地方，株行距 1 m×2 m 或 1.5 m×2 m。作绿篱，株行距 30 cm×40 cm。

5）混交造林

主要混交林有油松×侧柏、栓皮栎×侧柏、紫穗槐×侧柏、刺槐×侧柏、臭椿×侧柏、黄连木×侧柏、黄栌×侧柏、侧柏×毛白杨等。一般采用带状混交。

6）造林

（1）植苗造林。侧柏造林，通常于春季或雨季，随起苗随造林，一般采用壮苗穴栽，每穴栽 1 ~ 2 株。栽穴规格，依立地条件、苗木大小而定。栽植时，要求根系舒展，分层填土踩实，并覆盖一层虚土。特别是造林时，严防苗根风吹日晒，以免降低造林成活率。

（2）容器苗造林。能保持根系完整，不受损伤，成活率高，造林时间长。

7）抚育管理

侧柏造林当年，主要是防旱、保墒，确保造林成活率，雨季或翌春进行补植。造林后 2 ~ 4 年主要是松土、除草、砍灌，每年两次，第一次 5 月中下旬，第二次 7 ~ 8 月，在杂草种子成熟前进行，并及时防治病虫害。造林 5 年后，每 3 ~ 5 年修枝 1 次，其时间以秋末或初春为主。修枝强度不超过树高的 1/3，做到剪口不劈不裂。

侧柏林郁闭后因密度过大生长量下降时，要及时间伐。间伐强度以保持郁闭度0.7为准。在侧柏幼、中龄阶段，最佳密度为每公顷3 750～4 500株。

3. 主要病害防治

（1）紫色根腐病。主要危害根部。苗木易受害，发病快，大树发病慢。严重时造成根皮或根际处皮层腐烂，致使树木枯死。该病多危害侧柏幼苗，病菌先从嫩根侵入，向粗根扩展，开始出现紫色网状菌索和疏松颗粒状菌核，逐渐扩展到根颈部，常包围干基形成一层紫红色绒毡状菌丝层，厚达2 cm左右，病部皮层腐烂易剥落，皮和木质部均呈褐色。受害小苗很快死亡，大树则长势衰弱，叶片枯黄，甚至死亡。

防治方法：消除病源，严格检查，去除病株。根部消毒处理，用20%生石灰水或2.5%硫酸亚铁溶液浇灌病株周围土壤消毒。对感病轻的树，可切除病根。

（2）立枯病。立枯病防治方法参见‘洛阳1号’日本落叶松。

4. 主要虫害防治

（1）侧柏毒蛾。主要危害嫩叶幼芽。1年发生2代，以幼虫越冬。

防治方法：幼虫时，喷洒80%敌敌畏800～1 000倍液，或90%敌百虫1 000倍液。每公顷532.5 g，防治效果可达97.8%。成虫有趋光性，可灯光诱杀。

（2）粗鞘双条杉天牛。主要危害树干。一般1～2年发生1代，以成虫在树干内越冬。

防治方法：成虫羽化期人工捕杀，或放621烟雾剂熏杀。对初孵幼虫和幼龄幼虫，可树干喷施40%氧乐果。幼虫在韧皮部和木质部边材危害时，在树干基部不同方位施药毒杀。

（3）松柏红蜘蛛。群聚于小枝及鳞叶上，吸取树液，被害叶变成枯黄。

防治方法：早春喷5%蒽油乳剂，毒杀越冬卵。发生季节喷40%氧乐果1 000～1 500倍液；或三氯杀螨砜600倍液。

（4）松实小卷蛾、侧柏球果蛾。危害侧柏果实及种子。

防治方法：秋末至翌春，彻底剪除被害枝梢及球果，消灭其中蛹。侧柏树干上于3月中旬涂黏泥，阻止成虫羽化。释放赤眼蜂，进行生物防治。成虫出现期，在树冠上喷敌百虫、马拉松、亚胺硫磷乳剂1 000倍液，消灭成虫、初孵幼虫。

# 五、'济源'侧柏

**树　　　种**：侧柏

**学　　　名**：*Platycladus orientalis* 'Ji Yuan'

**类　　　别**：优良种源

**通过类别**：审定

**编　　　号**：豫 S – SP – PO – 029 – 2010

**证书编号**：豫林审证字 199 号

**申　请　者**：济源市林木种子站

**（一）品种特性**

为乡土树种。喜光，但有一定耐阴力，喜温暖湿润气候，耐旱，耐瘠薄，较耐寒，适应性强，对土壤要求不严。抗盐性强，可在含盐 0.2% 的土壤上生长。

**（二）适宜种植范围**

河南省内均适于推广应用。

**（三）栽培技术要点**

植苗造林，采用鱼鳞坑、窄幅梯田、水平阶、水平沟等方式整地。春、秋、雨三季都可栽植，雨季造林较易成活。宜营造混交林，可与刺槐、元宝枫、黄连木、臭椿等带状混交。也可与黄栌、紫穗槐等进行行间或株间混交。造林后 2～4 年内每年松土除草 1～3 次，以促进生长。

其他栽培管理技术参考'郏县'侧柏种子园。

# 六、红豆杉

**树　　　种**：红豆杉

**学　　　名**：*Taxus chinensis*（Pilg.）Rehd.

**类　　　别**：优良种源

**通过类别**：审定

**编　　　号**：豫 S – SP – TC – 030 – 2010

**证书编号**：豫林审证字 200 号

**申　请　者**：河南伏牛山国家级自然保护区黑烟镇管理局

（一）品种特性

为乡土树种。常绿乔木，浅根植物，其主根不明显、侧根发达。叶互生呈螺旋状排列，条形略微弯曲，全缘，叶端尖，叶缘绿带极窄。雌雄异株，种子扁卵圆形，有 2 棱，种卵圆形，假种皮杯状，红色。具有喜阴、耐旱、抗寒的特点，要求土壤 pH 值在 5.5 ~ 7.0，可与其他树种或果树套种，管理简便。其侧根发达、枝叶繁茂、萌蘖力强，适应气候范围广，对土质要求不高。与南方红豆杉相比，更耐旱、耐寒、抗病虫害。树干通直高大、结果率高、种子大，药用价值高。

（二）适宜种植范围

适宜于河南省伏牛山区栽培。

（三）栽培管理技术

1. 播种繁殖

（1）采种。9 ~ 10 月采集成熟果实，放于盆中，加入适量的粗沙和水，在木板上反复搓洗，搓去种子外层的果皮和果肉，再反复用水漂洗干净待用。

（2）播种前浸种。先用 50 度白酒和 40 度的温水 1:1 浸泡 20 min，捞出后再用 $500 \times 10^{-6}$ 赤霉素浸泡 24 h，能诱导水解酶的产生，促其发芽。

（3）做苗床。苗床宽 1.2 m，做苗床时结合翻土施农家肥，每公顷施磷肥 1 500 kg，氮肥 450 kg。使用粉剂杀虫剂 30 kg，以杀灭地下害虫。

（4）播种。将浸好的种子晾干表层水，加入适量细沙，以利撒播，按每公顷 75 kg 用量均匀地撒播于苗床，用清水浇透，稍后用备好的细土覆盖约 1 cm 厚，然后用薄膜平覆苗床。

试验表明，种子越新鲜出苗率越高。采种后一周内播种的发芽率可达 90% 以上，立春播种的发芽率只有 50%，所以在 9、10 月采种后应立即播种育苗。

（5）播后管理。立春后将平膜改为拱膜，开始升温催芽，随时检查温度、湿度，如果温度过高可揭开一侧面农膜降温。开始生芽后，4 天左右给幼苗浇水一次。当小苗二叶一心时，应揭去薄膜炼苗。当小苗长至 5 cm 高时，进行疏苗、补苗，保持株行距 15 cm × 20 cm，即每 667 m² 苗圃地两万株基本苗。苗圃内如有杂草，可用人工结合松土进行除草。每次松土后每 667 m² 追施尿素 10 kg、氯化钾 5 kg 或腐熟的农家肥，在苗期需追肥 3 次，以确保壮苗。

苗期注意防治病虫害。1 年生苗高在 30 cm 以上、杆径 0.3 cm 时，即可出圃造林。

2. 扦插繁殖

（1）扦插时间。春季在 2~4 月进行，秋季在 9~11 月进行。

（2）插条选择。扦插繁殖要选无病虫害、枝条健壮、粗度在 0.3~0.8 cm、长度 10~15 cm 的穗条。剪好的枝条先除去下部分 1/3 叶片，放置在生根液中浸泡 2 h，然后及时插入苗床。

（3）做苗床。有条件的可在大棚内做苗床，基质可使用珍珠岩、蛭石。少量繁殖可选用沙质土，加入 1/3 腐殖土，苗床宽 1.2 m，长度视育苗而定，基质部分约 20 cm 厚，先灌水使基质踏实后进行扦插。

（4）扦插密度。将插条按株距 4 cm、行距 10 cm 的距离插入苗床，插条 1/3 插入土内。

（5）插后管理。春插一般 30 天后才能生根，秋插一般要来年才能生根。插后要及时灌水，搭 20 cm 高的塑料薄膜小拱棚。春插在 4 月后去掉薄膜，盖上 80% 遮阳率的遮阳网。秋插苗，塑料薄膜小拱棚一直要盖到第二年 4 月，气温高时换上遮阳网。待 20 天时拔出查看插条生根情况。春插苗在细胞组织增多后接着生根，秋插苗一直要等到来年 2 月以后气温上升后才从原有的细胞组织上继续生长形成新根。

待新根长出以后就可追施肥料，用量为每公顷施尿素 150 kg、复合肥 75 kg 浇灌，在出圃前可追施 2 次，肥料用量可视苗情而定。10 天以后就可施用叶面肥，一般 20 天喷施一次，并及时清除杂草。春插苗在当年 9 月以后基本根系 20 条左右，根长 15 cm 左右，上部发新枝 3~5 个，长度 10 cm 以上。秋插苗在来年 2 月以后开始长根，6 月以后可以移栽，或者继续留苗床管理，到 9 月以后移栽。

在扦插初期插穗没有生根，应少量多次灌溉，使插穗层土壤保持湿度；生根后苗木有一个缓苗过程，应控制土壤湿度，提高地温，以利扦插苗生根。当扦插苗地上叶片开始生长时，这时根系已长出新根，温度也开始回升，此时加大灌水量。出圃前一个月应控制浇水，让其逐渐减慢生长提高木质化程度，以利培养壮苗。

3. 病虫害综合防治

（1）加强检疫。容器育苗所用的营养土、配土原料选用未受污染，不含病菌、杂草种子的土壤和基质材料。

（2）预测预报。做好病虫、病情、病害调查及预测预报工作。

（3）加强管理。定期观察容器苗木，保持适当温度和湿度。

# 七、'舞钢'枫杨

**树　　种:** 枫杨

**学　　名:** *Pterocarya stenoptera* DC.

**类　　别:** 优良种源

**通过类别:** 审定

**编　　号:** 豫 S – SP – PS – 023 – 2008

**证书编号:** 豫林审证字 132 号

**申 请 者:** 平顶山市林木种苗工作站

**（一）品种特性**

落叶乔木，高达 30 m 以上。干皮灰褐色，幼时光滑，老时纵裂。枝条横展，树冠呈卵形。奇数羽状复叶，但顶叶常缺而呈偶数状，互生，小叶 5~8 对，呈长椭圆形或长圆状针形，无柄，长 8~12 cm，宽 2~3 cm，缘具细齿，叶背沿脉及脉腋有毛。其枝叶茂盛、结果早且丰产，果实成串美观、观赏价值高。对烟尘、二氧化硫、氯气等抗性强，叶片有毒可入药、能杀虫，幼苗可作核桃砧木。

果实 8~10 月成熟。

**（二）适宜种植范围**

河南省内均适于种植。

**（三）栽培管理技术**

1. 苗木培育

1）种子采集

9 月中下旬果实成熟时，选择 10~20 年生健壮、无病虫害、无疤节、干形通直、圆满、结实丰富的优良母树，采摘果穗或敲打果枝，在地面扫集果实，除去杂物，将种子放在背阴干燥通风处贮藏。

2）圃地选择和整地作垄

枫杨为喜光、喜湿性树种，但较耐阴。应选择地势平坦，土壤为沙壤土，土层深厚、肥沃、排水条件良好、背风向阳的地块做苗圃地。将腐熟农家肥每 667 m² 4 000~5 000 kg 均匀撒施于圃地。整地时用 2% 福尔马林药液进行土壤消毒，深翻 20~25 cm，细耙，做垄，垄底宽度 60~80 cm，垄高 16~18 cm，长度因地段而定。

3）播种

（1）秋播。种子秋天采收后，直接用带翅的坚果播种，播种前用 60～80 ℃温水浸种，自然冷却后浸种 3 天，其间每隔 1 天换清水 1 次，再用 0.12% 的高锰酸钾药液浸泡 30 min 消毒，然后用清水冲洗干净，待有部分种子发芽时即可开沟条播。播种沟深 5～7 cm，将种子均匀地撒入播种沟内，覆土 2～3 cm，然后进行镇压，以利于保墒。播种量为 225 kg/hm²。播后灌足水，翌年春天土壤解冻后即可发芽出土。

（2）春播。种子采收后用水清洗，除去杂物，种子与湿沙按 1∶3 的比例混合均匀，藏于窖内或坑中，贮藏期间要经常检查种沙混合物的温度和湿度。翌年春天谷雨前后，将种子取出，5 天以后有部分种子发芽时进行播种。播种方法同秋播。

4）苗木管理

（1）灌溉。一般种子 10 天出土，出苗后根据土壤墒情进行喷灌，但圃地尽量少浇水，以免降低地温影响发芽，并造成土壤表层板结，影响出苗。灌溉或雨后应及时松土，防止板结，以免影响幼苗的生长。进入秋季，要少灌水，避免苗木徒长。

（2）合理间苗。当幼苗长至 10～15 cm 时，要及时间苗，拔除生长过于密集、发育不良和病虫害苗木，让苗木分布均匀。以 1 年生规格苗每 667 m² 产 8 万～10 万株为目标，间苗后保留密度为 120～150 株/m²。

（3）中耕除草。中耕和除草结合实施，在 5～9 月进行，每月除草松土 2～3 次，播幅内杂草以拔除为主，其余地方可用锄头铲除，除早、除净，不留死角。灌水或大雨过后，为防止土壤板结，要对圃地进行中耕松土，以利于幼苗的生长。

（4）追肥。生长前期追施氮肥，后期追施磷钾肥，对加速苗木生长、促进木质化和成苗率效果显著。6 月中旬和 7 月上旬各追施浓度为 0.12%～0.13% 尿素溶液 1 次，用量为 667 m² 2～3 kg，7 月下旬追施 1 次浓度为 0.13% 的磷酸二铵，用量为每 667 m² 2～2.5 kg，叶面施肥最好在阴天进行。8 月停止灌溉和施肥，促进苗木木质化，防止徒长。

5）苗木出圃

1 年生苗高 1 m 以上，可以出圃。春播出苗率高，可达 85% 以上，1 年生苗高可达 1.0～1.5 m，地径 1～2 cm；秋播出苗率低，只有 65%，1 年生苗高可达 0.8～1.2 m，地径 0.8～1.5 cm。每 667 m² 可育苗 8 万～10 万株。起苗应安排在造林时进行，一般在春季苗木未萌动之前，起苗后及时分级，

50 株扎捆。对暂时不能运出的苗木及时假植。假植地点应选在背风阴凉处，开沟将成捆苗木排放沟内，覆土埋实根系及苗干基部，防止日晒。

2. 造林

造林地宜选在河岸河滩地、沟谷两侧以及土壤肥沃、湿润的沙壤土地带。苗木采用 1 年生 I 、II 级苗。挖 50 cm×50 cm×30 cm 大坑整地，要求坑面外高内低，有利于蓄水保墒。

3. 主要虫害防治

枫杨病虫害较轻，病害主要有立枯病、猝倒病等，待苗木出齐后，在阴天用 50% 多菌灵可湿性粉剂或敌克松可湿性粉剂 0.1%～0.12% 药液喷雾防治，每 7～10 天进行 1 次；虫害主要有天牛、蚧类，可每隔 7～10 天喷 1 次 50% 马拉硫磷。

# 八、'寺山'麻栎

**树　　种：**麻栎

**学　　名：**_Quercus acutissima_ 'Si Shan'

**类　　别：**优良种源

**通过类别：**审定

**编　　号：**豫 S－SP－QA－025－2012

**证书编号：**豫林审证字 286 号

**申 请 者：**西峡县经济林试验推广中心

**（一）品种特性**

为乡土树种。树形高大，树皮暗灰色，幼枝密生绒毛，叶椭圆状披针形，壳斗碗状；苞片锥形，粗长刺状，有灰白色绒毛，反曲，坚果卵球形或长卵形，果脐隆起。果翌年 10 月成熟。

**（二）适宜种植范围**

适于河南省麻栎适生区栽培。

**（三）栽培技术要点**

麻栎种子大，含水量高，出土能力强，适于直播造林。多采用穴状整地，穴径和深度各为 30 cm，3 月中下旬及 10 月中旬大面积播种造林，每穴播种子 5～6 粒，覆土厚度 6～8 cm，每 667 m²300～400 穴。大都在阳坡、半阳坡。秋播的生根早，生长期长，第二年苗高可达 40～60 cm。播种时要把种子均匀撒开，以使出苗整齐均匀。植苗造林一般在早春进行，也可以在晚秋苗木落叶后造林。在事先整好的造林地上挖穴，深度和穴径各 30 cm，每 667 m² 栽植 300～400 株、也可以截干栽植。造林后连续进行除草松土 2～3 次。第三年 1 次。如苗木干形不良，可在造林后 3～4 年平茬，即在麻栎停止生长季节，用锋利的镰刀或修枝剪等工具从基部平地面截掉，切口力求平滑不劈裂，翌年选留一株直立粗壮的萌芽条抚育成林，其他萌蘖全部砍掉。

（栽培管理技术参考《河南林木良种》2008 年 10 月版，栓皮栎）

# 九、'济源'臭椿

树　　　种：臭椿

学　　　名：*Ailanthus altissima*（Mill.）Swingle

类　　　别：优良种源

通过类别：审定

编　　　号：豫 S－SP－AA－022－2008

证书编号：豫林审证字 131 号

申　请　者：济源市林木种子站

## （一）品种特性

树干通直高大，树冠圆整如半球状，颇为壮观。叶大荫浓，秋季翅果满树，少数植株翅果呈红色。种子净度 90% 以上，发芽率 65% 以上，千粒重 32 g，含水量小于 10%。具有较强的抗烟尘能力，是工矿区绿化的良好树种和优良的行道树种。适应性、萌蘖力强，为山地造林先锋树种，也是盐碱地的水土保持和土壤改良用树种。

果实 9～10 月成熟。

## （二）适宜种植范围

适于河南省臭椿适生区种植。

## （三）栽培技术要点

栽培时节冬春两季均可，春季应在早春 3 月苗木上部壮芽膨大呈球状时进行，并适当深栽。造林时应挖大穴，穴以 1 m × 1 m × 0.8 m 为宜。但在石质山区、丘陵区，应结合水土保持采用鱼鳞坑整地，或采用反坡梯田。株距一般在 3～5 m。要做到深栽，栽后把土踏实，并浇足水。造林成活后加强管理，及时中耕、除草、施肥、浇水。在干旱地区，可采用直播造林。播种季节，春、雨、秋季均可，一般以秋末为宜，在雨季前或雨季初造林效果最好。

其他栽培管理技术参考"白皮千头椿"。

# 十、'安阳'黄连木

**树　　种：**黄连木

**学　　名：***Pistacia chinensis* Bunge

**类　　别：**优良种源

**通过类别：**审定

**编　　号：**豫 S – SP – PC – 024 – 2008

**证书编号：**豫林审证字 133 号

**申 请 者：**安阳市林业技术推广站

## （一）品种特性

树形为多主枝自然圆头形，分枝角度在 50°~60°。树皮黑褐色，方块状开裂、鳞片状剥落。小枝灰棕色，被微柔毛或无毛，冬芽红色。偶数羽状复叶（有时奇数）。互生核果，卵球形，径约 5 mm，初黄白色，熟时铜绿色，红色果为空粒、虫果。喜光，幼时耐庇荫，不耐寒；对土壤要求不严，深根性，耐干旱瘠薄，抗风、抗污染力较强，寿命达 300 年以上。生长缓慢，8~10 年生树进入盛果期，产量高。木材坚重致密，心材黄色，二类商品材，比重 0.82，可供建筑、家具等用。种子含油 42.46%，工业用；食用具苦味。叶、皮、果可提栲胶，入药可代黄柏，鲜叶含芳香油 0.12%，嫩叶可代茶、腌食。

果实 10 月成熟。

## （二）适宜种植范围

适于河南省山区种植。

## （三）栽培技术要点

各类土壤均可栽培，对土壤要求不严，抗性强，也可在干旱石灰岩地区栽培，山区阳坡、半阳坡生长好。人工造林用 1 年生二级以上壮苗成活率较高。近年研究推广采用春季繁育 120 天左右大规格容器（13 cm × 20 cm）苗，雨季趁墒造林成活率可达 99% 以上。及时对幼林进行雄株改接雌株，保留 5% 授粉树。天然次生林一定要及时疏伐，促进其通风、透光、结果。

必要时也可进行大树高接换头培育良种结果树。加强结果树的树体管理和抚育，加强黄连木小蜂防治。

（栽培管理技术参考《河南林木良种》2008 年 10 月版，黄连木）

# 十一、七叶树

**树　　种：**七叶树

**学　　名：***Aesculus chinensis* Bunge

**类　　别：**优良种源

**通过类别：**审定

**编　　号：**豫 S – SP – AC – 027 – 2011

**证书编号：**豫林审证字 244 号

**申 请 者：**西峡县黑烟镇林场、西峡县经济林试验推广中心

**（一）品种特性**

为乡土树种。落叶乔木，高可达 25 m，树冠庞大呈圆球形。具有很高的观赏和药用价值，冠如华盖，叶大而形美，硕大的白色花序竖立于叶簇中。种子有理气宽中之效，可入药，叶可榨油制取肥皂。材质轻软，易加工，是名贵高档家具用材树种之一。西峡是伏牛山七叶树之乡，分布着全国罕见的七叶树自然原始群落。

**（二）适宜种植范围**

适于河南省伏牛山南北坡范围内，海拔 600 ~ 1 600 m 区域栽植。

**（三）栽培管理技术**

1. 苗木培育

1）苗圃地选择及整地

苗圃地土壤以肥沃疏松、土层深厚的壤土或轻黏壤土为宜。土壤以中性或微酸性土壤较好。每 667 m² 施腐熟有机肥 1 000 kg。细致做床，床面高于步道 15 ~ 20 cm，床面宽 1 ~ 1.2 m。

2）采种与播种

选择 15 ~ 30 年生健康、无病虫害、结果多的大树，9 月下旬果熟时，敲落果实，阴干脱粒。脱粒的种子最好马上播种，也可在阴凉处沙藏，要经常检查，以防霉烂。出种率 50% ~ 60%，千粒重 12 000 ~ 16 000 g，每千克种子 60 ~ 80 粒。发芽率 50% ~ 70%。

一般采用点播方式，株距 15 cm，行距 25 cm。播种时种脐向下，覆土 3~4 cm。出苗前切勿灌水，以免表土板结。苗床应盖草保湿。

3）苗期管理

（1）出苗期。种子直接播种后 25~30 天开始发芽。待地上部分出现真叶，地下部分出现侧根时，幼苗开始独立进行营养。此时幼苗大部分营养来自于种子本身，幼苗对环境的适应能力较弱，要加强圃地管理，适当地遮阳，以防苗木早晚受冻和白天日灼。

（2）生长初期。从苗木长到 3~5 cm 开始到苗木进入快速生长期为生长初期。此时七叶树幼苗幼嫩，抗逆能力弱，炎热、低温、旱、涝、病虫害等都容易使幼苗死亡。幼苗的生长对水肥的要求也逐渐增多，视苗木生长情况适当施用稀薄粪肥。为增强抗病能力可使用 50% 托布津可湿性粉剂 0.5%~1% 溶液或用 50% 多菌灵 0.1% 溶液喷雾防病。

（3）速生期。5~6 月是生长高峰期，这时开始出现侧枝。此期要注意松土、除草，增施追肥，灌水排涝，防治病虫害。追肥以氮肥为主，适当施用磷钾肥。

当年苗木在一般管理条件下，冬播苗高可达 50~80 cm，春播苗一般也可以达到 40~60 cm。在苗木展叶期进行抹芽，抹去多余的分枝，一般留 3~5 个主枝。抹枝后注意包扎好伤口，防止感染，视培育目标保留 1~3 株健壮的主梢，以培育良好的树形。

（4）后期管理。为提高苗木越冬的抗低温、干旱的能力，9 月上旬以后应停止施肥。为有利于来年苗木移植，可在 11~12 月在离根部 20~30 cm 处呈 45°角用起苗铲快速将主根截断，这样，既可控制苗木对水分的吸收，又可促进苗木木质化，并多生长吸收根。七叶树大多数是用于庭园、公园绿化及行道树的栽植，因此需要培育成大苗以供绿化工程用。1 年生苗木在春季进行移栽，以后每隔 1 年栽 1 次。幼苗喜湿润，喜肥。小苗移植的株行距可视苗木在圃地留床的时间而定，留床时间长的株行距可以大一些，一般为 1.5 m×1.5 m。小苗移植和大苗移栽前都应施足基肥，移植时间一般为冬季落叶后至翌年春季苗木发芽前进行。移植时均应带土球，土球的大小一般为苗木胸径的 8~10 倍。为防止树皮灼裂，可以将树干用草绳捆扎。

2. 栽植

七叶树对立地条件要求较高，宜选择湿润、肥沃、排水良好的地块，及夏季湿润凉爽的生态环境，土壤干燥瘠薄地段和积水地不宜栽植。

（1）园林绿化。因其树冠大，宜稀植，与其他乔木、灌木树种搭配混栽，孤植应与建筑物保持一定距离，栽植时间以落叶后秋季或发芽前春季为好；若生长期移栽，必须带好土球，并剪去部分枝叶，注意经常给树冠喷水，栽植穴要大，坑底垫肥土，砸实后浇透水，多风处大树移植，应用木杆支撑树干。

（2）成片造林。一般进行水平阶整地，用 1 ~ 2 年生苗，在落叶后或发芽前进行栽植，株行距 4 m，挖穴栽植，株距 4 ~ 6 m，穴径 60 cm，深 50 cm。挖穴时，表土和心土分别堆放。栽植时，先将表土与基肥混合后再回填，栽植深度以苗木根茎与地面平齐为宜，基部培土成馒头形，高出地面 4 ~ 6 cm。以后经常松土除草，4 月在根际开环沟，施追肥一次，干旱时要及时浇水，夏季注意及时排水。成片栽植时可间种作物，以耕代抚。

3. 主要病虫害防治

（1）日灼病。夏季因高温日灼，树干皮层坏死，病菌侵染，引起木质部腐烂。

防治方法：可在深秋或初夏对树干涂白。涂白剂配方是：先将 10 份生石灰和 2 份盐用少量水化开，再加 1 份硫黄粉，0.2 份洗衣粉拌匀，然后加水 40 份，调匀而成。

（2）刺蛾。属鳞翅目刺蛾科，种类很多，食性杂，大发生时常将叶片吃光，仅留枝条叶柄，严重影响树木生长。常见的有黄刺蛾（*Cnidocampa flavescens* Walker）、褐边绿刺蛾（*Parasa consocia* Walker）、桑褐刺蛾（*Setora pastornata*（Hampson））等。刺蛾幼虫蛞蝓型，腹足退化成吸盘状，爬行时匍匐移动，体上常具瘤和刺，人的皮肤被刺后，痛痒异常，故称刺蛾，老熟幼虫化蛹于光滑而坚硬的蛹壳内，形似雀卵。有的结茧于树的枝干上，有的结茧于树木附近的土中。多数刺蛾 1 年发生 2 代。成虫日间静状，夜间活动，有趋光性。绝大多数刺蛾均产卵于叶背，并经常数十粒排列在一起呈鱼鳞状。初龄幼虫有群集性，被害叶常残留一层透明薄膜。3 龄后则逐渐分散，啮食全叶。

防治方法：消灭越冬虫茧。挖除土中茧、剪除枝上茧、敲击干上茧，消灭其中蛹。

灯光诱杀成虫。

幼虫盛发期喷洒 90% 敌百虫 1 000 倍液或 50% 的马拉松 800 ~ 1 000 倍液。

# 十二、'宁陵'白蜡

**树　　种：**白蜡

**学　　名：**_Fraxinus chinensis_ 'Ningling'

**类　　别：**优良品种

**通过类别：**审定

**编　　号：**豫 S – SV – FC – 016 – 2008

**证书编号：**豫林审证字 125 号

**申 请 者：**商丘市林业技术推广站、宁陵县林业技术推广中心

## （一）品种特性

树形端正，树干通直，生长健壮，萌芽力、成枝力均强，根系发达，枝干柔软，枝叶茂密。较绒毛白蜡生长快，可提前一年采杆。叶色黄嫩，较原品种叶色更加亮丽，观赏价值更高；叶片较原品种厚。抗病性强，对叶斑具有极强的抗性。喜光、喜温暖湿润气候及肥厚湿润的沙壤土。抗逆性较强，抗旱耐涝，耐瘠薄，抗风、耐沙埋，耐盐碱。

## （二）适宜种植范围

适于沿黄中下游流域沙土地区种植。

## （三）栽培管理技术

1. 苗木培育

1）种实采集

选择生长健壮、无病虫害的优良植株，在翅果由绿色变为黄褐色、种仁发硬时采摘。种子成熟后不落，可剪下果枝，晒干去翅，去除杂物，将种实装入容器内，放在经过消毒的低温、干燥、通风的室内进行贮藏。

2）种实处理

白蜡种子休眠期长，春季播种必须先行催芽，催芽处理的方法有低温层积催芽和温水催芽。

（1）低温层积催芽。选地势较高、排水良好、背风背阴的地方挖沟，沟的深度在冻土层以下、地下水位以上，沟宽 80 cm，沟的长度视种子的数量而定。白蜡种子与湿沙的比例为 1∶（2 ~ 3），先在沟底铺一层 10 cm 厚的湿沙，再把种子与湿沙充分混合均匀，放入沟内，种沙厚度为 50 ~ 70 cm，离地面 10 cm 加盖湿沙，然后覆土使顶呈屋脊状。每隔 0.7 ~ 1 m 放一秫秸把，以利通气，一般处理时间为 60 ~ 80 天。

（2）温水催芽。冬季未进行低温层积催芽的种子，可用40 ℃的温水浸种，自然冷却后再浸泡2~3天，每天换水1次，捞出种子混以3倍的湿沙，放在温炕上催芽。温度宜保持在20~25 ℃，每天翻动，保持湿润，20天左右有30%种子裂嘴时即可播种。

3）圃地选择与整地

选择土壤疏松肥沃、排灌方便的沙壤土。播种前细致整地，做到平、松、匀、细。沙土地和黏土地可以采取有效的土壤改良措施，如多施有机肥料，改善土壤的理化性状。每667 m² 施入2~3 kg的5%辛硫磷颗粒剂，将药加入细土掺匀，撒入圃地，然后翻耕，消灭地下害虫。每667 m² 施入15~20 kg的硫酸亚铁，混入20倍细土，均匀撒入苗床，可以防治苗木立枯病。

4）育苗方法

（1）播种育苗。春播宜早，一般在2月下旬至3月上旬播种。开沟条播，每667 m² 用种量3~4 kg，深度为4 cm，深度要均匀，应随开沟随播种随覆土，覆土厚度2~3 cm。覆土后进行镇压。

（2）扦插育苗。春季3月下旬至4月上旬进行。扦插前细致整地，施足基肥，使土壤疏松，水分充足。从生长迅速、无病虫害的健壮幼龄母树上选取1年生枝条，一般枝条粗度为1 cm以上，长度15~20 cm，上切口平剪，下切口为马耳形。每穴插2~3根，使插条分散开，行距40 cm，株距20 cm，春插宜深埋，砸实、少露头，每667 m² 插4 000株。

5）抚育管理

（1）灌溉排水。根据苗木生长的不同时期，合理确定灌溉时间和数量。在种子发芽期，床面要经常保持湿润，灌溉应少量多次；幼苗出齐后，子叶完全展开，进入旺盛生长期，灌溉量要增大，次数要少，每次要浇透浇足。灌溉时间宜在每天早晚进行。夏季多雨季节要及时排水。

（2）松土除草。本着"除早、除小、除了"的原则，及时拔除杂草，除草最好在雨后或灌溉后进行，苗木进入生长盛期应进行松土，初期宜浅，后期稍深，以不伤苗木根系为准。

（3）追肥。苗木施肥应以基肥为主，为使苗木速生粗壮，在苗木生长旺盛期应施化肥加以补充。幼苗期施氮肥，苗木速生期多施氮肥、钾肥或几种肥料配合使用，生长后期应停施氮肥，多施钾肥，追肥应以尿素、磷酸二氢钾、过磷酸钙等速效性肥料为主，少量多次。

（4）间苗。一般间苗两次，第一次在苗木出齐长出两对真叶时进行，第二次在苗木叶子互相重叠时进行。间苗应留优去劣，除去发育不良的、有病虫害的、有机械损伤的和过于密集的幼苗。最好在雨后土壤湿润时进行间苗。

2. 造林

白蜡适生范围较宽，但喜生于土层深厚湿润的壤土、沙壤土或腐殖土上。土壤无盐碱、地势平坦、土层深厚的地段，造林前宜全面整地。

（1）庭园绿化。城市绿化以使用胸径 8 cm 的大苗为宜。树穴直径 80 ~ 100 cm，深 50 ~ 60 cm，如果在建筑垃圾或盐碱土地段，可进行客土栽树，施入基肥。

（2）防护林营造。初植株行距以 2 m × 3 m 为宜。造林后的两年内可在行间混种低矮豆类、瓜类等农作物。白蜡树枝条稀疏，修枝量要轻，要保持中心领导干的优势。主干高度应保持全树高的 1/2。修剪时不宜将对生的两个大枝同时去掉，应逐年回缩修剪，首先护头挖心，再除去部分侧枝，2 ~ 3 年后再从基部除去侧枝，这样可以培育成良材。

3. 主要病虫害防治

（1）褐斑病。病菌危害白蜡树的叶片，引起早期落叶，影响树木当年生长量。病菌着生于叶片正面，散生多角形或近圆形褐斑，斑中央灰褐色，直径 1 ~ 2 mm，大病斑达 5 ~ 8 mm。斑正面布满褐色霉点，即病菌的子实体。

防治方法：播种苗应及时间苗，前期加强肥、水管理，增强苗木抗病力。秋季清扫留床苗地面上的病落叶，减少越冬菌源。

6 ~ 7 月喷 1 : 2 : 200 倍波尔多液或 65% 代森锌可湿性粉剂 600 倍液 2 ~ 3 次，防病效果良好。

（2）梢距甲。成虫、幼虫危害，但以成虫为害较重，主要危害白蜡树幼苗嫩梢，严重影响当年高生长。

1 年发生 1 代，以成虫在土下 12 cm 左右深的土室中过冬。来年春 4 月上旬，成虫大量出土并取食、交配。成虫喜食幼苗嫩茎，很少食叶，致使叶枯萎。幼虫即在嫩梢内向下蛀食，仅取食嫩梢内部一侧，其嚼啐物常塞满隧道。粪便一般自产卵孔及梢顶排出。幼虫经过 30 ~ 40 天，老熟后咬破下端枝皮，直接坠入土中作室化蛹。成虫羽化后，即在原处不动过冬。被害梢长 3 ~ 4 cm。

防治方法：成虫发生期，进行早晚捕杀；剪除产卵枝梢及幼虫危害梢；幼虫老熟入土前，在林地放养鸡鸭啄食。

成虫发生时，喷洒 90% 敌百虫或 80% 氧乐果各 1 000 倍液。幼虫为害期，喷洒 25% 灭幼脲 3 号 1 000 倍液或喷 25% 蛾蚜净可湿性粉剂 1 500 ~ 2 000 倍液。

# 第四篇　园林绿化良种

## 一、'全红'杨

**树　　种**：杨树

**学　　名**：*Populus deltoides* ' Quanhong'

**类　　别**：优良品种

**通过类别**：认定（有效期 5 年）

**编　　号**：豫 R－SV－PD－027－2009

**证书编号**：豫林审证字 160 号

**培　育　者**：河南省林业科学研究院

**（一）品种特性**

叶片为三角形，单叶平均面积为 99.87 cm$^2$，为中红杨的 51.33%；从春季萌芽期为深紫红色，夏季为紫红色，秋季为鲜红色，与中红杨叶片颜色变化完全不同。

**（二）适宜种植范围**

适于河南省美洲黑杨适生区栽植。

**（三）栽培技术要点**

用 2 年生以上苗木造林，造林地须具备较好水肥条件。

（栽培管理技术参考《河南林木良种》2008 年 10 月版，中红杨）

## 二、'八千代椿'牡丹

**树　　种**：牡丹

**学　　名**：*Paeonia suffruticosa* ' Yachiyotsubaki'

**类　　别**：引种驯化品种

**通过类别**：审定

**编　　号**：豫 S－ETS－PS－032－2011

**证书编号**：豫林审证字 249 号

**培 育 者：**河南北方园林绿化实业有限公司

**（一）品种特性**

为日本引进品种。花桃红色，花色亮丽，花朵直径 18 ~ 20 cm，叶互生，二回羽状复叶。小型叶，叶长 20 ~ 30 cm，宽 15 ~ 20 cm。棵形较矮，适合做盆栽促成。嫁接成活率高，易繁殖。

**（二）适宜种植范围**

适于河南省黄河流域、长江流域栽培，可在河南省范围内进行温室保护地栽培。

**（三）栽培管理技术**

1. 苗木繁殖

牡丹常用分株和嫁接法繁殖，也可播种或扦插繁殖。

移植适期为 9 月下旬至 10 月上旬。栽培 2 ~ 3 年后应进行整枝。对生长势旺盛、发枝能力强的品种，只需剪去细弱枝，保留全部强壮枝条，对基部的萌蘖及时除去，以保持美观的株形。在现蕾早期，选留一定数量发育饱满的花芽，将过多的芽和弱芽抹去。一般 5 ~ 6 年生的植株，保留 3 ~ 5 个花芽。新定植的植株，第二年春天应将所有花芽全部除去，不让其开花，以集中营养促进植株的发育。

2. 栽植

选择向阳、不积水之地，最好是阳坡、肥沃、排水好的沙质壤土。栽植前深翻土地，栽植坑要适当大，牡丹根部放入其穴内要垂直舒展。栽植深度以刚刚埋住根为好。

3. 栽培管理

（1）光照与温度管理。充足的阳光对其生长较为有利，但牡丹不耐夏季烈日暴晒，温度在 25 ℃以上则会使植株呈休眠状态。开花适温为 17 ~ 20 ℃，但花前必须经过 1 ~ 10 ℃的低温处理 2 ~ 3 个月。最低能耐 -30 ℃的低温，但北方寒冷地带冬季需采取适当的防寒措施，以免受到冻害。南方的高温、高湿天气对牡丹生长极为不利。

（2）浇水与施肥。栽植前浇 2 次透水。入冬前灌 1 次水，保证其安全越冬。开春后视土壤干湿情况浇水，但不要浇水过多。全年一般施 3 次肥，第一次为花前肥，施速效肥，促其花开大开好。第二次为花后肥，追施 1 次有机液肥。第三次是秋冬肥，以基肥为主，促翌年春季生长。另外，要注意中耕除草。

（3）整形修剪。花谢后及时摘花、剪枝，根据树形自然长势和培养树形修剪，同时在修剪口涂抹愈伤防腐膜保护伤口，防治病菌侵入感染。若想植株低矮、花丛密集，则短截重些，以抑制枝条扩展和根蘖发生，一般每株以保留 5~6 个分枝为宜。

（4）盆栽牡丹管理。盆栽应选大型的、透水性好的瓦盆，盆深在 30 cm以上。最好用深度为 60~70 cm 的瓦缸。栽培牡丹花的盆土宜用沙土和饼肥的混合土，或用充分腐熟的厩肥、园土、粗砂以 1∶1∶1 的比例混匀的培养土。遇到连续下雨的天气时要及时排水，切不可让其根部积水。牡丹不耐高温，夏季天热时要及时采取降温措施，搭凉棚为其遮阴。中午前盖上草帘或芦苇，傍晚揭去。

（5）花期控制。盆栽牡丹可通过冬季催花等处理而春节开花，方法是春节前 60 天选健壮鳞芽饱满的牡丹品种（如赵粉、洛阳红、盛丹炉、葛金紫、珠砂垒、大子胡红、墨魁、乌龙捧盛等）带土起出，尽量少伤根，在阴凉处晾 1~3 天后上盆，并进行整形修剪，每株留 10 个顶芽饱满的枝条，留顶芽，其余芽抹掉。上盆时，盆大小应和植株相配，以达到满意株型。浇透水后，正常管理。春节前 50~60 天将其移入 10 ℃ 左右温室内，每天喷2~3次水，盆土保持湿润。当鳞芽膨大后，逐渐加温至 25~30 ℃，夜温不低于 15 ℃，如此春节可见花。

4. 主要病害防治

（1）叶斑病。也称红斑病，此病为多毛孢属的真菌传染。病菌主要浸染叶片，也浸染新枝。发病初期一般在花后 15 天左右，7 月中旬随温度的升高日趋严重。初期叶背面有谷粒大小褐色斑点，边缘色略深，形成外浓中淡、不规则的圆心环纹枯斑，相互融连，以致叶片枯焦凋落。叶柄受害产生墨绿色绒毛层；茎、柄部染病产生隆起的病斑；病菌在病株茎叶和土壤中越冬。

防治方法：11 月上旬（立冬）前后，将地里的干叶扫净，集中烧掉，以消灭病原菌；发病前（5 月）喷洒 1∶1∶160 倍的波尔多液，10~15 天喷一次，直至 7 月底；发病初期，喷洒 500~800 倍的甲基托布津、多菌灵，7~10 天喷一次，连续 3~4 次。

（2）紫纹羽病。真菌病害，由土壤传播。发病在根颈处及根部，以根颈处较为多见。受害处有紫色或白色棉絮状菌丝，初呈黄褐色，后为黑褐色，俗称"黑疙瘩头"。轻者形成点片状斑块，不生新根，枝条枯细，叶片发黄，鳞芽瘪小；重者整个根颈和根系腐烂，植株死亡。此病多在 6~8 月高温多雨季节发生；9 月以后，随气温的降低和雨水的减少，病斑停止蔓延。

防治方法：选排水良好的高燥地块栽植；雨季及时中耕，降低土壤湿度；4~5 年轮作一次；选育抗病品种；分栽时用 5% 代森铵 1 000 倍液浇其根部；受害病株周围用石灰或硫黄消毒。

（3）菌核病。又名茎腐病，病原为核盘菌。发病时在近地面茎上发生水渍状斑，逐渐扩展腐烂，出现白色棉状物。也可能浸染叶片及花蕾。

防治方法：选择排水良好的高燥地块栽植；发现病株及时挖掉并进行土壤消毒；4~5 年轮作一次。

# 三、‘岛锦’牡丹

**树　　种：** 牡丹

**学　　名：** *Paeonia suffruticosa* ‘Shima–nishiki’

**类　　别：** 引种驯化品种

**通过类别：** 审定

**编　　号：** 豫 S–ETS–PS–033–2011

**证书编号：** 豫林审证字 250 号

**培 育 者：** 河南北方园林绿化实业有限公司

**（一）品种特性**

为日本引进品种。复色品种，花开两色，红白相间。花朵直径 16~18 cm，为稀有珍贵品种，观赏价值超过我国复色品种中二乔。二回羽状复叶，叶互生，中型长叶，长约 40 cm，宽 25 cm。

**（二）适宜种植范围**

适于河南省黄河流域、长江流域栽培，可在河南省范围内进行温室保护地栽培。

**（三）栽培技术要点**

每年 8 月下旬至 10 月上旬，用凤丹和芍药 2 年生播种苗嫁接，成活率均可达 70% 以上，熟练技工嫁接成活率最高可达 95%。栽培过程切记勿积水，以防烂根。

其他栽培管理技术参考‘八千代椿’牡丹。

# 四、'海黄'牡丹

**树　　种：**牡丹

**学　　名：** *Paeonia suffruticosa* 'High Noon'

**类　　别：**引种驯化品种

**通过类别：**审定

**编　　号：**豫 S – ETS – PS – 034 – 2011

**证书编号：**豫林审证字 251 号

**培 育 者：**河南北方园林绿化实业有限公司

## （一）品种特性

为日本引进品种。花色金黄，花朵直径 12～16 cm。叶互生，二回羽状复叶，叶缘深裂，中型长叶，长约 40 cm，宽约 20 cm，有多次开花习性，在生长季节（5～7 月）能开花 1～3 次；长势中等，分枝力弱，分枝之间生长势差异较大，一般一年生枝生长量 30～40 cm，个别分枝可达 80～100 cm，可做盆栽促成。我国栽培品种目前还没有金黄色的牡丹品种。

## （二）适宜种植范围

适于河南省黄河流域、长江流域栽培，可在河南省范围内进行温室保护地栽培。

## （三）栽培技术要点

每年 8 月下旬至 10 月上旬，用凤丹和芍药 2 年生播种苗嫁接，成活率均可达 70% 以上，熟练技工嫁接成活率最高可达 95%。栽培过程切记勿积水，以防烂根。

其他栽培管理技术参考'八千代椿'牡丹。

# 五、'日暮'牡丹

**树　　种：**牡丹

**学　　名：** *Paeonia suffruticosa* 'Higurashi'

**类　　别：**引种驯化品种

**通过类别：**审定

**编　　号：**豫 S – ETS – PS – 035 – 2011

**证书编号：**豫林审证字 252 号

**培 育 者：**河南北方园林绿化实业有限公司

**（一）品种特性**

为日本引进品种。花深红色，成花率较高，花朵直径 18～20 cm。叶互生，二回羽状复叶，小型长叶，叶长 30～40 cm，宽 10～15 cm。生长势强，嫁接成活率高，适合盆栽和促成。

**（二）适宜种植范围**

适于河南省黄河流域、长江流域栽培，可在河南省范围内进行温室保护地栽培。

**（三）栽培技术要点**

每年 8 月下旬至 10 月上旬，用凤丹和芍药 2 年生播种苗嫁接，成活率均可达 70% 以上，熟练技工嫁接成活率最高可达 95%。栽培过程切记勿积水，以防烂根。

其他栽培管理技术参考‘八千代椿’牡丹。

# 六、‘太阳’牡丹

**树　　种：**牡丹

**学　　名：***Paeonia suffruticosa* ‘Taiyo’

**类　　别：**引种驯化品种

**通过类别：**审定

**编　　号：**豫 S－ETS－PS－036－2011

**证书编号：**豫林审证字 253 号

**培 育 者：**河南北方园林绿化实业有限公司

**（一）品种特性**

为日本引进品种。花红色，极鲜艳。红色度达 500，超过我国红色牡丹品种火炼金丹（红色度为 300），极悦目，花朵直径 18～20 cm。二回羽状复叶，互生，中型长叶。适合盆栽促成，是极有市场前景的红色品种。

**（二）适宜种植范围**

适于河南省黄河流域、长江流域栽培，可在河南省范围内进行温室保护地栽培。

**（三）栽培技术要点**

每年 8 月下旬至 10 月上旬，用凤丹和芍药 2 年生播种苗嫁接，成活率均可达 70% 以上，熟练技工嫁接成活率最高可达 95%。栽培过程切记勿积水，以防烂根。

其他栽培管理技术参考'八千代椿'牡丹。

# 七、'锦的艳'牡丹

**树　　种**：牡丹

**学　　名**：*Paeonia suffruticosa* 'Nishikinotsuya'

**类　　别**：引种驯化品种

**通过类别**：审定

**编　　号**：豫 S – ETS – PS – 037 – 2011

**证书编号**：豫林审证字 254 号

**培 育 者**：河南北方园林绿化实业有限公司

**（一）品种特性**

为日本引进品种。花红色，花朵直径 16 ~ 18 cm，叶互生，二回羽状复叶，中型短叶（叶柄较短），长 25 ~ 30 cm，宽 20 cm。棵型紧凑，较矮，适做盆栽和促成栽培。在我国牡丹品种中还没有此种性状适合盆栽和促成栽培的品种。做盆栽促成效果极好。

**（二）适宜种植范围**

适于河南省黄河流域、长江流域栽培，可在河南省范围内进行温室保护地栽培。

**（三）栽培技术要点**

每年 8 月下旬至 10 月上旬，用凤丹和芍药 2 年生播种苗嫁接，成活率均可达 70% 以上，熟练技工嫁接成活率最高可达 95%。栽培过程切记勿积水，以防烂根。

其他栽培管理技术参考'八千代椿'牡丹。

# 八、'密叶'杜仲

**树　　种**：杜仲

**学　　名**：*Eucommia ulmoides* 'Miye'

**类　　别**：优良品种

**通过类别**：审定

**编　　号**：豫 S – SV – EU – 020 – 2009

**证书编号：**豫林审证字153号

**培　育　者：**中国林业科学研究院经济林研究开发中心

**（一）品种特性**

生长速度中等，树冠呈圆头形，树叶稠密，冠形紧凑，分枝角度小，冠形十分美观。树皮浅纵裂，8年生胸径11.6 cm。枝条粗壮呈棱形，枝条节间长1.5~2.0 cm。叶片宽椭圆形，表面粗糙，锯齿深凹；叶色浅绿色或绿色，叶纸质，单叶厚0.25 mm，叶长12~15 cm，叶宽8.0~10.2 cm，叶柄长1.5~2.5 cm。材质硬，抗风能力极强。

**（二）适宜种植范围**

适于河南省杜仲适生区栽培。

**（三）栽培技术要点**

一般作为城市或乡村行道树，种植株距为3~4 m；庭园、小区、公园等绿化可根据设计灵活种植，株距2~4 m；作为防护林可种植3~5行，栽植密度为3 m×4 m~2 m×3 m。幼树修剪以短截为主，每年冬季将1年生枝条短截1/4~1/3，促发萌条。6龄以上的单株，对树冠内部萌发的徒长枝适当疏除。

（栽培管理技术参考《河南林木良种》2008年10月版，华仲6号）

# 九、'红叶'杜仲

**树　　　种：**杜仲

**学　　　名：***Eucommia ulmoides* 'Hongye'

**类　　　别：**优良品种

**通过类别：**认定（有效期5年）

**编　　　号：**豫R－SV－EU－028－2009

**证书编号：**豫林审证字161号

**培　育　者：**中国林业科学研究院经济林研究开发中心

**（一）品种特性**

为变异单株。生长速度中等，树冠呈圆锥形。树皮浅纵裂。1年生枝条呈浅红色至紫红色，节间长2.5~4.0 cm。春季嫩叶为浅红色，展叶后除叶背面和中脉为青绿色外，叶表面、侧脉以及枝条逐步变成红色或紫红色；叶长卵形，叶长12~18 cm，叶宽6.5~10.8 cm，叶基圆形。冠形呈圆锥状，分枝角度35°~65°。雄花期3月上旬至4月中旬，雄花6~11枚簇生于当年生枝条基部，雄蕊长 0.9 ~ 1.2 cm；雄花量大，盛花期每 667 m² 可产鲜雄花 200 ~ 300 kg。

**（二）适宜种植范围**

适于河南省杜仲适生区种植。

**（三）栽培技术要点**

作为城市或乡村行道树，种植株距为 3 ~ 4 m；庭园、小区、公园等绿化可根据设计灵活种植，株距 2 ~ 4 m；作为观赏与雄花茶兼用，栽植密度为 1.5 m×2 m ~ 2 m×3 m。幼树应促发萌条，修剪以短截为主，每年冬季将 1 年生枝条短截 1/4 ~ 1/3。6 龄以上的单株，对树冠内部萌发的徒长枝适当疏除。

（栽培管理技术参考《河南林木良种》2008 年 10 月版，华仲 6 号）

# 十、'少球 1 号'悬铃木

**树　　种：**二球悬铃木

**学　　名：***Platanus acerifolia* 'Shao Qiu 1'

**类　　别：**优良品种

**通过类别：**认定（有效期 5 年）

**编　　号：**豫 R – SV – PA – 046 – 2010

**证书编号：**豫林审证字 216 号

**培 育 者：**国家林业局泡桐研究开发中心、河南省省级林木种苗示范基地

**（一）品种特性**

为选育品种。树干通直，叶大如盘，冠大荫浓。无球或极少结球，99.4% 的 7 年生植株表现为整株无球，0.6% 的植株有少量结球，结球植株平均每株结球数 2.7 个，单株最多结球数为 7 个。抗病虫能力强，未发现黄叶病、锈病、介壳虫、天牛、吉丁虫、刺蛾及其他食叶害虫，且耐寒、耐高温，未发生干梢、冻死、灼伤等生理病害。

**（二）适宜种植范围**

适于河南省推广应用。

**（三）栽培管理技术**

1. 苗木培育

1）扦插育苗

落叶后及早采条，选取 10 年生母树发育粗壮的 1 年生枝。采条后随即

在庇荫无风处截插穗，长 15~20 cm，有 3~4 个芽，上端剪口在芽上约 0.5 cm。插穗可采用湿沙贮藏法进行贮藏。3 月上中旬当插穗芽未萌动时取出扦插，亦可在冬季随采随插。

　　苗圃地要求排水良好，土质疏松，熟土层深厚，肥沃湿润，切忌积水。深耕 30~45 cm，施足基肥。扦插行距 30~40 cm，株距 20~30 cm，一般直插，也可斜插。

　　扦插后，往往芽在生根前萌动展叶，形成假活现象，在抽出枝叶后枯死，10 天左右副芽萌发，这时新根已经生出，容易成活。也可用适量摘去基部叶片的方法来提高成活率。扦插苗在 6~8 月间为生长高峰，这时给以充足的肥水能提高苗木质量。萌芽条高 7~10 cm 时，去除副条，萌芽后晴天中午勤检查，有萎蔫表现时摘去 1~2 枚叶片，如早晨发现萎蔫应立即去除主芽条，仅留副芽条。5 月有"地老虎"为害时，及时捕杀。苗木枝叶过密要适当修去二次枝，摘去基部黄叶，保持通风透光。

　　1 年生苗高约 1.5 m。如培养大苗，第二年初春进行移栽，株行距为 60 cm×60 cm，截干使萌发新条，一般当年生高达 2 m 以上，最高可达 3 m 以上，疏除二次枝，第三年继续留床培育。以后随着生长，及时进行移栽培养。

　　2）播种育苗

　　（1）种子处理。果球成熟后，翌春前采种装入麻袋。播种前将装入麻袋内的果球，轻轻敲打破碎果球后，捡除果序轴，用手在铁筛上反复搓筛，将绒毛和针状种子分开，然后经风选，便可取得净种。

　　播种前，用冷水浸种 24 h，中间更换 1 次清水，在温室内增温。增温期间要检查数次，每次应搅拌喷水保湿，使种子受热均匀，发芽整齐。若温度能保持在 30 ℃左右，1~2 天可见大量种子吐白发芽，立即播种。

　　（2）苗床准备。播种前将小坚果进行低温沙藏 20~30 天，可促使发芽迅速整齐。选择避风、灌水方便、排水良好、无盐碱、肥沃疏松的农耕地作苗圃地。先灌足底水，施腐熟基肥。经深耕细平后，留好步道，开沟做垄，垄高 15 cm，垄底宽 60 cm，垄面宽 30~40 cm，灌水沟底宽 30 cm，口宽 60 cm，垄坡拍打结实，垄面细平，保证垄沟灌水均匀。

　　（3）播种时间。育苗时间以春季为宜，当日平均温度在 15 ℃左右即可播种。一般 4 月 20 日至 5 月 1 日为适播期。

　　（4）播种。应适当密播，每 667 m² 净种用量掌握在 3~5 kg 为宜。将种子均匀撒播在垄面上，然后用事先准备好的沙土覆盖，覆盖厚度以不见种子为度，并轻轻镇压，以利种子和沙土密合，有利于生根。

（5）苗期水肥管理：播种后，立即灌溉，垄沟灌水深度，以浸润垄面为宜。为保持垄面较高的湿度，播种后每天早、晚各喷水 1 次，以后每隔 7 天左右沟灌 1 次。一般播后 5～7 天开始出苗，半月内为集中出苗期。6～8 月是悬铃木幼苗旺盛生长时期，必须做好适时追肥、灌水、抹除侧枝、中耕除草、病虫害防治等各项管理工作。追肥可以从 6 月中旬开始，第一次追肥可顺苗垄两侧坡底开沟，追施化肥。以后随苗木生长分次追施，每次追肥后即行灌水。在苗木生长旺期还可采用根外追肥，叶面喷施磷酸二氢钾和喷施宝 3～5 次，确保苗木健壮生长。为增强苗木木质化强度，入秋前停水。11 月底之前满灌越冬水，以利安全越冬。3～4 年可培育出合格大苗。

2. 行道树栽植

行道树要求用胸径 10 cm 以上的大苗，街道上的土壤条件往往很差，栽前需要换土。在城市主干道上可用 6～8 m 的株距。栽植穴一般 1 m 见方，深 80 cm，下面垫松土 20 cm，同时施基肥。

行道树要做到随挖、随运、随栽，运输时要避免伤根和伤枝，运输、搁放时应用湿草包覆盖根部。宜在 11 月下旬至 12 月中旬以及 2 月中旬至 3 月上旬栽植，放树苗前应在穴底垫入一层疏松的熟土，放入树苗时应使根部舒展，放定树苗后，先将表土松散地加入，当盖没根系时可适当将苗轻提和晃动，以舒展根系并调整深度，再填土踏实。栽植后要浇透水，再覆松土，使土面略高出地面。栽植后立好支柱。

3. 土肥水管理

在干旱时要浇水，先松土，在树干周围开出浅潭，一次浇足水，再次松土。树穴土面应经常保持与人行道路面相平，中心部位应高出路面约 10 cm。每年冬季施基肥，在 6～7 月施追肥。

4. 整形修剪

栽植后根据树木整形要求进行修剪，常用树形为合轴主干形。当苗木长到 4 m 高以上时，即可根据需要在 3.5～4 m 处截去主梢定干，然后在剪口下选留方向适宜、长势相近的 3 个邻近主枝进行短截，剪口下均留侧方芽，抹除上方芽。

5. 主要病害防治

（1）黄叶病。又称黄化病、缺素失绿病，是一种生理病害，通常在 5～7 月间呈现病症。

防治方法：注射法，以胸径 20 cm 具杯状树冠的植株为例，用 1 000 ml

药液，内含硫酸亚铁 15 g，尿素 50 g，用类似挂盐水针的办法，注入树干基部边材部分，1~2 周后树叶就可转绿，并能维持 3 年左右不发病。

土壤施药法，在树干基部四周根系分布范围内打孔 20~30 个，灌入 1:30 的硫酸亚铁溶液 20~30 kg，一个月左右叶可转绿。

（2）腐烂病。发病初期，枝干上的病斑极不明显，如用手握紧枝干拧动，皮层可随即与枝干剥离，此时皮层内部已变质发黏腐烂。因发病程度不同，皮层内颜色由黄绿渐变为黄褐色，至黑褐色。发病后期，皮层内病菌产生扁圆形子座，逐渐突破表皮，外有不明显的小黑点。一般以树冠下部个别轮生枝先发病，逐渐蔓延至主干，造成整株死亡。

防治方法：剪除病枯株，集中烧毁，消灭菌源，防止病菌孢子飞散传播。

6. 主要虫害防治

（1）刺蛾。幼虫俗称"洋辣子"，幼虫食叶。低龄啃食叶肉，稍大食成缺刻和孔洞，严重时将叶片全部食完。1 年 1 代，以老熟幼虫在树下 3~6 cm 土层内结茧以蛹越冬。5 月中旬开始化蛹，6 月上旬开始羽化、产卵，发生期不整齐，6 月中旬至 8 月上旬均可见初孵幼虫，8 月为害最重，8 月下旬开始陆续老熟入土结茧越冬。

防治方法：挖除树基四周土壤中的虫茧，减少虫源。

幼虫盛发期喷洒 80% 敌敌畏乳油 1 200 倍液或 50% 辛硫磷乳油 1 000 倍液、50% 马拉硫磷乳油 1 000 倍液、25% 亚胺硫磷乳油 1 000 倍液、25% 爱卡士乳油 1 500 倍液、5% 来福灵乳油 3 000 倍液。

（2）袋蛾。幼虫取食树叶、嫩枝皮及幼果。大发生时，几天能将全树叶片食尽，残存秃枝光干，严重影响树木生长，开花结实，使枝条枯萎或整株枯死。1 年 1 代，个别种有 1 年 2 代，以老熟幼虫在袋囊内越冬。翌年春天一般不再活动取食。

防治方法：初龄幼虫集中为害，剪除虫枝，消灭幼虫；越冬袋囊，高挂树枝，人工摘除消灭。

幼虫期喷 50% 辛硫磷乳油、50% 乙酰甲胺磷乳油 1 000~1 500 倍液，尤为敌百虫效果好，或喷每克含孢子 100 亿的青虫菌 1 000 倍液。

（3）介壳虫。介壳虫寄生在树枝上，既吮吸树液，又能分泌蜜露诱致烟煤病，使树势生长不良，叶色黄萎。为害悬铃木的主要有龟甲蜡蚧、红蜡蚧、角蜡蚧等。

防治方法：5 月若虫发生蜡壳尚未形成时，喷药效果最好。可用氧乐果

800～1 000 倍液或 80% 敌敌畏乳剂 1 000～1 500 倍液，7～10 天喷一次。喷杀成熟的介壳虫需用松脂合剂 30 倍液或 2% 柴油乳剂 30 倍液。

# 十一、'少球 2 号'悬铃木

树　　　种：二球悬铃木
学　　　名：*Platanus acerifolia* 'Shao Qiu 2'
类　　　别：优良品种
通过类别：认定（有效期 5 年）
编　　　号：豫 R－SV－PA－047－2010
证书编号：豫林审证字 217 号
培　育　者：河南省省级林木种苗示范基地、国家林业局泡桐研究开发中心

## （一）品种特性

为选育品种。树干通直，叶大如盘，冠大荫浓。无球或极少结球。99.7% 的 7 年生植株表现为整株无球，0.3% 的植株有少量结球，结球植株平均每株结球数 1.9 个，单株最多结球数为 5 个。抗病虫能力强，未发现黄叶病、锈病、介壳虫、天牛、吉丁虫、刺蛾及其他食叶害虫，且耐寒、耐高温，未发生干梢、冻死、灼伤等生理病害。

## （二）适宜种植范围

适于河南省推广应用。

## （三）栽培技术要点

为了减少蒸腾，加大夏剪力度，除去干蘖、根蘖外，适当进行疏枝。常见生理性病害为黄叶病，根据病情采用注射法或采用土壤施药法。介壳虫、天牛、吉丁虫、刺蛾是该树种的主要虫害，要及时做好预报预测，对症施药，防止其扩大蔓延。注意做好越冬防寒及冻害护理。

其他栽培管理技术参考'少球 1 号'悬铃木。

# 十二、'东方之子'月季

树　　　种：月季
学　　　名：*Rosa chinensis* 'Dong Fang Zhi Zi'
类　　　别：优良品种

**通过类别：**审定

**编　　号：**豫 S – SV – RC – 031 – 2012

**证书编号：**豫林审证字 292 号

**培 育 者：**南阳市林业科学研究所、南阳月季基地

## （一）品种特性

为芽变品种。株形半扩张。两性完全花，单生或簇生，花蕾圆尖型，茶花型，粉色，花径 12 ~ 14 cm，勤花，重瓣，花瓣 30 ~ 35 枚，淡香。奇数羽状复叶，小叶长椭圆形，略显锯齿。

## （二）适宜种植范围

河南省范围内均可栽植。

## （三）栽培管理技术

1. 繁殖方法

1）扦插繁殖

（1）硬枝扦插。一般结合冬季修剪进行。在 11 月中下旬从修剪下的枝中选无病虫、生长强壮、木质部充实、芽眼饱满的硬枝，长 8 ~ 10 cm，上面带 3 ~ 4 个芽，剪口在底芽下 0.3 ~ 0.4 cm 处，剪成斜面，以增加生根面，上面两个芽各带 2 片小叶（也可无叶），芽上方也可剪成斜面以防积水。苗床宽 80 cm，土中拌珍珠岩、泥炭或椰糠 30% 即可。一般 1 ~ 2 芽插入土中，1 ~ 2 芽留在土上，株行距 5 ~ 10 cm。可覆一层薄地膜后扦插，扦插后上盖薄膜，或露地扦插后用稻草覆盖根部，插后第一次水要浇足，以后保持湿润即可。

（2）绿枝扦插。即生长期进行扦插，只要温度在 20 ℃ 以上，扦插苗发根快、扦插期短，故该法适合大批量生产。全光照喷雾育苗是绿枝扦插的一种，它既可使植物充分进行光合作用，又能解决叶面蒸腾与补充水分的矛盾，是促使生根快的育苗方法。

2）嫁接繁殖

砧木要求无病虫害，距地面 2 ~ 3 cm 处的茎（枝）直径不小于 0.5 cm 且木质化，生长健壮，枝为容易剥离皮层的绿色枝（茎），若茎为红色，则太嫩。接芽在无病虫害的植株上，选取芽眼饱满的当年生发育枝，并在其上取接芽。

嫁接可采用"丁"字形芽接、"工"字形芽接和方块形芽接等。

嫁接后要保持根部水分充足。3 ~ 4 天后，要检查成活，一般芽的叶柄一碰即落，芽部仍为绿色，表示已成活。随时抹去嫁接部位下面的砧木萌

芽，否则影响接芽生长，影响成活。

2. 栽培技术

1）修剪

修剪包括整枝、抹芽、摘心、疏蕾等，它是月季生产管理上至关重要的一环。及时修剪过密枝、衰弱枝、病虫枝、内向交叉枝、重叠枝、盲花枝、残花枝等不合理枝条，有利于保持树势均衡；有利于通风透光，让叶片充分有效地接受光照，使植株生长茂盛，提高出花率，改善开花品质；有利于控制和调节产花期，并能更新骨架枝，延缓衰老。

月季修剪的时间、方法，应根据不同树龄、树势，不同类型、品种，不同的生长发育阶段，不同季节、温度以及市场需求、经济效益等因素而定。

（1）苗期修剪。在定植前，先培养骨架枝。不论嫁接苗、扦插苗成活后，要控制着蕾开花，及时摘蕾，培养主枝。在新发主枝的离地 20～30 cm 处摘心（短截），促使萌发若干芽；然后选留 2～3 个不同方向的壮芽（多余芽抹去），培养成很有前途的骨干枝，每个枝向外、向上扩展 30°～40° 为好；再从各个骨干枝的基部向上 2～3 芽（节）处摘心，同样从萌芽中选 1～2 个外向芽培养成第二层骨干枝。这样就形成杯状（盘状）的骨架，既能达到旺盛的生长势和形成美观的株型，又能集中养分，使多花勤开、花大色艳。嫁接苗要随时、彻底除去砧芽，以保证嫁接苗的正常生长。

（2）2～3 年生植株的修剪。如老枝趋向衰老退化，应从基部培养新枝，以待更新。当基部抽出徒长枝时在 20～40 cm 处摘心（短截）后，留 2～3 个不同方向的壮芽，以培养理想的接班枝。待新枝成长后，再将老弱枝剪除。

2）水分管理

月季耐旱，忌积水，适宜于地势干燥、排水良好的沙质壤土中生长。水分的控制要根据月季生长发育的不同阶段来进行，苗期、营养生长期要干、湿交替，即不干不浇，浇要浇透，这有利于根系发育。

（1）控水。当月季营养生长旺盛时，为促使花芽分化、提早开花，适当控水 7～10 天；在施肥前应控水 2～4 天（视天气情况），有利于吸收肥力；高温季节，虽温度高、叶子蒸发量大，需要及时浇水，但不宜大水大肥，尤其是暴雨后要及时排水。否则易感染病虫害，很容易造成落叶，甚至死亡；冬天休眠期土壤偏干为好。

（2）促水。苗期要保持土壤湿润，随着植株迅速生长，水分逐渐增多；在月季生长季节，当修剪后应给予充足的水分，最好配合肥料施用，有利于发芽抽枝，尤其是切花生产，为达到切枝的一定高度，必须充分供水，保持植株生长茂盛、枝条拔长；花芽分化后，从花蕾形成到盛花期要提供足够的水分，以提高开花品质。

总之，给水多少和植物生长发育不同阶段的生理需求、植株大小、土壤条件、日照量、湿度、气温等有很大关系，所以在月季栽培中很难确定灌溉的定量指标，往往需要凭栽培者的经验灵活掌握。

3）施肥

月季在年生长周期内能多次反复开花，且花量多、花期长，因此月季在生长期内极需肥，尤其在每次开花后及时补肥，才能满足其继续反复开花的需要。施肥时，不仅要提供足够的氮、磷、钾三要素，还要满足月季生长发育对硫、钙、镁等大量元素和氯、硼、铁、锰、锌、铜、钼等微量元素的需要，只有适时适量、合理供给各种营养物质，才能使月季多开花、开好花。

3. 主要病害防治

（1）黑斑病：据连续多年的调查统计，'粉扇'月季抗性强，属中抗品种，病情指数平均达6.1%左右。若发现有个别植株感染黑斑病应及时彻底清理病枝、枯叶集中销毁，越冬时，对病枝进行重修；加强肥水管理，增强树势，提高植株抗病能力；合理密植，加强植株通风透光；清园，及时除草，防治昆虫及改善浇水方法；以防为主，早春发芽前，用密度为1.036（波美5度）的石硫合剂全面喷一次；5~9月间定期（7~10天）喷药，可选用以下药剂交替使用：50%多菌灵可湿性粉剂600~1000倍液，75%百菌清可湿性粉剂600~1000倍液，80%代森锌可湿性粉剂500~600倍液，50%代森锌铵1000倍液，70%甲基托布津1000~1200倍液，10%世高水分散粒剂2000倍数。

（2）白粉病：据连续多年的调查统计，'粉扇'月季抗性强，很少感染白粉病。若发现个别植株感染应及时清园，将病枝、病叶及枯枝落叶集中烧毁；早春发芽前喷密度为1.036（波美5度）的石硫合剂；生长期定期喷药，可选用以下化学药剂中的任一种：20%粉锈宁乳油2000倍液，15%粉锈宁可湿性粉剂1500倍液，25%敌力脱乳油1500倍液，50%多悬乳液300倍液，50%甲基托布津可湿性粉剂800倍液，75%百菌清可湿性粉剂600倍液，50%多菌灵可湿性粉剂800倍液。

4. 主要虫害防治

（1）叶螨：又名红蜘蛛。防治方法结合冬季除草，清除枯枝落叶，以降低翌年虫口密度。可用40%三氯杀螨醇1000~1500倍液进行化学防治，也可选用克螨特、霜螨灵、螨蚜威、虫螨净等药剂。

（2）线虫：危害月季根部。防治方法：砧木用45%灭多虫1 000倍液浸泡30 min；实行轮作；用铁灭克5%颗粒剂按每平方米4～10 g用量埋于土中；定植前进行土壤消毒。

# 十三、'粉扇'月季

**树　　种**：月季
**学　　名**：*Rosa chinensis* 'Fen Shan'
**类　　别**：优良品种
**通过类别**：审定
**编　　号**：豫 S－SV－RC－032－2012
**证书编号**：豫林审证字293号
**培　育　者**：南阳月季基地、南阳市林业科学研究所

**（一）品种特性**

为芽变品种。株形扩张。两性完全花，单生或簇生，花蕾圆尖型，茶花型、粉色，花径16～18 cm，勤花，重瓣，花瓣40～45枚，浓香。奇数羽状复叶，小叶椭圆接近圆形，略显锯齿，叶片肥大。

**（二）适宜种植范围**

河南省范围内均可栽植。

**（三）栽培技术要点**

月季耐旱，忌积水，适宜于地势干燥、排水良好的沙质壤土中生长。水分的控制要根据月季生长发育的不同阶段来进行，苗期、营养生长期要干、湿交替，即不干不浇，浇要浇透。月季修剪的时间、方法，应根据不同树龄、树势，不同类型、品种，不同的生长发育阶段，不同季节、温度以及市场需求、经济效益等因素而定。修剪包括整枝、抹芽、摘心、疏蕾等，它是月季生产管理上至关重要的一环。及时修剪过密枝、衰弱枝、病虫枝、内向交叉枝、重叠枝、盲花枝、残花枝等不合理枝条，有利于保持树势均衡；有利于通风透光，让叶片充分有效地接受光照，使植株生长茂盛，提高出花率，改善开花品质；有利于控制和调节产花期，并能更新骨架枝，延缓衰老。月季在年生长周期内能多次反复开花，且花量多、花期长，因此月季在生长期内极需肥，尤其在每次开花后及时补肥，才能满足其继续反复开花的需要。施肥时，不仅要提供足够的氮、磷、钾三要素，还要满足月季生长发

育对硫、钙、镁等大量元素和氯、硼、铁、锰、锌、铜、钼等微量元素的需要，只有适时适量、合理供给各种营养物质，才能使月季多开花、开好花。

其他栽培管理技术参考'东方之子'月季。

# 十四、'红菊花'桃

**树　　种：**桃

**学　　名：**_Prunus persica_ 'Hongjuhua'

**类　　别：**优良品种

**通过类别：**审定

**编　　号：**豫 S – SV – PP – 017 – 2009

**证书编号：**豫林审证字 150 号

**培 育 者：**中国农业科学院郑州果树研究所

## （一）品种特性

为实生群体选育。树势旺盛。长花枝一般 60~80 cm，长果枝上布满花芽，多为复花芽，并有 1 节多花芽现象；节间长度 2 cm 左右，花芽起始节位为 3 节。菊花型花，花蕾深红色，花瓣红色，花瓣 6 轮，花瓣 31~39 片；花朵直径 4.6 cm；花丝粉白色，36 条左右，少量花丝瓣化；花药橙黄色，有花粉；雌蕊 1 枚，或有 2 枚，雌雄蕊等高；花萼 2 层，红褐色，10 片，少量萼片瓣化。郑州地区 2009 年 3 月 31 日为盛花初期，花朵已开放 25% 以上。

## （二）适宜种植范围

在满足需冷量 1 200 h 地区均可以栽培或设施栽培。

## （三）栽培技术要点

'红菊花'桃与低需冷量品种比较，成花较难，盆栽时在夏季应注意多次摘心，前期增加分枝量，促进营养生长向生殖生长转化。为了使树形更紧凑，可以在 7 月初开始，叶面喷施 15% 的多效唑 200 倍液，一周后再喷一次。由于品种的需冷量长，催花较难。主要在庭园、街道、公园等露地栽培，作为延长花期的配套特异品种。管理同一般桃树。

（栽培管理技术参考《河南林木良种》2008 年 10 月版，探春桃）

# 十五、'报春'桃

**树　　种**：桃

**学　　名**：*Prunus persica* 'Baochun'

**类　　别**：优良品种

**通过类别**：审定

**编　　号**：豫 S – SV – PP – 018 – 2009

**证书编号**：豫林审证字 151 号

**培 育 者**：中国农业科学院郑州果树研究所

**（一）品种特性**

为杂交品种。树势旺盛，树冠较紧凑。长枝一般 60 cm 左右，内膛短枝多。长果枝上布满花芽，多为复花芽；节间短，1.5 cm 左右，花芽起始节位为 1~2 节。花蕾红色，花瓣粉红色，花瓣 5 轮，花瓣 26 片左右，外轮花瓣个别萼片化；花朵直径 4.96 cm；花丝粉白色，48 条左右；花药橙黄色略有红色，花粉多；雌蕊 1 枚，低或略低；花萼 2 层，红褐色，10 片，少量萼片叶化。漯河地区 2009 年 3 月 23 日为盛花期，花朵已开放 75%。

**（二）适宜种植范围**

在满足需冷量 550~600 h 地区均可以栽培或设施栽培。

**（三）栽培技术要点**

该品种生长旺盛，节间较短，容易成花，盆栽时在夏季应注意多次摘心，前期增加分枝量，后期控制旺长，促进营养生长向生殖生长转化。为了使树形更紧凑，可以在 7 月初开始，叶面喷施 15% 的多效唑 200 倍液，一周后再喷一次。在进行反季节生产时，一般落叶后 30 天就能自然满足需冷量要求，升温后 25~30 天开花。如果采用遮阴覆盖或冷库休眠的方法，20 天即可满足需冷量的要求。应注意控制进棚时间和温室的温湿度条件，以应和上市时间（如春节前 7~10 天上市）。一般白天温度控制在 20~25 ℃，夜间温度控制在 5~8 ℃，升温 25 天即可开花。在庭园、街道、公园等露地栽培时，管理同一般桃树。

（栽培管理技术参考《河南林木良种》2008 年 10 月版，探春桃）

# 十六、'元春'桃

**树　　种**：桃

**学　　名**：*Prunus persica* 'Yuanchun'

**类　　别**：优良品种

**通过类别**：审定

**编　　号**：豫 S – SV – PP – 019 – 2009

**证书编号**：豫林审证字 152 号

**培 育 者**：中国农业科学院郑州果树研究所

**（一）品种特性**

为杂交品种。树势旺盛，长枝一般 60 ~ 80 cm。长果枝上布满花芽，多为复花芽，并有 1 节多花芽现象；节间长度 1.8 cm 左右，花芽起始节位为 1 ~ 2 节；花粉量大。蔷薇型花。花蕾深红色，花瓣红色，花瓣 4 轮，花瓣 20 片左右；花朵直径 4.63 cm；花丝粉白色，45 条左右，少量花丝瓣化；花药橙黄色略有红色，有花粉；雌蕊 1 枚，或有 2 枚，雌雄蕊等高；花萼 2 层，红褐色，10 片，少量萼片瓣化。漯河地区 2009 年 3 月 23 日为盛花期，花朵已开放 75%。

**（二）适宜种植范围**

在满足需冷量 550 ~ 600 h 地区均可栽培或设施栽培。

**（三）栽培技术要点**

该品种生长旺盛，容易成花，盆栽时在夏季应注意多次摘心，前期增加分枝量，后期控制旺长，促进营养生长向生殖生长转化。为了使树形更紧凑，可以在 7 月初开始，叶面喷施 15% 的多效唑 200 倍液，一周后再喷一次。在进行反季节生产时，一般落叶后 30 天就能自然满足需冷量要求，升温后 30 天左右开花。如果采用遮阴覆盖或冷库休眠的方法，25 天即可满足需冷量的要求。应注意控制进棚时间和温室的温湿度条件，以应和上市时间（如春节前 7 ~ 10 天上市）。一般白天温度控制在 20 ~ 25 ℃，夜间温度控制在 5 ~ 8 ℃，升温 25 ~ 30 天即可开花。在庭园、街道、公园等露地栽培时，管理同一般桃树。

（栽培管理技术参考《河南林木良种》2008 年 10 月版，探春桃）

# 十七、‘洒红龙柱’桃

**树　　　种：**桃

**学　　　名：**_Amygdalus persica_‘Sa Hong Long Zhu’

**类　　　别：**优良品种

**通过类别：**审定

**编　　　号：**豫 S – SV – AP – 020 – 2010

**证书编号：**豫林审证字 190 号

**培　育　者：**中国农业科学院郑州果树研究所

**（一）品种特性**

为美国引进品种。树势旺盛，枝条直立向上抱头生长。节间短，1.4 cm左右。单花芽多，花芽多在枝条中上部。极少结实。蔷薇型重瓣花，花朵大，直径 4.5 ~ 5.0 cm；花瓣 6 ~ 7 轮，花瓣 45 片左右；花瓣多数纯白色，少量纯粉红色或一半白色一半粉红色，部分白色花瓣上洒嵌点、条、片状粉红色，个别花瓣基部透露出隐隐的淡红色；花丝多为白色、粉色，或部分粉红色、部分白色（与花瓣的洒嵌颜色相对应）。郑州地区正常年份 3 月初叶芽膨大，3 月 23 日中蕾至大蕾；3 月 25 日始花，末花期 4 月 8 日，开花持续期 10 ~ 15 天。

**（二）适宜种植范围**

在满足需冷量 800 h 地区均可以栽培。

**（三）栽培技术要点**

‘洒红龙柱’桃直立生长，呈帚形，分枝少，自然生长花芽量少，谢花后可进行短截，促发新梢；生长季要进行旺梢摘心，促发分枝并形成较多花芽。

（栽培管理技术参考《河南林木良种》2008 年 10 月版，探春桃）

# 十八、‘红伞寿星’桃

**树　　　种：**桃

**学　　　名：**_Amygdalus persica_‘Hong San Shou Xing’

**类　　　别：**优良品种

**通过类别：**审定

**编　　号：** 豫 S – SV – AP – 021 – 2010

**证书编号：** 豫林审证字191号

**培 育 者：** 河南省遂平县玉山镇名品花木园艺场

**（一）品种特性**

为芽变品种。生长健壮、叶色红艳、株型低矮、优美、节间短，花芽密集，萌蘗性强，耐修剪，适应盆景配景。适应性强，耐寒、耐旱、耐瘠薄，繁殖栽培容易，管理简单。

**（二）适宜种植范围**

适于河南省桃栽培区内推广应用。

**（三）栽培技术要点**

选择地势高燥、排水良好的沙质疏松土壤栽培为好。由于生长强健，喜干怕涝，喜磷钾肥，故应注意施肥和管理两个环节。要求光照充足，如过荫不仅叶色淡、果小，而且翌年花少。较耐寒，可耐 –23 ℃低温。根据需要，在主干的不同高度和部位，选留3个余生的主枝，每主枝上适当留几个侧枝，使之成为自然开心形，以利通风透光，形成花芽。在花后生长期，采取抹芽、摘心、扭梢、拉枝、修剪等方法整形。坐果后每枝选留3~4个果，最后留下1~2个供观赏即可。要加强光照和通风，减少病虫害，如患流胶病可用刀刮净，并涂硫黄粉，10天后再涂一次。如有蚜虫、红蜘蛛，可用10%吡虫啉1 500~2 000倍液喷雾。

（栽培管理技术参考《河南林木良种》2008年10月版，探春桃）

# 十九、'嫣红菊花'桃

**树　　种：** 桃

**学　　名：** *Prunus persica* 'Yan Hong Ju Hua'

**类　　别：** 优良品种

**通过类别：** 审定

**编　　号：** 豫 S – SV – PP – 031 – 2011

**证书编号：** 豫林审证字248号

**培 育 者：** 鄢陵县优质苗木开发中心、许昌市林木种子管理站、鄢陵县林业科学研究所

**（一）品种特性**

为芽变品种。菊花型，花瓣为嫣红色，鲜艳，每朵花有花瓣5~6轮，

花瓣数36片左右；花朵直径3.5～4.5 cm；雌蕊1枚，偶有2枚，雌蕊略高于雄蕊，1年生枝条红褐色。'嫣红菊花'桃在许昌地区2010年观察比'菊花'桃花期晚4～5天，开花持续天数22天。

**（二）适宜种植范围**

适于河南省范围内栽植。

**（三）栽培技术要点**

由于其需冷量长，比较难催花，适宜露地栽培。为促进成花，栽植时夏季应多次摘心，增加分枝量，促进营养生长向生殖生长转化。可以采用叶面喷施15%多效唑200倍液的方法，使树型紧凑。

（栽培管理技术参考《河南林木良种》2008年10月版，探春桃）

# 二十、'无刺'皂荚

**树　　种：** 皂荚

**学　　名：** *Gledistsia sinensis* 'Wu Ci'

**类　　别：** 优良品种

**通过类别：** 审定

**编　　号：** 豫S－SV－GS－019－2010

**证书编号：** 豫林审证字189号

**培 育 者：** 国家林业局泡桐研究开发中心

**（一）品种特性**

为选育品种。整树无枝刺，树干通直，树冠开展。叶亮绿色，秋季变成金黄色。荚果镰刀状悬垂，长25～35 cm，极富观赏价值。

**（二）适宜种植范围**

适于河南省皂荚适生区栽培。

**（三）栽培技术要点**

一般栽植密度为山区2 m×3 m或3 m×4 m；平原3 m×4 m或4 m×5 m；"四旁"绿化或零星栽植时，株距3～5 m。栽植穴的大小视苗木大小和培育目的而定，一般采用0.7～1 m的大穴较好，栽后及时灌水，确保成活。2～3年后，应进行修枝，促进主干迅速生长。由于皂荚顶端优势不强，常不能形成通直的主干，因而根据培养目的，截去一些分枝，以形成理想的主干。一般待春季嫩枝长至5～10 cm，便可适度修去岔枝留取培养枝，经过3～4年的修枝，通直主干便基本形成。

其他栽培管理技术参考'密刺'皂荚。

# 二十一、'樱桐'巨紫荆

**树　　　种：**巨紫荆

**学　　　名：**_Cercis gigantea_'Ying Tong'

**类　　　别：**优良品种

**通过类别：**审定

**编　　　号：**豫 S – SV – CG – 029 – 2012

**证书编号：**豫林审证字 290 号

**培　育　者：**河南四季春园林艺术工程有限公司

## （一）品种特性

为实生选育品种。春季苗木移植后，树势恢复快，圆整树冠，整齐美观，耐修剪。开花早，1 年生嫁接苗次年就可开花，花蕾稠密，呈深紫红色，花开后呈深粉红色，花期长达 30 天。

## （二）适宜种植范围

河南省范围内均可栽植。

## （三）栽培管理技术

### 1. 苗木繁殖

'樱桐'巨紫荆主要采用嫁接繁殖。砧木采用巨紫荆实生苗，接穗为'樱桐'巨紫荆的幼枝或芽，春季采用劈接和插皮接，夏季采用"T"字形芽接、大方块芽接和带木质芽接，成活率均在 90% 以上。

### 2. 整地与定植

巨紫荆耐旱耐贫瘠，但良好的土壤条件和栽培管理能明显提高生长速度，可使苗木提早出圃。栽植巨紫荆以选择地势平坦、土壤深厚、肥力中上等的地块为宜。栽植前要认真整地，施基肥应依土壤的肥力状况而定。一般每 667 m² 地施农家肥 5 000 kg 或施尿素 50 kg + 磷肥 100 kg。栽植密度以株行距 1.5 m×2 m 或 2 m×3 m 为宜。

栽植前挖 0.6 m 见方的栽植穴，栽植时间以秋末或早春为好。选择根系完整、无病虫害、生长健壮、大小一致的苗木，确保巨紫荆移栽后生长一致，林相整齐，提高经济效益。栽植时将苗木放入栽植穴要使根系伸展，栽后灌透水。秋末栽植要在树干基部封土堆，起到保墒和减轻刮风时树干摇动，也可避免野生动物啃食树皮，到春季发芽时再把土堆扒开。遇到春季干旱，要根据墒情及时浇水，保证苗木成活及健壮生长。'樱桐'巨紫荆米径达到 6 cm 以上，就可应用于园林工程。

3. 栽培管理

'樱桐'巨紫荆栽植成活后，科学合理的土肥水管理对其生长开花影响十分明显。其枝条速生期正值春末夏初干旱期，此期降水少，空气湿度小，地表蒸发量大，缺水会明显影响植株生长，应根据土壤含水量状况及时补充水分。正常年份浇水 1 ~ 2 次，较旱年份浇水 2 ~ 3 次，保证树体健壮生长。进入雨季一般不灌水，特别干旱的年份浇水 1 ~ 2 次。进入冬季后，浇一次封冻水，萌芽前浇一次萌动水。保证巨紫荆植株安全越冬和及时萌芽。

'樱桐'巨紫荆幼林对肥料的需求十分敏感，生长季节施肥对植株生长具有十分明显的促进作用。

接干修枝。'樱桐'巨紫荆萌枝力强，叶片硕大，易造成主干因枝头下垂而弯曲，对培养通直的干形不利。在培养主干的过程中，当枝条萌发后，用竹竿绑缚主干以助主干垂直生长。第一年清除干高 1 m 以下的萌发枝。雨前将主干延长枝绑缚于竹竿上，防止其遭风雨侵袭而折断；第二年修除下部 1 ~ 2 轮枝（或清除干高 3 m 内大枝）。选主干延长枝中上部饱满芽处截干，萌芽后除去竞争枝，保留下部 2 ~ 3 个萌枝，促使主干延长枝健壮生长；第三年按上述方法继续接干修枝，当树干分枝高度达到 2.5 ~ 3 m、树高 5 ~ 6 m 时，即可结束接干修枝措施，进入常规管理。

4. 主要病虫害防治

'樱桐'巨紫荆是抗病虫害能力较强的植物，多年来栽培未发现重大疫病和灭生性害虫。在栽植密度较大时，个别植株易染叶部角斑病、叶枯病和枯萎病。虫害有蚜虫、褐边绿刺蛾、大袋蛾等。

针对病虫害可以采用以下措施进行防治：

（1）发病前的 6 月下旬叶面喷施波尔多液，每两周一次，雨后要及时补喷。

（2）对发病植株可喷百菌清、代森锰锌、大生 M45 等杀菌剂。

（3）冬季落叶后要清除病叶病枝。

（4）对危害较轻的蚜虫、褐边绿刺蛾、大袋蛾等，达不到经济危害程度一般不进行防治；达到经济危害程度时，可叶面喷洒杀虫剂进行防治。

# 二十二、'桃粉'杜鹃

**树　　　种**：杜鹃
**学　　　名**：*Rhododengdron simsii*'Taofen'
**类　　　别**：优良种源
**通过类别**：认定（有效期 3 年）
**编　　　号**：豫 R – SP – RS – 029 – 2009
**证书编号**：豫林审证字 162 号
**培　育　者**：河南省伏牛山太行山国家级自然保护区管理总站

**（一）品种特性**

为木本花卉。落叶或半常绿丛生灌木，高约 2 m，叶互生，树形直立，植株分枝多，枝条细而密，幼枝有毛，棕色或褐色。叶卵形或卵状披针形，春叶较短，夏叶较长，长 3 ~ 5 cm，宽 2 ~ 3 cm，先端锐尖，叶柄长 3 ~ 5 cm。花大单瓣，漏斗状，粉红色，长 4 ~ 5 cm，裂片 5 片，上方 1 ~ 3 片裂片有深红色斑点，雄蕊 10，与花冠近等长，子房有毛，10 室，花柱无毛。蒴果卵圆形，长 8 cm，种子暗黄色，细小。花期 5 月 1 日前后，果熟期 9 月。

**（二）适宜种植范围**

适于河南省酸性土壤、半遮阴区域种植。

**（三）栽培管理技术**

1. 苗木繁殖

扦插繁殖是杜鹃栽培中应用最多的繁殖方法，一般在 7 月份剪取健壮的半木质化的新枝，长约 5 cm，剪除下部叶片，保留顶叶 2 ~ 3 片作插穗，插穗基部最好用吲哚丁酸或 ABT 生根粉等溶液浸蘸处理，然后扦插在疏松透气、富含腐殖质的酸性土壤中，温度保持在 20 ~ 25 ℃，遮阴并经常喷雾保湿，以促进萌发新根，成活率 50% 以上。

2. 栽培管理

（1）土壤管理。杜鹃喜疏松、通气性强、排水良好、pH 值为 5.0 ~ 6.0、富含腐殖质的酸性土壤。可用腐叶土、松针土、草炭土或腐熟的木屑，忌用碱性土、黏质土。

（2）温度管理。杜鹃喜温凉气候，多数杜鹃有一定的耐寒能力。它的最适生长温度为 12 ~ 25 ℃，温度超过 30 ℃时生长缓慢或呈半休眠状态，温度低于 5 ℃则进入休眠期。

（3）水分管理。杜鹃根系浅且发达，对水分十分敏感，怕旱也怕涝。一般要求土壤持水量不低于18%，但若生长地积水，也会烂根死亡。一般来说，应根据季节、天气情况、植株大小、土壤干湿、生长发育阶段决定是否需要浇水。冬季杜鹃生长缓慢，需水少，应适当减少浇水量；春季气温回升，杜鹃开花抽梢，需水量增大；夏季高温季节，应随干随浇，午间和傍晚在地面和叶面喷水，以降温增湿；秋季天气转凉，应减少浇水。从生长发育来看营养生长阶段需水量多，花芽形成阶段和花芽形成后不宜多浇水。浇水以微酸性的雨水、河水、池塘水最佳。如用自来水，最好在缸中存放 1~2天，待氯气挥发后再使用。长期浇水会降低土壤酸度，所以浇水时可加入0.2%的硫酸亚铁，每周浇 1 次，以确保土壤呈酸性。

（4）施肥。杜鹃喜肥，但要掌握"薄肥勤施"的原则。杜鹃根系细而密，吸收肥料能力差，忌施浓肥或生肥。宜用1%的复合肥液浇灌。具体施肥方法如下：杜鹃谢花后应施以氮为主的肥料 1~2 次，每隔 10 天一次，以促进枝叶生长。8 月以后是杜鹃孕蕾的关键时期，应施以磷为主、氮磷结合的肥料 1~2 次，每半个月施一次。冬季休眠期不用施肥。翌年开花前施以磷为主、氮磷结合的薄肥 1~2 次，使其开花时花大色艳。此时施肥浓度要低，过浓会导致花蕾枯焦开不出花来。

（5）光照管理。杜鹃为半阴性植物，忌烈日直射和干燥闷热，所以养护时应放在半阴通风处。清明至霜降期间，应给予遮阴60%，以防新梢日灼造成叶面白花。

（6）修剪。杜鹃植株低矮，萌芽力强，枝条茂密重叠，不利通风透光，故应注意修剪。修剪时间宜在春季花后和秋冬之际进行。要适时抹去不定芽，疏掉过多的花蕾。花期过后，要及时摘去残花，修去病枝、徒长枝等，以改善通风透光条件。

3. 主要病虫害防治

（1）叶斑病和褐斑病。于 5~8 月喷施 70% 甲基托布津 1 000 倍液、20% 粉锈宁 4 000 倍液、50% 代森锰锌 500 倍液，隔 10 天喷 1 次，共喷 7~8 次，能有效地控制病害的发展。为防止叶片黄化，还可增施硫酸亚铁。

（2）叶肿病。发病前尤其是在抽梢展叶时可喷洒 1:1:200 的波尔多液，发现病叶及时摘除；发芽前可喷施 0.3~0.5 波美度石硫合剂或 1:1:200 的波尔多液 2~3 次，通常隔 7~10 天喷 1 次；发病后可喷洒65% ~80% 代森锰锌 500 倍液或 0.3~0.5 波美度石硫合剂 3~4 次，隔 7~10 天喷 1 次。

（3）币厄病。受害嫩枝叶片顶端布满稠密的白色或粉红色的蟎质层，有时叶片产生螨瘿，多由蚜虫刺伤叶片感染引起。其防治方法：在清除病叶的同时，喷洒含硫酸铜的药剂；喷洒氧化乐果乳油或将呋喃丹直接放于盆内等方法都可防治蚜虫及其他刺口器的害虫。

# 二十三、'国红'杜鹃

**树　　种：**杜鹃

**学　　名：**_Rhododengdron simsii_ 'Guohong'

**类　　别：**优良种源

**通过类别：**认定（有效期3年）

**编　　号：**豫R – SP – RS – 030 – 2009

**证书编号：**豫林审证字163号

**调 查 者：**河南省伏牛山太行山国家级自然保护区管理总站

**（一）品种特性**

为乡土树种。木本花卉，高约2 m，落叶或半常绿丛生灌木，叶互生，树形直立，植株分枝多，枝条细而密，幼枝有毛，棕色或褐色。叶卵形或卵状披针形，春叶较短，夏叶较长，长3~5 cm，宽2~3 cm，先端锐尖，叶柄长3~5 cm。花大单瓣，漏斗状，国旗红色，长4~5 cm，裂片5片，上方1~3片裂片有深红色斑点；雄蕊10，与花冠近等长；子房有毛，10室，花柱无毛。蒴果卵圆形，长8 cm，种子暗黄色，细小。花期5月1日前后，果熟期9月。

**（二）适宜种植范围**

适于河南省酸性土壤、半遮阴区域种植。

**（三）栽培技术要点**

喜疏松、通气性强、排水良好、pH值为5.0~6.0、富含腐殖质的酸性土壤。可用腐叶土、松针土、草炭土或腐熟的木屑，忌用碱性土、黏质土。

冬季杜鹃生长缓慢，需水少，应适当减少浇水量；春季气温回升，杜鹃开花抽梢，需水量增大；夏季高温季节，应随干随浇，午间和傍晚在地面和叶面喷水，以降温增湿；秋季天气转凉，应减少浇水。从生长发育来看营养生长阶段需水量多，花芽形成阶段和花芽形成后不宜多浇水。浇水以微酸性的雨水、河水、池塘水最佳。如用自来水，最好在缸中存放1~2天，待氯气挥发后再使用。长期浇水会降低土壤酸度，所以浇水时可加入0.2%的硫酸亚铁，每周浇1次，以确保土壤呈酸性。忌施浓肥或生肥，宜用1%的复

合肥液浇灌。忌烈日直射和干燥闷热，养护时应放在半阴通风处。清明至霜
降期间，应给予遮阴60%，以防新梢日灼造成叶面白花。修剪时间宜在春
季花后和秋冬之际进行。要适时抹去不定芽，疏掉过多的花蕾。花期过后，
要及时摘去残花，修去病枝、徒长枝等，以改善通风透光条件。

其他栽培管理技术参考'桃粉'杜鹃。

# 二十四、'金脉'连翘

**树　　　种**：连翘
**学　　　名**：*Forsythia suspensa* 'Goldvein'
**类　　　别**：引种驯化品种
**通过类别**：审定
**编　　　号**：豫 S – ETS – FS – 021 – 2009
**证书编号**：豫林审证字 154 号
**培　育　者**：河南省林业科学研究院

**（一）品种特性**

落叶灌木，枝直立或蔓性下垂，枝髓中空。单叶对生，稀有裂或 3 出复
叶，长卵形，顶端锐尖，基部宽楔形，叶缘基部全缘，上部有锐锯齿。网状
叶脉呈现明显的金黄色，与连翘有明显区别。

**（二）适宜种植范围**

适宜于河南省连翘适生区栽培。

**（三）栽培管理技术**

1. 苗木繁殖

（1）扦插繁殖。可在 3 ~ 4 月连翘开花前进行，也可在夏季 6 ~ 7 月进
行嫩枝扦插，选择开花结果性能良好、健壮无病虫害的 1 ~ 2 年生'金脉'
连翘枝条，截成 30 cm 长的插穗，每段有 3 ~ 4 个节位，其上切面在节的上
方微斜，下切面在节下 1 cm 处剪成斜面。然后将下端近结处用 ABT 生根粉
1 号 500 mg/kg 或 500 ~ 1 000 mg/kg 吲哚丁酸（IBA）溶液浸泡 10 s，取出
晾干药液后扦插。扦插时按株行距 5 cm × 10 cm，插穗上端应露出地面1/3。
早春气温稍低，应用细竹竿做弓形塑料棚增温保湿，浇定根水，1 个月左右
即可生根发芽，4 月中、下旬可将塑膜揭去，进行除草和追肥，促进幼苗生
长健壮，当年冬季，当幼苗长高 50 cm 左右出圃定植，或第二年春定植。

（2）压条繁殖。以金脉连翘枝条作为压条材料，于春季在母株附近挖

一个 5 cm 深的浅坑,将枝条中段压入坑中让先端直立于土坑外,在入土处刻伤,用土覆盖压紧,然后浇水并保持适当湿度。压条刻伤处能生根成苗,当年冬季至翌年春季,可截离母体,连根挖取移栽定植。

(3)分株繁殖。金脉连翘萌发力极强,在秋季落叶后或早春萌芽前,挖取植株根系周围的根蘖苗,另行移栽定植。

2. 栽培管理

1)选地整地

宜选向阳避风、排水较好、土层较厚的山坡地或路旁,若成片规模栽培,需选择沙壤土或中壤土。种植前施足农家肥,翻耕土地后,整细耙平作畦。栽植穴要提前挖好,施足基肥后栽植。

2)定植

于冬季落叶后至早春萌芽前均可进行。先在选好的定植地上,按株行距 1.5 m×2.0 m 挖穴,穴径和深度各 70 cm,先将表土填入坑内达半穴时,再施入适量堆肥,与底土混拌均匀。然后,每穴栽苗 1 株,分层填土踩实,使根系舒展。栽后浇水,水渗后,盖土高出地面 10 cm 左右,以利保墒。

'金脉'连翘亦属同株自花不孕植物,自花授粉结实率极低,约占 4%,若单独栽植长花柱或短花柱'金脉'连翘,均不结实。因此,定植时要将长、短花柱的植株相间种植,才能开花结果,这是提高坐果率的关键。

3)管理技术

(1)间苗。苗高 7~10 cm 时,进行第一次间苗,拔除生长细弱的密苗,保持株距 5 cm 左右,当苗高 15 cm 左右时,进行第二次间苗,按株行距 7~10 cm 留壮苗 1 株。

(2)中耕除草、施肥。苗期勤施薄肥,667 m² 施硫酸铵 10~15 kg,以促进茎、叶生长。定植后于每年冬季在株旁松土除草 1 次,并施入腐熟饼肥或土杂肥,幼树每株 2 kg,结果树每株 10 kg,于树旁挖穴或开沟施入,施入后盖土、培土,以利幼树生长健壮,多开花结果。也可喷洒 0.5% 的尿素(含氮 46%)水溶液进行根外追肥。

(3)间作。定植后 1~2 年园地空隙较大,为充分利用光能和地力可合理间作,间作物以矮秆作物为宜,如豆类、薯类、毛苕子、紫云英等,是连翘以园养园的一项重要技术措施。

(4)灌水与排水。连翘苗期应保持土壤湿润,旱期及时沟灌或浇水,因连翘最怕水淹,雨季要开沟及时排水,以免积水烂根。

(5)整形修剪。定植后,幼树高达 1 m 左右时,于冬季落叶后,在主干离地面 70 ~ 80 cm 处剪去顶梢。再于夏季通过摘心，多发分枝，在不同方向上选择 3 ~ 4 个发育充实的侧枝，培养成主枝。以后在各主枝上再选留 3 ~ 4 个壮枝，培养成副主枝，在副主枝上放出侧枝。通过几年的整形修剪，使其形成低干矮冠，内空外圆，通风透光，小枝疏朗，提早结果的自然开心形树型。同时于每年冬季，将枯枝、重叠枝、交叉枝、纤弱枝以及徒长枝和病虫枝剪除；生长期还要适当疏删短截。对已开花多年、开始衰老的结果枝组，通过进行短截或重剪（即剪去枝条的 2/3），可促进剪口以下抽生壮枝，恢复树势，提高结果率。

　3. 主要虫害防治

　（1）蚜虫。以成虫、若虫群集于连翘叶片、嫩梢上刺吸汁液，使被害叶片向背面不规则地卷曲皱缩，严重时造成落叶，削弱树势。

　　防治方法：在越冬卵量较多的情况下，于萌芽前喷 5% 柴油乳剂，杀灭越冬卵；展叶前，用 10% 吡虫啉可湿性粉剂 6 000 倍液，或 70% 灭蚜松可湿性粉剂 1 500 ~ 2 000 倍液，或 1.8% 阿维菌素乳油 6 000 ~ 8 000 倍液，或 50% 马拉松乳油 1 000 ~ 1 500 倍液防治。

　（2）桑天牛。主要危害枝干，成虫啃食枝梢树皮，幼虫蛀食枝、干木质部及髓部，影响连翘生长。

　　防治方法：利用成虫中午多在枝端停息和在枝干下部产卵的习性，捕杀成虫；或在成虫产卵前，在枝条基部涂刷白涂剂（生石灰、硫黄粉和水的比例为 10∶1∶40），预防成虫产卵。

# 二十五、'金叶'连翘

**树　　种：**连翘

**学　　名：***Forsythia suspensa* 'Sauon Gold'

**类　　别：**引种驯化品种

**通过类别：**审定

**编　　号：**豫 S – ETS – FS – 023 – 2010

**证书编号：**豫林审证字 193 号

**培 育 者：**河南省林业科学研究院

**（一）品种特性**

为荷兰引进品种。落叶灌木，枝直立或伸长，拱性下垂，小枝圆形或四棱，褐黄色。当年新生枝有片状髓，老枝节间髓心中空，近节部有片状髓。

单叶对生，卵圆形或椭圆形，叶有不规则二裂或三裂，长 3 ~ 10 cm，宽 2 ~
5 cm，顶端锐尖，基部宽楔形，边缘除基部外，有锐锯齿；叶片金黄色，且
伴随植物的整个生长季节。花黄色，单生或簇生叶腋，先叶开放。花期 3 月
中下旬至 4 月上旬，4 月初为盛花期。枝叶萌芽期在 3 月下旬，极少结果。
落叶期 11 月上旬，适应性强，耐寒、耐干旱瘠薄、耐阴。

### （二）适宜种植范围

适于河南省连翘适生区栽培。

### （三）栽培技术要点

宜选向阳避风、排水较好、土层较厚的山坡地或路旁种植，若成片规模
栽培，需选择沙壤土或中壤土。按株行距 1.5 m×2.0 m，于冬季落叶后至
早春萌芽前定植，种植前施足农家肥，栽后浇水。定植时将长、短花柱的植
株相间种植，以提高结果量。定植后于每年冬季在植株旁松土除草 1 次，并
施入腐熟饼肥或土杂肥，幼树每株 2 kg，结果树每株 10 kg，于树旁挖穴或
开沟施入。定植后，幼树高达 1 m 左右时，于冬季落叶后，在主干离地面
70 ~ 80 cm 处剪去顶梢，再于夏季通过摘心，多发分枝，在不同方向上选择
3 ~ 4 个发育充实的侧枝，培养成主枝。以后在各主枝上再选留 3 ~ 4 个壮
枝，培养成副主枝，在副主枝上放出侧枝。通过几年的整形修剪，使其形成
低干矮冠、内空外圆、通风透光、小枝疏朗、提早结果的自然开心形树形。

其他栽培管理技术参考‘金脉’连翘。

# 二十六、‘潢川金’桂

**树　　种：**桂花

**学　　名：** *Osmanthus fragrans* ‘Huang Chuan Thunbergii’

**类　　别：**优良品种

**通过类别：**审定

**编　　号：**豫 S – SV – OF – 028 – 2011

**证书编号：**豫林审证字 245 号

**培　育　者：**信阳市林业工作站

### （一）品种特性

为乡土树种。‘潢川金’桂是在亚热带向暖温带过渡的气候和本地独特
的土壤影响下，长期栽培形成的具有本地特色的一个金桂品种。其树形自然
美观，四季常绿，叶密花大，花形花色较好，浓香。花期 9 月至 10 月。

**（二）适宜种植范围**

适于河南省桂花适生区栽培。

**（三）栽培管理技术**

1. 苗木培育

（1）播种育苗。桂花果实于翌年 3 月下旬至 4 月下旬成熟。当果实进入成熟期，果皮由绿色逐渐转为紫黑色时即可采集。采集的果实堆沤 3 天左右，待果皮软化后浸水搓洗，去果皮、果肉得到净种，稍加晾干湿润沙藏。因桂花种子有后熟期，一般要湿沙催芽 8 个月后才能发芽。

常用宽幅条播，行距 20 ~ 25 cm，幅宽 10 ~ 12 cm，每 667 m² 播种 20 kg，每亩地产桂花苗 2.5 万 ~ 3 万株。播种前要将种脐朝向一侧，覆 1 ~ 2 cm 的细土，再盖上薄层稻草，喷水至土壤湿透，以防土壤板结和减少水分蒸发。当种子萌发出土后，及时分批分期揭草，将草放置于行间，既可保持土壤湿润，又能防止杂草生长。

（2）分株育苗。分株的方法比较简单而易行。一般在早春 2 ~ 3 月或秋后 10 ~ 11 月，将老桂花树底下萌发的幼苗挖出，尽可能多带一些根系和土球另行移栽。

（3）压条育苗。选用老桂花树上的头年生健壮枝条，在其所选定的部位适当挫伤或环状剥皮 2 cm 宽，用土埋压，促其萌发新根。早春 2 ~ 3 月压的苗，秋后 10 ~ 11 月即可从老株剪离移栽。若桂花树过高，则可采用高压法。将所选的枝条环状剥皮 2 ~ 3 cm 宽，外用湿土包起来，再用塑料布包扎住。注意经常浇水，不使土壤过干，半年即可生根。再将枝条剪离母株，另行移栽。

（4）嫁接育苗。①靠接法。利用小叶女贞作砧木，与桂花树枝条靠接。嫁接前将小叶女贞苗离地 3 ~ 5 cm 处削去 3 cm 左右切口（削至木质部），然后在靠接的桂花树枝条上同样削一口子，使之大小相等，两者形成层对准，并用绳捆缚起来。早春 2 ~ 3 月靠接的苗，秋后即可剪离老株，形成新的植株。②芽接法。6 ~ 7 月，在桂花树上选一壮芽，用刀削下来（长 3 cm 左右），在小叶女贞树干上离地面 3 ~ 5 cm 处用刀同样削一切口，把芽片贴上去，使芽片和砧木形成层密切结合。一般半年后可剪去砧木上部枝条，使新接的芽抽发新枝，形成新的定植苗。③切接法。早春 2 ~ 3 月，从桂花树上剪取当年生壮枝 6 ~ 8 cm，去掉下部叶子，仅留 1 ~ 2 片顶叶，作接穗。然后在距地面 3 ~ 5 cm 处剪去小叶女贞砧木顶部，并用刀向下切削一裂口，同时把接穗下部削成楔形，插入砧木形成层对接好，然后捆扎起来，不久可愈合，形成新的植株。

2. 栽植

（1）栽植地选择。桂花在平原、丘陵和山地均可以栽植。在丘陵低山种植桂花，日照充足，空气流通，排水良好，很有利于桂花的生长，以5°~15°的缓坡地最为理想。在平地栽植桂花，应选择地势高燥、排水良好、土壤疏松、富含有机质、呈酸性和微酸性的地方。

（2）栽植季节和密度。桂花主根不明显，侧根和须根均很发达，是一种耐移植和栽植成活率高的园林树种。除炎夏季节和寒冬季节外，其他时间均可栽植。栽植桂花树苗需带有完整的土球并作适当的修剪。大面积成观赏林栽植时，通常株行距为2.5 m×2.5 m，作为经济树种的栽植密度为4 m×4 m。

（3）栽植方法。栽植桂花树常采用穴植法。起苗前，先把栽植穴挖好，穴的直径较苗木根部所带的土球大0.5~0.6 m，以便栽植时在土球周围加土捣实，使土球与穴土紧密结合。穴的深度比苗木所带土球的高度大0.2~0.3 m。挖穴时，将表土和心土分开堆放。挖好穴后，先施入基肥，基肥之上，再填入10 cm左右厚的土，使基肥不与土球直接接触，防止烧根。栽植时，将桂花苗安放在事先挖好的栽植穴内，把拢冠的草绳剪除，调好观赏面，使树体直立，填入少量表土固定土球。然后剪开绑扎材料，填入表土。填至一半时，用粗木棒将土球四周夯实。再继续填入心土，覆土比原土球高0.1~0.2 m为宜。如果植株较高大，定植时需要用木桩支撑固定。苗木定植后围土筑埂，并及时浇透水，至不再下渗为度。桂花苗栽好后，还应适当修剪。

3. 栽培管理

（1）中耕除草。在以主干为中心1 m直径的树盘内重点松土和除草。灌水或降雨后，为防止土壤板结进行中耕松土。

（2）浇水与排涝。桂花的浇水主要在新种植后的一个月内和种植当年的夏季。新栽植的桂花一定要浇透水，有条件的应对树冠喷水，以保持一定的空气湿度。桂花不耐涝，及时排涝或移植受涝害植株，并加入一定量的细沙种植，可促进新根生长。

（3）合理施肥。施肥应以薄肥勤施为原则，以速效氮肥为主，中大苗全年施肥3~4次。早春期间在树盘内施有机肥，促进春梢生长。入冬前期需施无机肥或垃圾杂肥。其间可根据桂花生长情况，施肥一两次。新移植的桂花，追肥不宜太早。移植坑穴的基肥应与土壤拌匀再覆土。

（4）整形修剪。

抹芽：是指在芽萌动之前去除芽的方法。桂花发芽时，主干和基部的芽都能萌发，应及时将主干下部的芽抹掉，使营养和水分集中供应上部枝条，使其发育旺盛，健康成长，以形成理想的树形。

疏枝：是指将枝条从基部去除的修剪方法。对于萌芽力和成枝力强的品种，因发枝过多和一年内多次生长，容易造成树冠郁闭，通风透光不良，故应当疏去过密的枝条。桂花的修剪一般以疏枝为主，只对过密的外围枝进行适当疏除，并剪除细弱枝、徒长枝和病虫枝，以改善植株通风透光条件。

短截：即剪去一年生枝条的一部分，主要作用是控制树冠和枝梢，以利于侧枝萌发。当桂花树势较弱时，可进行短截。短截可有效地控制树冠，促进中短健壮枝的发育。

4. 主要病害防治

（1）褐斑病。发病初期，叶片上出现褪绿小黄斑点，逐渐扩展成近圆形病斑，直径 2~10 mm，或因病斑扩展受叶脉限制成为不规则病斑。病斑黄褐色至灰褐色，病斑外围有一黄色晕圈。褐斑病一般发生在 4~10 月，老叶比嫩叶易感病。病原菌以菌丝在病落叶上越冬，次年春季产生分生孢子进行初侵染，分生孢子由气流和雨滴传播。

（2）枯斑病。圆形或不规则形的病斑，后扩大为近圆形或不规则形灰褐色大斑，边缘为深褐色。枯斑病发生在 7~11 月，在环境条件不好的棚室内全年可发生。病菌以分生孢子借风、水传播侵染。高温、高湿、通风不良的环境易发病。植株生长衰弱时及越冬后的老叶及植株下部的叶片发病较重。

（3）炭疽病。该病侵染桂花叶片。发病初期，叶片上出现褪绿小斑点，逐渐扩大后形成圆形、半圆形或椭圆形病斑。病斑浅褐色至灰白色，边缘有红褐色环圈。在潮湿的条件下，病斑上出现淡桃红色的黏孢子盘。炭疽病发生在 4~6 月。病原菌以分生孢子盘在病落叶中越冬，由风雨传播。

防治方法：首先要减少侵染来源。秋季彻底清除病落叶。盆栽的桂花要及时摘除病叶。

其次加强栽培管理。选择肥沃、排水良好的土壤或基质栽植桂花；增施有机肥及钾肥；栽植密度要适宜，以便通风透光，降低叶面湿度减少病害的发生。

再次是科学使用药物防治。发病初期喷洒 1:2:200 倍的波尔多液，以后可喷 50% 多菌灵可湿性粉剂 1 000 倍液或 50% 苯来特可湿性粉剂

1 000~1 500倍液。重病区在苗木出圃时要用1 000倍的高锰酸钾溶液浸泡消毒。

5. 主要虫害防治

主要虫害有白介壳虫、红蜘蛛、全爪螨、黄刺蛾等。

白介壳虫出现于梅雨季节，危害叶片，使叶片卷曲、皱缩，用80%敌敌畏1 000~1 200倍液喷雾；同时剪除虫枝。

全爪螨、红蜘蛛、黄刺蛾在7~9月最为常见，危害叶片，使叶片失绿、变黄、卷曲以至脱落。用73%克螨特乳剂加40%氧化乐果2 000倍液喷雾；同时，秋冬季节清除园地杂草，适时灌水，消灭越冬虫源。

# 二十七、'红云'紫薇

**树　种：** 紫薇
**学　名：** *Lagerstroemia indica* 'Hong Yun'
**类　别：** 优良品种
**通过类别：** 审定
**编　号：** 豫S－SV－LI－022－2010
**证书编号：** 豫林审证字192号
**培育者：** 河南省遂平县玉山镇名品花木园艺场

**（一）品种特性**

为变异品种。树干直立性强，树皮光滑，树形优美。嫩芽绿色，半个月以后转为鲜红色，老叶暗红。花序大，顶生圆锥形花序，花色艳丽，花朵繁密，花期长达数月。喜光，稍耐阴、耐寒、耐旱、耐瘠薄，萌芽性强、寿命长。

**（二）适宜种植范围**

适于河南省推广应用。

**（三）栽培管理技术**

1. 苗木培育

1）播种育苗

11月至12月收集成熟的种子，去掉果皮，将种子稍晾干，放入容器干藏。翌年3月在沙壤土地苗床上进行条播或撒播，播后盖一层细焦泥灰，以不见种子为度，上覆草。10余天发芽出土，及时揭草，待幼苗出现2对真叶时可择雨后间苗；苗期勤除草，6~7月追施薄肥2~3次，入夏灌溉防旱，秋末苗高 40～50 cm，生长健壮的当年可开花，宜及时剪除，翌年春分即可移栽。

2）扦插繁殖

（1）硬枝扦插：一般在 3 月中下旬至 4 月初枝条发芽前进行。选取粗壮的 1 年生枝条，剪成 15 cm 长的插穗，插入疏松、排水良好的沙壤土苗床，扦插深度以露出插穗最上部一个芽即可。扦插后灌透水，覆盖塑料薄膜以保湿保温。苗株长成 15～20 cm 就可以将薄膜掀开，改成遮阴网，适时浇水，当年扦插苗高度可长到 60～80 cm。

（2）嫩枝扦插：在 7～8 月进行，此时新枝生长旺盛，最具活力。选择半木质化的枝条，剪成 8～10 cm 长的插穗，上端留 2～3 片叶子。扦插深度为 3～4 cm。扦插后灌透水，并搭阴棚遮阴，一般 20 天左右即可生根，适时浇水，当年枝条可长到 60～80 cm。

3）嫁接繁殖

2 月下旬至 3 月上旬，在紫薇枝条萌芽前进行。嫁接时选择发育粗壮的实生苗做砧木，取所需花色的枝条做接穗。先在砧木顶端靠外围部分纵劈一刀（5～8 cm 深），再取长 5～8 cm 带 2 个以上芽的接穗。将接穗削成楔形后插入砧木劈口，对准形成层，然后用塑料薄膜将整个接穗包扎好，仅露出芽头。可在同一砧木上分层嫁接不同颜色的枝条，形成一树多色。嫁接 2～3 个月后，就可解膜，此时接穗长可达 50～80 cm，应及时将枝头剪短，以免遭风折断。

2. 栽培管理

‘红云’紫薇栽培地点应选择地势高燥处，除盐碱土外的土壤均可种植，但以疏松肥沃的沙质壤土为最好。地洼、易涝、易积水的地方不宜栽植。移栽一般在 4 月上旬最好，生长期保持土壤湿润，早春施一次有机肥，初夏施一次磷肥，有利于花芽生长。植株长大后，要及时摘心，以利萌发侧枝，使其株形丰满。6～7 月现出花蕾，但开花对苗木生长有影响，因此要及时抹蕾。这样的植株生长到第二年，不仅株形丰满，而且花多色艳。生长过程中，及时剪除枝干和枝条上的萌蘗，冬季进行修剪、整形。

3. 主要病虫害防治

‘红云’紫薇病害较少。虫害主要有蚜虫，发现时应及时防治，可用 10% 吡虫啉 1 500～2 000 倍液喷雾。

# 二十八、'花叶'接骨木

**树　　种**：接骨木
**学　　名**：*Sambucus nigra* 'Variegata'
**类　　别**：引种驯化品种
**通过类别**：审定
**编　　号**：豫 S – ETS – SN – 029 – 2011
**证书编号**：豫林审证字 246 号
**培 育 者**：河南省林业科学研究院、河南省遂平县玉山镇名品花木园艺场

## （一）品种特性

为西班牙引进品种。落叶灌木或乔木，高可达 3 m。枝灰褐色，无毛，生长势中等。单数羽状复叶对生，长卵圆形或椭圆形至卵状披针形，先端渐尖，基部偏斜阔楔形，边缘具细锯齿，两面无毛，叶片内有银白色花纹，叶片边缘呈现银白色。花期 5~6 月，圆锥花序顶生，花白色至淡黄色。浆果状核果近球形，黑紫色。

## （二）适宜种植范围

适于河南省范围内种植。

## （三）栽培管理技术

1. 扦插繁殖

接骨木主要采用扦插繁殖。在 3 月萌芽前进行硬枝扦插，或冬季落叶后，剪取插穗进行沙藏，来年春季扦插。也可在夏季 6~7 月进行嫩枝扦插。选择生长健壮无病虫害的 1~2 年生枝条，截成 12~15 cm 长的插穗。硬枝扦插可大田露天扦插，插穗上端应露出地面，插后及时浇透水。嫩枝扦插应采取大棚喷雾扦插或小拱棚扦插的方法。当年冬季，当幼苗高 50 cm 左右出圃定植，或第二年春定植。

2. 栽培管理

（1）选地整地。宜选向阳避风、排水较好、土层较厚的山坡地，若成片规模栽培，需选择沙壤土或中壤土。整地时每 667 m² 施有机肥 2 000~3 000 kg、磷肥 20 kg、尿素 10 kg，在深翻前施入大田作为基肥。施肥后平整深翻，深度要求 30 cm 以上；整好后，做成 1.8~2 m 宽的苗床。

（2）定植。种植前施足农家肥，于冬季落叶后至早春萌芽前定植，栽

后浇透水。栽植密度根据初植苗木大小确定，一般为 1 m×1.5 m。

（3）田间管理。定植后于每年冬季在植株四周松土除草 1 次，并施入腐熟饼肥或土杂肥。接骨木生长比较快，每年根据长势追肥 3~4 次。苗期应保持土壤湿润，旱时及时浇水，雨季要开沟及时排水，以免积水烂根。生长期还要适当疏枝短截。对已开花多年、开始衰老的枝条，进行短截或重剪，促进剪口以下抽生壮枝，恢复树势。

3. 主要病虫害防治

'花叶'接骨木很少有病害和虫害发生。蚜虫危害时可喷施乐果或烟草石灰水等防治，透翅蛾、夜蛾可用 50% 杀螟松乳油 1 000 倍液喷杀。

# 二十九、'金叶'接骨木

**树　　种：**接骨木

**学　　名：** *Sambucus Canadensis* 'Aurea'

**类　　别：**引种驯化品种

**通过类别：**审定

**编　　号：**豫 S－ETS－SC－030－2011

**证书编号：**豫林审证字 247 号

**培 育 者：**河南省林业科学研究院、河南省遂平县玉山镇名品花木园艺场

**（一）品种特性**

为比利时引进品种。加拿大接骨木的彩叶变异品种，落叶灌木。奇数羽状复叶，小叶 5~9 枚，多 7 枚，椭圆状或披针形，长 7~15 cm，宽 4~9 cm，边缘有锯齿，常有托叶；新叶金黄色，成熟叶黄绿色。聚伞状圆锥花序顶生，花白色，花小，5 裂，辐射状，花期 5~6 月。浆果红色，成熟后变为紫黑色。

**（二）适宜种植范围**

适于河南省范围内种植。

**（三）栽培技术要点**

宜选向阳避风、排水较好、土层较厚的山坡地或路旁，若成片规模栽培，需选择沙壤土或中壤土。种植前施足农家肥，于冬季落叶后至早春萌芽前定植，栽后浇透水。栽植密度根据初植苗木大小确定，一般为 1 m×1.5 m。生长期要适当疏删短截。对已开花多年、开始衰老的枝条进行短截或重

剪（即剪去枝条的2/3），可促进剪口以下抽生壮枝，恢复树势。

其他栽培管理技术参考'花叶'接骨木。

# 三十、'金羽'接骨木

**树　种：**接骨木

**学　名：**_Sambucus racemosa_ 'Plumosa Aurea'

**类　别：**引种驯化品种

**通过类别：**认定（有效期5年）

**编　号：**豫R – ETS – SR – 043 – 2011

**证书编号：**豫林审证字260号

**培育者：**河南省林业科学研究院、河南省遂平县玉山镇名品花木园艺场

**（一）品种特性**

为西班牙引进品种。落叶灌木或小乔木。株高可达3 m。奇数羽状复叶，椭圆形、长椭圆形或长矛形，初生嫩叶青铜色、新叶金黄色、老叶黄绿色，片边缘皱折状浅裂，裂角较小。圆锥花序，花小，白色至淡黄色，花期4~5月。浆果状核果近球形，红色。

**（二）适宜种植范围**

适于河南省范围内种植。

**（三）栽培技术要点**

宜选向阳避风、排水较好、土层较厚的山坡地或路旁，若成片规模栽培，需选择沙壤土或中壤土。种植前施足农家肥，于冬季落叶后至早春萌芽前定植，栽后浇透水。栽植密度根据初植苗木大小确定，一般为1 m×1.5 m。生长期要适当疏删短截。对已开花多年、开始衰老的枝条进行短截或重剪（即剪去枝条的2/3），可促进剪口以下抽生壮枝，恢复树势。

其他栽培管理技术参考'花叶'接骨木。

# 三十一、'紫云'接骨木

**树　种：**接骨木

**学　名：**_Sambucus nigra_ 'Thunder Cloud'

**类　别：**引种驯化品种

**通过类别**：认定（有效期 5 年）

**编　　号**：豫 R – ETS – SN – 044 – 2011

**证书编号**：豫林审证字 261 号

**培 育 者**：河南省林业科学研究院、国有济源市苗圃场

**（一）品种特性**

为西班牙引进品种。落叶灌木或小乔木。枝条直立性差。奇数羽状复叶，椭圆状披针形，端尖至渐尖，基部阔楔形，缘具锯齿，两面光滑无毛；新叶黄绿色，老叶紫铜色。圆锥状聚伞花序顶生，白色至淡黄色。浆果状核果球形，紫黑色。花期 4～5 月，果 7～8 月成熟。

**（二）适宜种植范围**

适于河南省范围内种植。

**（三）栽培技术要点**

宜选向阳避风、排水较好、土层较厚的山坡地或路旁，若成片规模栽培，需选择沙壤土或中壤土。种植前施足农家肥，于冬季落叶后至早春萌芽前定植，栽后浇透水。栽植密度根据初植苗木大小确定，一般为 1 m × 1.5 m。生长期要适当疏删短截。对已开花多年、开始衰老的枝条进行短截或重剪（即剪去枝条的 2/3），可促进剪口以下抽生壮枝，恢复树势。

其他栽培管理技术参考'花叶'接骨木。

# 三十二、'郑农火凤凰'蝴蝶兰

**树　　种**：蝴蝶兰

**学　　名**：*Phalaenopsis aphrodita* 'Zheng Nong Huo Feng Huang'

**类　　别**：优良品种

**通过类别**：审定

**编　　号**：豫 S – SV – PA – 030 – 2012

**证书编号**：豫林审证字 291 号

**培 育 者**：郑州市农林科学研究所

**（一）品种特性**

为杂交品种。属红花条点品种，易增殖、好养殖，极易催花，花箭非常整齐，花朵大，级别高，花色红艳着条点，花型圆整。花色奇特，花期长。抗病性强、耐热性和耐寒性较好。

## （二）适宜种植范围

适于河南省具有降温和加温设施的温室或大棚条件下进行设施栽培。

## （三）栽培管理技术

### 1. 苗期管理

蝴蝶兰繁殖大多采用组织培养法，经试管育成幼苗移栽，大约经过两年便可开花。有些母株当花期结束后，有时花梗上的腋芽也会生长发育成为子株，当它长出根时可从花梗上切下进行分株繁殖。

（1）驯化。将幼苗瓶放在温室内苗床上炼苗 10 天左右（温度控制在 20～28 ℃，光照控制在 3 000～5 000 lx），前 7 天不开盖，最后 3 天把瓶盖打开，在温室自然环境下进行生长适应性的调节和锻炼。可在苗瓶中加入少许纯净水，以增加瓶内湿度、防止培养基变干。

（2）移栽。用浸泡甩干的水苔作基质，把处理过的瓶苗按照大小分级后单株定植于直径 5 cm 的白色营养钵或 50 孔穴盘中，移栽时将幼苗的根系分开呈散射状，中间填充少许水苔，再用水苔包裹整个根系，然后将幼苗放置在营养钵中，将水苔轻压到营养钵的水线以下即可。基质高度至小苗根基部为宜，不能植得过深。水苔不要包的太紧，以免损伤根系，影响根部生长。

（3）移栽后的管理。移栽后不能立即浇水，但要保持较高的湿度。栽植后，每 2 天喷 1 次水，若气温较高，可以根据基质的干湿情况每天喷水 1～2次；该时期的温度要保持在 23～28 ℃，相对空气湿度控制在 80% 左右。

移栽后 10 天左右开始浇第一次水，水的用量以能够润湿基质的 1/4～1/3 或能够保持基质湿润 5～7 天为宜，可以结合喷施杀菌剂或杀虫剂。浇第一次水后 5～7 天，视基质的干湿情况浇第二次水，浇水量可适当大些，以能够湿润基质的 1/2～2/3 为宜；可以结合施用生根剂。浇第二次水后 5～7天，待水苔微湿快干时浇第三次水，第三水可结合喷施薄肥，也可以在两次浇水中间适当喷施叶面肥。

（4）换钵。每年 8 月底 9 月初（5 cm 杯营养钵或穴盘苗正常生长 5 个月后），将苗移至直径 8 cm 的白色营养钵中。次年 3 月（8 cm 钵苗再生长 6 个月左右），进行第二次换钵，将苗移至直径 10 cm 的白色营养钵中。

在营养钵底部垫 2～3 块直径 0.5～1.0 cm 形状不规则的泡沫块，以利于通气透水；将苗小心地从穴盘或营养钵中提出，在根系外边再裹上一层水苔，置入杯子中，注意松紧要适中。

由于蝴蝶兰根部粗壮肥大，与营养钵接触紧密，取出苗子时应十分小心，尽量不损伤根系。

（5）换钵后的管理。移栽后一周内避免浇水，防止受损伤的根系染病或腐烂。为防止空气干燥，可向叶片喷雾，增加空气湿度。

一周后浇水至营养钵的 1/3 处，干后再次浇透水，一个月后浇 N: P: K = 20: 20: 20 的均衡肥 3 000 ~ 4 000 倍液，随着苗子的生长，光照逐步增加至 8 000 ~ 10 000 lx。再逐步增加至 10 000 ~ 12 000 lx，温度 23 ~ 28 ℃，相对湿度 70% ~ 85%。由于苗子的逐渐长大，需肥量增加，可将肥料浓度调高至 2 000 ~ 3 000 倍。

发现植株徒长时要及时控水控肥，特别要注意控制氮肥的使用，适当增加磷钾肥，同时增加光照；植株生长速度过慢时，要适当增加氮肥，促其生长。当根系较弱时，要控水控肥，同时适当增加光照。

2. 花期调控

（1）温度管理。保持昼温 25 ~ 28 ℃ 左右、夜温 18 ~ 20 ℃、温差在 6 ~ 8 ℃ 进行低温诱导；当花梗长到 10 cm 左右时，适当增加温度，缩短蝴蝶兰孕育花苞的时间。

（2）光照管理。在蝴蝶兰花芽分化时期要保持充足的光照（一般控制在 20 000 ~ 25 000 lx 范围内），否则容易造成抽梗率降低，花梗增长缓慢，花期延迟。

（3）水肥管理。根据蝴蝶兰气生根的特性和根系的向地性、向水性及向气性等特点，结合基质的保肥、持水能力，充分利用基质中微管水的作用，科学地进行蝴蝶兰的水肥管理。

催花之前，换施高磷钾肥，并辅以叶面肥 $KH_2PO_4$ 喷施，以提高植株体内碳氮比，促进花芽分化和以后的花朵着色。

花芽分化结束后适当增加氮肥比例，这样更有利于花梗的生长和花朵数量的增加，有利于花期提前和提高品质。在蝴蝶兰花梗基本停止生长、第一朵花即将开放时，停止施肥，靠体内的养分供应其开花所需。

（4）湿度管理。在湿度较高的环境下，蝴蝶兰暴露在外的根、茎、叶均可以吸收空气中的水分；所以蝴蝶兰养殖温室湿度一般控制在 60% ~ 80%。若湿度过小，容易发生花苞粘连，无法展开。

北方地区温室栽培从春末到秋初都需要湿帘、风扇降温，并进行通风，此时室内湿度一般只能维持在 40% ~ 50%，甚至更低，所以要想方设法增加室内湿度。

增加温室内湿度的方法有：地面洒水保湿，在温室内设地面储水池或砌水池，采用砖铺地面；叶面洒水；用电动加湿器增加湿度；采用喷雾的方法降温增湿。

（5）通风管理。蝴蝶兰植株的呼吸作用、光合作用以及病虫害的防治都依赖于良好的通风管理。密闭的环境容易富集一氧化碳、二氧化硫等有害气体，对蝴蝶兰的生长是十分不利的，这些气体会对植株造成慢性伤害，导致植株变小、花朵变小、花朵数变少、花期缩短以及花箭畸形。在花芽分化期和开花期通风不良会造成落花落蕾。

通风方法：开启窗户或启动排风扇，室内安装循环风机。寒冷的冬天，室内外温差太大，换气时不要将冷风直接吹向植株，且风速尽量缓和。

3. 主要病害防治

预防为主。春秋季每2～3周施用一次杀菌剂；夏季1～2周喷施一次杀菌剂。因粉剂会在植株上留下药斑，为保持叶片的洁净，可加入展着剂合并使用。

发现真菌感染时，立即切除所有的患处，并及时进行伤口处理，病情较重时要清除病株。